"十三五"国家重点出版物出版规划项目
面向可持续发展的土建类工程教育丛书
普通高等教育工程造价类专业"十三五"系列教材

建筑工程计量与计价

第2版

张建平　张宇帆　主　编

机械工业出版社

本书与时俱进，依据 GB 50500—2013《建设工程工程量清单计价规范》和 GB 50854—2013《房屋建筑与装饰工程工程量计算规范》以及建设行政主管部门关于"营改增"的相关政策规定等，在第 1 版的基础上进行了修订：第 2 章增加了营改增后税金计算，第 5 章增加了钢结构工程，第 6 章增加了柱平法钢筋计算和楼梯平法钢筋计算，第 8 章增加了其他装饰工程，删除了第 11 章。

本书全面、深入地介绍了工程计价的概念及原理、工程量的含义及计算意义、工程计价基础、建筑面积计算等知识；详细阐述了房屋建筑与装饰工程中的土方及基础工程、主体结构工程、钢筋工程、屋面防水及保温工程、装饰工程、措施项目的计量与计价；并提供了一个完整工程的计量计价案例。

书中分部工程的每一章均列出了清单分项与定额分项、工程量计算规则和计算方法，并配有适量的建筑工程图和计量计价的详细过程。

本书结构新颖、图文并茂、通俗易懂，可作为高等院校工程造价、工程管理、土木工程等专业的教材，也可作为工程造价技术人员的自学教材和参考书。

本书配有 PPT 电子课件和习题参考答案，免费提供给选用本书的授课教师。需要者请登录机械工业出版社教育服务网（www.cmpedu.com）注册下载，或根据书末的"信息反馈表"索取。

图书在版编目（CIP）数据

建筑工程计量与计价/张建平，张宇帆主编. —2 版. —北京：机械工业出版社，2017.12（2022.2重印）

"十三五"国家重点出版物出版规划项目　普通高等教育工程造价类专业"十三五"系列教材

ISBN 978-7-111-58455-1

Ⅰ.①建… Ⅱ.①张… ②张… Ⅲ.①建筑工程-计量-高等学校-教材 ②建筑造价-高等学校-教材 Ⅳ.①TU723.3

中国版本图书馆 CIP 数据核字（2017）第 276934 号

机械工业出版社（北京市百万庄大街 22 号　邮政编码 100037）
策划编辑：刘　涛　责任编辑：刘　涛　郭克学　责任校对：刘志文
封面设计：马精明　责任印制：郜　敏
北京中兴印刷有限公司印刷
2022 年 2 月第 2 版第 9 次印刷
184mm×260mm・19.25 印张・460 千字
标准书号：ISBN 978-7-111-58455-1
定价：49.80 元

电话服务	网络服务
客服电话：010-88361066	机 工 官 网：www.cmpbook.com
010-88379833	机 工 官 博：weibo.com/cmp1952
010-68326294	金 书 网：www.golden-book.com
封底无防伪标均为盗版	机工教育服务网：www.cmpedu.com

普通高等教育工程造价类专业系列教材

编审委员会

主任委员：尹贻林

副主任委员：吴佐民　王传生　陈起俊　李建峰　周和生
　　　　　　刘元芳　邹　坦

委　　员（按姓氏笔画排序）：

　　　　马　楠　王来福　李　伟　刘　涛　闫　瑾
　　　　严　玲　张建平　张敏莉　陈德义　周海婷
　　　　柯　洪　荀志远　徐学东　陶学明　晏兴威
　　　　曾繁伟　董士波　解本政　谭敬胜

序 一

1996年，建设部和人事部联合发布了《造价工程师执业资格制度暂行规定》，工程造价行业期盼多年的造价工程师执业资格制度和工程造价咨询制度在我国正式建立。该制度实施以来，我国工程造价行业取得了以下三个方面的主要成就：

一是形成了独立执业的工程造价咨询产业。通过住房和城乡建设部标准定额司和中国建设工程造价管理协会（以下简称中价协）以及行业同仁的共同努力，造价工程师执业资格制度和工程造价咨询制度得以顺利实施，目前，我国已拥有注册造价工程师近11万人，甲级工程造价咨询企业1923家，年产值近300亿元，进而形成了一个社会广泛认同独立执业的工程造价咨询产业。该产业的形成不仅为工程建设事业做出了重要的贡献，也使工程造价专业人员的地位得到了显著提高。

二是工程造价管理的业务范围得到了较大的拓展。通过大家的努力，工程造价专业从传统的工程计价发展为工程造价管理，该管理贯穿于建设项目的全过程、全要素，甚至项目的全寿命周期。造价工程师的地位之所以得以迅速提高，原因就在于我们的业务范围没有仅仅停留在传统的工程计价上，而是与我们提出的建设项目全过程、全要素和全寿命周期管理理念得到很好的贯彻分不开的。目前，部分工程造价咨询企业已经通过他们的工作成就，得到了业主的充分肯定，在工程建设中发挥着工程管理的核心作用。

三是通过推行工程量清单计价制度实现了建设产品价格属性从政府指导价向市场调节价的过渡。计划经济体制下实行的是预算定额计价，显然其价格的属性就是政府定价；在计划经济向市场经济过渡阶段，仍然沿用预算定额计价，同时提出了"固定量、指导价、竞争费"的计价指导原则，其价格的属性具有政府指导价的显著特征。2003年《建设工程工程量清单计价规范》实施后，我们推行工程量清单计价方式，该计价方式不仅是计价模式形式上的改变，更重要的是通过"企业自主报价"改变了建设产品的价格属性，它标志着我们成功地实现了建设产品价格属性从政府指导价向市场调节价的过渡。

尽管取得了具有划时代意义的成就，但是必须清醒地看到，我们的主要业务范围还是相对单一、狭小，具有系统管理理论和技能的工程造价专业人才仍很匮乏，学历教育的知识体系还不能适应行业发展的要求，传统的工程造价管理体系部分已经不能适应构建我国法律框架和业务发展要求的工程造价管理的发展要求。这就要求我们重新审视工程造价管理的内涵和任务、工程造价行业发展战略和工程造价管理体系等核心问题。就上述三个问题我认为：

1. 工程造价管理的内涵和任务。工程造价管理是建设工程项目管理的重要组成部分，它是以建设工程技术为基础，综合运用管理学、经济学和相关的法律知识与技能，为建设项目的工程造价的确定、建设方案的比选和优化、投资控制与管理提供智力服务。工程造价管理的任务是依据国家有关法律、法规和建设行政主管部门的有关规定，对建设工程实施以工程造价管理为核心的全面项目管理，重点做好工程造价的确定与控制、建设方案的优化、投资风险的控制，进而缩小投资偏差，以满足建设项目投资期望的实现。工程造价管理应以工程造价的相关合同管理为前提，以事前控制为重点，以准确工程计量与计价为基础，并通过优化设计、风险控制和现代信息技术等手段，实现工程造价控制的整体目标。

2. 工程造价行业发展战略。一是在工程造价的形成机制方面，要建立和完善具有中国特色的"法律规范秩序，企业自主报价，市场形成价格，监管行之有效"的工程价格的形成机制。二是在工程造价管理体系方面，构建以工程造价管理法律、法规为前提，以工程造价管理标准和工程计价定额为核心，以工程计价信息为支撑的工程造价管理体系。三是在工程造价咨询业发展方面，要在"加强政府的指导与监督，完善行业的自律管理，促进市场的规范与竞争，实现企业的公正与诚信"的原则下，鼓励工程造价咨询行业"做大做强，做专做精"，促进工程造价咨询业可持续发展。

3. 工程造价管理体系。工程造价管理体系是指建设工程造价管理的法律法规、标准、定额、信息等相互联系且可以科学划分的整体。制定和完善我国工程造价管理体系的目的是指导我国工程造价管理法制建设和制度设计，依法进行建设项目的工程造价管理与监督；规范建设项目投资估算、设计概算、工程量清单、招标控制价和工程结算等各类工程计价文件的编制；明确各类工程造价相关法律、法规、标准、定额、信息的作用、表现形式以及体系框架，避免各类工程计价依据之间不协调、不配套、甚至互相重复和矛盾的现象；最终通过建立我国工程造价管理体系，提高我国建设工程造价管理的水平，打造具有中国特色和国际影响力的工程造价管理体系。工程造价管理体系的总体架构应围绕四个部分进行完善，即工程造价管理的法规体系，工程造价管理标准体系，工程计价定额体系，以及工程计价信息体系。前两项是以工程造价管理为目的，需要法规和行政授权加以支撑，要将过去以红头文件形式发布的规定、方法、规则等以法规和标准的形式加以表现；后两项是服务于微观的工程计价业务，应由国家或地方授权的专业机构进行编制和管理，作为政府服务的内容。

我国从1996年才开始实施造价工程师执业资格制度。天津理工大学在全国率先开设工程造价本科专业，2003年才获得教育部的批准。但是，工程造价专业的发展已经取得了实质性的进展，工程造价业务从传统概预算计价业务发展到工程造价管理。尽管如此，目前我国的工程造价管理体系还不够完善，专业发展正在建设和变革之中，这就急需构建具有中国特色的工程造价管理体系，并积极把有关内容贯彻到学历教育和继续教育中。2010年4月，2010年度"全国普通高等院校工程造价专业协作组会议"，通过了尹贻林教授提出的成立"普通高等教育工程造价类专业系列教材"编审委员会的议题。我认为，这是工程造价专业发展的一件大好事，也是工程造价专业发展的一项重要基础工作。该套系列教材是在中价协下达的"造价工程师知识结构和能力标准"的课题研究基础上规划的，符合中价协对工程造价知识结构的基本要求，可以作为普通高等院校工程造价专业或工程管理专业（工程造价方向）的本科教材。2011年4月中价协在天津召开了理事长会议，会议决定在部分普通高等院校工程造价专业或工程管理专业（工程造价方向）试点，推行双证书（即毕业证书和造价员证书）制度，该系列教材将成为对认证院校评估标准中课程设置的重要参考。

该套教材体系完善，科目齐全，虽未能逐一拜读各位老师的新作，进而加以评论，但是，我确信这将又是一个良好的开端，它将打造一个工程造价专业本科学历教育的完整结构，故我应尹贻林教授和机械工业出版社的要求，欣然命笔，写下对工程造价专业发展的一些个人看法，勉为其序。

中国建设工程造价管理协会　秘书长
吴佐民

注：本序写于2011年。

序　二

　　进入 21 世纪，我国高等教育界逐渐承认了工程造价专业的地位。这是出自以下考虑：首先，我国三十余年改革开放的过程主要是靠固定资产投资拉动经济的迅猛增长，导致对计量计价和进行投资控制的工程造价人员的巨大需求，客观上需要在高校中办一个相应的本科专业来满足这种需求；其次，高等教育界的专家、领导也逐渐意识到一味追求宽口径的通才培养不能适用于所有高等教育形式，开始分化，即重点大学着重加强对学生的人力资源投资通用性的投入以追求"一流"，而对于大多数的一般大学则着力加强对学生的人力资源投资专用性的投入以形成特色。工程造价专业则较好地体现了这种专用性，它是一个活跃而精准满足了上述要求的小型专业。第三，大学也需要有一个不断创新的培养模式，既不能泥古不化，也不能随市场需求而频繁转变。达成上述共识后，高等教育界开始容纳一些需求大，但适应面较窄的专业。在十余年的办学历程中，工程造价专业周围逐渐聚拢了一个学术共同体，以"全国普通高等院校工程造价类专业协作组"的形式存在着，每年开一次会议，共同商讨在教学和专业建设中遇到的难题，目前已有几十所高校的专业负责人参加了这个学术共同体，日显人气旺盛。

　　在这个学术共同体中，大家都认识到，各高校应因地制宜，创出自己的培养特色。但也要有一些核心课程来维系这个专业的正统和根基。我们把这个根基定为与大学生的基本能力和核心能力相适应的课程体系。培养学生基本能力是各高校基础课程应完成的任务，对应一些公共基础理论课程；而核心能力则是今后工程造价专业适应行业要求的培养目标，对应一些高校自行设置、各有特色的工程造价核心专业课程。这两类能力和其对应的课程各校均已达成共识，从而形成了这套"普通高等教育工程造价类专业系列教材"。以后的任务则是要在发展能力这个层次上设置各校特色各异又有一定共识的课程和教材，从英国工程造价（QS）专业的经验来看，这类用于培养学生的发展能力的课程或教材至少应该有项目融资及财务规划、价值管理与设计方案优化、全寿命周期造价（LCC）管理及设施管理等。这是我们协作组今后的任务，可能要到"十三五"才能实现。

　　那么，高等教育工程造价专业的培养对象，即我们的学生应如何看待并使用这套教材呢，我想，学生应首先从工程造价专业的能力标准体系入手，真正了解自己为适应工程造价咨询行业或业主方、承包商方工程计量计价及投资控制的需要而应当具备的三个能力层次体系，即从成为工程造价专业人士必须掌握的基本能力、核心能力、发展能力入手，了解为适应这三类能力的培养而设置的课程，并检查自己的学习是否掌握了这几种能力。如此循环往复，与教师及各高校的教学计划互动，才能实现所谓的"教学相长"。

　　工程造价专业从一代宗师徐大图教授在天津大学开设的专科专业并在技术经济专业植入工程造价方向以来，21 世纪初由天津理工大学率先获得教育部批准正式开设目录外专业，到教育部调整高校专业目录获得全国管理科学与工程学科教学指导委员会全体委员投票赞成保留，历时二十余载，已日臻成熟。期间徐大图教授创立的工程造价管理理论体系至今仍为后人沿袭，而后十余年间又经天津理工大学公共项目与工程造价研究所研究团队及开设工程造价专业的高校同行共同努力，已形成坚实的教学体系及理论基础，在工程造价这个学术共同体中聚集了国家级教学名师、国家级精品课、国家级优秀教学团队、国家级特色专业、国家级优秀教学成果等一系列国家教学质量工程中的顶级成果，对我国工程造价咨询业和建筑业的发展形成强烈支持，贡献了自己的力量，得到了高等工程教育界的认同，也获得了世界同行们的瞩目。可以想见，经过进一步规划和建设，我国高等工程造价专业教育必将赶超世界先进水平。

> 天津理工大学公共项目与工程造价研究所（IPPCE）所长
> 尹贻林　博士　教授

注：本序写于2011年。

第 2 版　前言

本书第 1 版出版后，书中所依据的国家标准、规范又有了新的调整，因此本书根据中华人民共和国住房和城乡建设部颁布的 GB 50500—2013《建设工程工程量清单计价规范》、GB 50854—2013《房屋建筑与装饰工程工程量计算规范》、建标［2013］44 号文《住房城乡建设部　财政部关于印发〈建筑安装工程费用项目组成〉的通知》、GB/T 50353—2013《建筑工程建筑面积计算规范》、16G101《混凝土结构施工图平面整体表示方法制图规则和构造详图》更新了相应内容。

同时因为 BIM 技术的广泛应用，计量计价软件趋于多元化，本书限于篇幅很难展开介绍，故第 2 版删去了第 1 版第 11 章计算机辅助工程计价的内容。

本书在第 1 版的基础上，第 2 章增加了营改增后税金计算的内容，第 5 章增加了钢结构构件的内容，第 6 章增加了柱平法钢筋和楼梯平法钢筋图示、构造与计算的内容，第 8 章增加了其他装饰工程的内容。

本书由昆明理工大学津桥学院张建平、张宇帆主编，昆明理工大学津桥学院杨嘉玲、苏玉参编。编写分工为：张建平编写第 1 章、第 6 章、第 8 章、第 9 章、第 10 章，张宇帆编写第 2 章、第 4 章、第 5 章，杨嘉玲编写第 3 章，苏玉编写第 7 章。全书由张建平统稿。

本书可作为高等院校工程造价、工程管理、土木工程等专业的教材，也可作为工程造价技术人员的自学教材和参考书。

本书在编写过程中，参考了现行的有关标准、规范和相关教材，谨此一并致谢。由于作者水平有限，加之书中有些内容还有待探索，不足与失误在所难免，敬请读者见谅并批评指正。

张建平

第1版　前言

　　自20世纪90年代初工程造价专业在国内部分高等院校兴起，到1998年教育部在本科专业目录中将其纳入工程管理专业的一个方向，再到2012年工程造价专业正式列入教育部《普通高等学校本科专业目录》，经过20余年的发展，如今工程造价专业在全国高等院校生根发芽，并茁壮成长，成为国内高等院校招生、就业最好的专业之一。

　　2003年建设部颁布了GB 50500—2003《建设工程工程量清单计价规范》，标志着工程计价理论的初步形成，该规范经过2008年和2013年的两次重大修改，形成了具有中国特色的工程计量与计价的理论体系。

　　本书依据GB 50500—2013《建设工程工程量清单计价规范》和GB 50854—2013《房屋建筑与装饰工程工程量计算规范》进行编写。全书分为11章，全面介绍了工程计价概念体系、工程计价原理、工程量的含义及计算意义、工程计价基础、建筑面积计算以及房屋建筑与装饰工程中的土方及基础工程、主体结构工程、钢筋工程、屋面防水及保温工程、装饰工程、措施项目的计量与计价。书中提供完整的工程计量计价示例，并介绍了计算机辅助工程计价。

　　本书结构新颖、图文并茂、通俗易懂。书中分部工程的每一章均列出了清单分项与定额分项、工程量计算规则和计算方法，配有适量的建筑工程图和计量计价的详细过程，按"读图→列项→算量→套价→计费"的"五步法"基本教学原则进行计量与计价。

　　本书由张建平任主编，张宇帆任副主编。编写分工为：张建平编写第1章、第2章、第6章、第8章、第9章、第10章，张宇帆编写第3章、第4章、第5章，苏玉编写第7章，褚真升编写第11章。全书由张建平统稿，严伟策划并绘制了书中大部分插图。

　　本书可作为高等院校工程造价、工程管理、土木工程等专业的教材，也可作为工程造价技术人员的自学教材和参考书。

　　本书在编写过程中，参考了有关标准、规范和教材，谨此一并致谢。由于作者水平有限，加之书中有些内容还有待探索，不足与失误在所难免，敬请读者见谅并批评指正。

张建平

中国建设工程造价管理协会专家委员会委员

全国普通高等院校工程造价类专业协作组核心成员

国家注册造价工程师

目　　录

序一
序二
第2版前言
第1版前言
第1章　绪论 ………………………………… 1
　1.1　工程计价概念体系 …………………… 1
　　1.1.1　工程计价的含义及特点 …………… 1
　　1.1.2　工程计价的分类及作用 …………… 2
　　1.1.3　工程计价的课程体系 ……………… 4
　　1.1.4　本课程教学内容 …………………… 5
　1.2　工程计价原理 ………………………… 5
　　1.2.1　工程计价的基本方法 ……………… 5
　　1.2.2　建设项目的分解 …………………… 6
　　1.2.3　工程计价的步骤 …………………… 7
　1.3　工程量概述 …………………………… 8
　　1.3.1　工程量的含义 ……………………… 8
　　1.3.2　工程量计算的意义 ………………… 9
　　1.3.3　工程量计算的一般方法 …………… 9
　习题与思考题 …………………………… 12
第2章　工程计价基础 ……………………… 13
　2.1　工程造价及其构成 …………………… 13
　　2.1.1　工程造价的含义、特点及作用 …… 13
　　2.1.2　工程造价的费用组成 ……………… 14
　2.2　工程计价的依据 ……………………… 19
　　2.2.1　工程建设定额 ……………………… 19
　　2.2.2　消耗量定额和单位估价表 ………… 22
　　2.2.3　清单计价规范 ……………………… 25
　　2.2.4　各专业工程量计算规范 …………… 33
　2.3　清单计价方法 ………………………… 34
　　2.3.1　概述 ………………………………… 34
　　2.3.2　各项费用的计算 …………………… 36
　　2.3.3　计算实例 …………………………… 39
　　2.3.4　营改增后税金计算 ………………… 42
　习题与思考题 …………………………… 47
第3章　建筑面积的计算 …………………… 49
　3.1　建筑面积的含义 ……………………… 49
　3.2　建筑面积计算中的术语 ……………… 49
　3.3　建筑面积的计算规则 ………………… 51
　3.4　计算实例 ……………………………… 57
　习题与思考题 …………………………… 57
第4章　土方及基础工程计量与计价 ……… 59
　4.1　土方工程 ……………………………… 59
　　4.1.1　项目划分及相关条件的确定 ……… 59
　　4.1.2　工程量计算规则 …………………… 61
　　4.1.3　平整场地的计算 …………………… 62
　　4.1.4　挖基础土方的计算 ………………… 63
　4.2　桩基工程 ……………………………… 79
　　4.2.1　基本问题 …………………………… 79
　　4.2.2　预制钢筋混凝土桩的计算 ………… 81
　　4.2.3　灌注混凝土桩的计算 ……………… 88
　4.3　砌体及混凝土基础 …………………… 91
　　4.3.1　砌体基础的计算 …………………… 91
　　4.3.2　混凝土基础的计算 ………………… 94
　习题与思考题 …………………………… 101
第5章　主体结构工程计量与计价 ………… 104
　5.1　砖墙 …………………………………… 104
　　5.1.1　项目划分 …………………………… 104
　　5.1.2　计量与计价 ………………………… 106
　5.2　混凝土构件 …………………………… 112
　　5.2.1　项目划分 …………………………… 112
　　5.2.2　计算规则 …………………………… 117
　　5.2.3　计算实例 …………………………… 120
　5.3　钢结构构件 …………………………… 122
　　5.3.1　清单分项及规则 …………………… 122
　　5.3.2　定额计算规则 ……………………… 126
　　5.3.3　构件运输及安装 …………………… 126
　　5.3.4　计算实例 …………………………… 127
　习题与思考题 …………………………… 128
第6章　钢筋工程计量与计价 ……………… 132
　6.1　钢筋计量与计价 ……………………… 132
　　6.1.1　钢筋基本知识 ……………………… 132
　　6.1.2　钢筋分项及计算规则 ……………… 136
　　6.1.3　钢筋计量方法 ……………………… 137
　　6.1.4　简单构件钢筋的计算 ……………… 142

6.1.5 钢筋工程计价 …………… 149
6.2 平法钢筋计量 ………………… 150
　6.2.1 概述 …………………… 150
　6.2.2 平法图示与构造 ……… 151
　6.2.3 平法钢筋计算方法 …… 155
　6.2.4 柱平法图示、构造与计算 … 160
　6.2.5 楼梯平法图示、构造与计算 … 165
习题与思考题 ……………………… 167

第 7 章　屋面防水及保温工程计量与计价 …… 170
7.1 屋面及防水工程 ……………… 170
　7.1.1 基本问题 ……………… 170
　7.1.2 工程量计算规则 ……… 174
　7.1.3 计算实例 ……………… 177
7.2 屋面保温工程 ………………… 180
　7.2.1 基本问题 ……………… 180
　7.2.2 工程量计算规则 ……… 180
　7.2.3 计算实例 ……………… 181
习题与思考题 ……………………… 182

第 8 章　装饰工程计量与计价 …… 183
8.1 楼地面工程 …………………… 183
　8.1.1 基本问题 ……………… 183
　8.1.2 工程量计算规则 ……… 188
　8.1.3 计算实例 ……………… 189
8.2 墙柱面工程 …………………… 192
　8.2.1 基本问题 ……………… 192
　8.2.2 工程量计算规则 ……… 197
　8.2.3 计算实例 ……………… 198
8.3 天棚工程 ……………………… 201
　8.3.1 基本问题 ……………… 201
　8.3.2 工程量计算规则 ……… 202
　8.3.3 计算实例 ……………… 203
8.4 门窗工程 ……………………… 207
　8.4.1 基本问题 ……………… 207
　8.4.2 工程量计算规则 ……… 212
　8.4.3 计算实例 ……………… 213
8.5 油漆、涂料、裱糊工程 ……… 216
　8.5.1 基本问题 ……………… 216
　8.5.2 工程量计算规则 ……… 219
　8.5.3 计算实例 ……………… 222
8.6 其他装饰工程 ………………… 226
　8.6.1 清单分项及规则 ……… 226
　8.6.2 定额计算规则 ………… 230
　8.6.3 定额应用问题 ………… 230
习题与思考题 ……………………… 231

第 9 章　单价措施项目计量与计价 …… 236
9.1 概述 …………………………… 236
9.2 脚手架 ………………………… 236
　9.2.1 项目划分 ……………… 236
　9.2.2 计算规则 ……………… 239
　9.2.3 相关规定 ……………… 239
　9.2.4 列项与计算 …………… 242
9.3 混凝土模板及支架 …………… 246
　9.3.1 项目划分 ……………… 246
　9.3.2 计算规则 ……………… 248
　9.3.3 相关规定 ……………… 249
　9.3.4 计算方法 ……………… 249
9.4 垂直运输 ……………………… 253
　9.4.1 项目划分 ……………… 253
　9.4.2 计算规则 ……………… 254
　9.4.3 相关规定 ……………… 254
　9.4.4 计价实例 ……………… 256
9.5 超高施工增加 ………………… 259
　9.5.1 项目划分 ……………… 259
　9.5.2 计算规则 ……………… 260
　9.5.3 相关规定 ……………… 260
　9.5.4 计价实例 ……………… 261
9.6 大型机械设备进出场及安拆 … 262
　9.6.1 项目划分 ……………… 262
　9.6.2 计算规则 ……………… 263
　9.6.3 相关规定 ……………… 263
　9.6.4 计价实例 ……………… 265
习题与思考题 ……………………… 265

第 10 章　工程量清单编制与计价示例 …… 267
10.1 工程设计文件 ……………… 267
　10.1.1 施工图 ………………… 267
　10.1.2 设计说明 ……………… 267
　10.1.3 施工说明 ……………… 270
10.2 工程量计算 ………………… 270
　10.2.1 基数计算 ……………… 270
　10.2.2 土石方工程量计算 …… 270
　10.2.3 砌筑工程量计算 ……… 271
　10.2.4 混凝土工程量计算 …… 271

10.2.5　钢筋工程量计算 …………………… 272
10.2.6　门窗工程量计算 ……………………… 274
10.2.7　屋面及防水工程量计算 ……………… 274
10.2.8　楼地面工程量计算 …………………… 274
10.2.9　墙面装饰工程量计算 ………………… 275
10.2.10　天棚装饰工程量计算 ……………… 276
10.2.11　脚手架工程量计算 ………………… 276
10.2.12　混凝土模板工程量计算 ……… 276
10.3　工程量清单文件编制 …………………… 277
10.3.1　分部分项工程量清单 ……………… 277
10.3.2　单价措施项目清单 ………………… 280
10.4　投标报价文件编制 ……………………… 280

参考文献 …………………………………………… 294

第1章
绪论

> **教学要求:**
> - 了解工程计价的含义及特点、工程计价的分类及作用、工程计价的课程体系、本课程教学内容。
> - 熟悉工程计价的原理、工程计价的基本方法、建设项目的分解、工程计价的步骤。
> - 熟悉工程量的含义、工程量计算的意义、工程量计算的一般方法。

任何一门学科,都有其特定的研究对象,工程计量计价的研究对象就是人们在长期的社会实践中探索出来的工程计量计价的内在含义、计量计价的规律和基本方法。本章介绍工程计价的含义、特点、分类及其作用,工程计价的原理以及工程量计算方法等。

1.1 工程计价概念体系

1.1.1 工程计价的含义及特点

1. 含义

工程计价是指对工程建设项目及其对象,即各种建筑物和构筑物建造费用的计算,也就是工程造价的计算。工程计价过程包括工程估价、工程结算和竣工决算。随着工程量清单计价模式的产生,工程计价应是一个表述工程造价计算及其过程的完整概念。

工程估价(长期以来一直被称为工程概预算)是指在工程建设项目开工前,对所需的各种人力、物力资源及其资金需用量的预先计算。其目的在于有效地确定和控制建设项目的投资额度,进行人力、物力、财力的准备,以保证工程项目的顺利进行。

工程结算和竣工决算是指工程建设项目竣工后,对所消耗的各种人力、物力资源及资金的实际计算。

工程计价作为一种专业术语,实际上存在着两种理解。广义理解应指工程计价的完整工作过程;狭义理解则指这一过程必然产生的结果,即工程计价文件。

2. 特点

工程建设是一项特殊的生产活动,它有别于一般的工农业生产,具有周期长、消耗大、涉及面广、协作性强、建设地点固定、水文地质条件各异、生产过程单一、不能批量生产、需要预先定价等特点。因此,工程计价也就有了不同于一般的工农业产品定价的特点。

(1) 单件性计价 每个建设产品都为特定的用途而建造,在结构、造型、选用材料、内部装饰、体积和面积等方面都会有所不同,建筑物要有个性,不能千篇一律,只能单独设计、单独建造。由于建造地点的地质情况不同,建造时人工材料的价格变动,使用者不同的功能要求,最终导致工程造价的千差万别。因此,建设产品的造价既不能像工业产品那样按品种、规格成批定价,也不能由国家、地方、企业规定统一的价格,只能单件计价,由企业根据现时情况自主报价,由市场竞争形成价格。

（2）多次性计价　建设产品的生产过程是一个周期长、规模大、消耗多、造价高的投资生产活动,必须按照规定的建设程序分阶段进行。工程造价多次性计价的特点,表现在建设程序的每个阶段都有相对应的计价活动,以便有效地确定与控制工程造价。同时,由于工程建设过程是一个由粗到细、由浅入深的渐进过程,工程造价的多次性计价也就成为了一个对工程投资逐步细化、具体、最后使之接近实际造价的过程。工程造价多次性计价与建设程序的关系如图1-1所示。

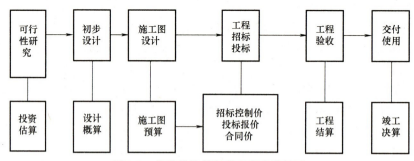

图1-1　多次性计价与建设程序的关系

（3）组合性计价　每一工程项目都可以按照建设项目、单项工程、单位工程、分部工程、分项工程的层次分解,然后再按相反的顺序组合计价。工程计价的最小单元是分项工程或构（配）件,工程计价的基本对象是单位工程,如建筑工程、装饰装修工程、安装工程、市政工程等,每一个单位工程应当编制独立的工程造价文件。单项工程的造价由若干个单位工程的造价汇总而成,建设项目的造价由若干个单项工程的造价汇总而成。

1.1.2　工程计价的分类及作用

1. 根据建设程序的不同阶段分类

（1）投资估算　投资估算是指在编制建设项目建议书和可行性研究阶段,对建设项目总投资的粗略计算。作为建设项目决策时的一项重要参考性经济指标,投资估算是判断项目可行性的重要依据之一;作为工程造价的目标限额,投资估算是控制初步设计概算和整个工程造价的目标限额;同时,投资估算也是编制投资计划、资金筹措和申请贷款的依据。

（2）设计概算　设计概算是指在工程项目的初步设计阶段,根据初步设计文件和图样、概算定额或概算指标及有关取费规定,对工程项目从筹建到竣工所应发生费用的概略计算。它是国家确定和控制基本建设投资额、编制基本建设计划、选择最优设计方案、推行限额设计的重要依据,也是计算工程设计收费、编制施工图预算、确定工程项目总承包合同价的主要依据。当工程项目采用三阶段设计时,在扩大初步设计（也称技术设计）阶段,随着设计内容的深化,应对初步设计的概算进行修正,称为修正概算。经过批准的设计总概算是建设项目造价控制的最高限额。

（3）施工图预算　施工图预算是指在工程项目的施工图设计完成后,根据施工图和设计说明、预算定额、预算基价以及费用定额等，对工程项目应发生费用的较详细的计算。它是确定单位工程、单项工程预算造价的依据；是确定工程招标控制价、投标报价、工程承包合同价的依据；是建设单位与施工单位拨付工程款项和办理工程结算的依据；也是施工企业编制施工组织设计、进行成本核算的不可缺少的依据。

（4）施工预算　施工预算是指由施工单位在中标后的开工准备阶段，根据施工定额或企业定额编制的内部预算。它是施工单位编制施工作业进度计划、实行定额管理、班组成本核算的依据；也是进行"两算对比"，即施工图预算与施工预算对比的重要依据；是施工企业有效控制施工成本，提高企业经济效益的手段之一。

（5）工程结算　工程结算是指在工程建设的收尾阶段，由施工单位根据影响工程造价的设计变更、工程量增减、项目增减、设备和材料价差，在承包合同约定的调整范围内，对合同价进行必要修正后形成的造价。经建设单位认可的工程结算是拨付和结清工程款的重要依据。工程结算价是该结算工程的实际建造价格。工程结算是超出工程计价范畴的一种计价活动。

（6）竣工决算　竣工决算是指在建设项目通过竣工验收交付使用后，由建设单位编制的反映整个建设项目从筹建到竣工验收所发生全部费用的决算价格。竣工决算应包括建设项目产成品的造价、设备和工器具购置费用和工程建设的其他费用。它应当反映工程项目建成后交付使用的固定资产及流动资金的详细情况和实际价值，是建设项目的实际投资总额，可作为财产交接、考核交付使用的财产成本，以及使用部门建立财产明细账和登记新增固定资产价值的依据。竣工决算也是超出工程计价范畴的一种计价活动。

上述计价过程中，投资估算是在工程开工前进行的，而工程结算和竣工决算则是在工程完工后进行的，它们之间存在多方面的差异，见表1-1。

表1-1　不同阶段的工程计价特点对比

类　　别	编制阶段	编制单位	编制依据	用　　途
投资估算	可行性研究	工程咨询机构	投资估算指标	投资决策
设计概算	初步设计或扩大初步设计	设计单位	概算定额或概算指标	控制投资及工程造价
施工图预算	工程招标投标	工程造价咨询机构和施工单位	预算定额或清单计价规范等	确定招标控制价、投标报价、工程合同价
施工预算	施工阶段	施工单位	施工定额或企业定额	控制企业内部成本
工程结算	竣工验收后交付使用前	施工单位	合同价、设计及施工变更资料	确定工程项目建造价格
竣工决算	竣工验收并交付使用后	建设单位	预算定额、工程建设其他费用定额、工程结算资料	确定工程项目实际投资

2. 根据编制对象的不同分类

（1）单位工程概预算　单位工程概预算是指根据设计文件和图样，结合施工方案和现场条件计算的工程量、概预算定额以及其他各项费用取费标准编制的，用于确定单位工程造价的文件。

（2）工程建设其他费用概预算　工程建设其他费用概预算是指根据有关规定应在工程建设投资中计取的，除建筑安装工程费用、设备购置费用、工器具及生产工具购置费、预备费以外的一切费用。工程建设其他费用概预算以独立的项目列入单项工程综合概预算或建设项目总概预算中。

(3) 单项工程综合概预算　单项工程综合概预算是指由组成该单项工程的各个单位工程概预算汇编而成的，用于确定单项工程（一般对应于建筑单体）工程造价的综合性文件。

(4) 建设项目总概预算　建设项目总概预算是指由组成该建设项目的各个单项工程综合概预算，设备购置费用、工器具及生产工具购置费、预备费以及工程建设其他费用概预算汇编而成的，用于确定建设项目从筹建到竣工验收全部建设费用的综合性文件。

根据编制对象不同划分的概预算，其相互关系如图1-2所示。

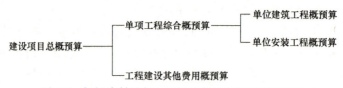

图1-2　根据编制对象不同划分的概预算相互关系图

3. 根据专业工程的不同分类

1) 建筑工程概预算，含土建工程及装饰工程。
2) 装饰工程概预算，专指独立承包的装饰装修工程。
3) 安装工程概预算，含建筑电气照明、给水排水、供暖空调等设备安装工程。
4) 市政工程概预算。
5) 园林绿化工程概预算。
6) 修缮工程概预算。
7) 煤气管网工程概预算。
8) 抗震加固工程概预算。

1.1.3　工程计价的课程体系

工程造价专业是列入教育部《普通高等学校本科专业目录》的专业之一，其培养目标是"培养德、智、体全面发展，具备土木工程基本技术，了解建筑市场规律，掌握管理学、经济学、法律和合同基本知识，掌握工程造价管理工作所需的基本理论、方法和手段，具有工程建设项目投资决策和全过程各阶段造价管理能力，具有一定实践能力、综合应用能力和创新能力，适应我国和地方区域经济建设发展需要，能在国内外工程建设领域从事项目决策，以及全过程、各阶段造价管理的应用型高级经济技术管理人才。"

工程造价专业培养的学生应是懂技术、通法律、知经济、会管理的复合、应用型专门人才。区别于一般的管理类专业，工程造价专业更突出基于工程技术的计量计价能力，并应将其视为最基本的核心竞争能力。

综上所述，为达成"全过程、各阶段造价管理"的目的，工程计价的课程体系首先应构建基于全过程、全寿命周期造价管理的课程体系，其主要课程可有：

1) 项目可行性研究与评估。
2) 投资估算与设计概算实务。
3) 建筑工程定额原理与实务。
4) 工程计价学。

5) 工程计量学。
6) 工程计价基础。
7) 工程价款管理与工程结算。

其次，依据 GB 50500—2013《建设工程工程量清单计价规范》（以下简称《清单计价规范》）和各专业工程量计算规范（以下简称《工程量计算规范》）构建的体系，工程计价的课程体系应尽可能覆盖建设工程的一切专业领域，其主要课程可有：

1) 房屋建筑与装饰工程计量与计价（或称为"建筑工程计量与计价"）。
2) 建筑安装工程计量与计价。
3) 市政工程计量与计价。
4) 园林绿化工程计量与计价。
5) 城市轨道交通工程计量与计价。
6) 公路工程计量与计价。
7) 水利工程计量与计价。

鉴于工程计价课程已成系列化，宜在各专业工程计量计价课程之前先开设"工程计价学"或"工程计价基础"课程（32学时，2学分），系统介绍工程计价的共性问题，如工程计价的概念体系、费用组成、计价依据和计价方法。而各专业工程计量计价课程以介绍各专业工程计量计价实务为主，目的是通过课程学习，能够形成编制各专业工程造价文件的能力。因而各专业工程计量计价除教材外，还应配套各专业工程的"课程设计指南"，为课程设计等实践性教学环节提供支撑。

1.1.4　本课程教学内容

"建筑工程计量与计价"课程教学内容与 GB 50854—2013《房屋建筑与装饰工程工程量计算规范》内容一致。

本教材适用于工程造价专业开设的"建筑工程计价"或"建筑工程预算"等课程。其教学内容归类为全过程计价中的施工图预算，重点讨论在工程招标投标阶段编制房屋建筑与装饰工程"招标工程量清单""招标控制价"和"投标报价"等工程造价文件的方法。

1.2　工程计价原理

1.2.1　工程计价的基本方法

从工程费用计算的角度分析，每一个建设项目都可以分解为若干子项目，每一个子项目都可以计量计价，进而在上一层次组合，最终确定工程造价。其数学表达式为

$$工程造价 = \sum_{i}^{n}（子项目工程量 \times 工程单价）$$

式中　i——第 i 个工程子项目；

　　　n——建设项目分解得到的工程子项目总数。

影响工程造价的主要因素有两个，即子项目工程量和工程单价。可见，子项目工程量的大小和工程单价的高低直接影响工程造价的高低。

确定子项目工程量是一个烦琐而又复杂的过程。当设计图深度不够时，不可能准确计算工程量，只能用大而粗的量，如建筑面积、体积等作为工程量，对工程造价进行估算和概算；当设计图深度达到施工图要求时，就可以对由建设项目分解得到的若干子项目工程量进行逐一计算，用施工图预算的方式确定工程造价。

工程单价的不同决定了所用计价方式的不同。投资估算指标用于投资估算；概算指标用于设计概算；人工、材料、机械单价适用于定额计价法编制施工图预算；综合单价适用于清单计价法编制施工图预算；全费用单价可在更完整的层面上进行施工图预算和设计概算。

工程单价由消耗量和人工、材料、机械的具体单价决定。消耗量是在长期的生产实践中形成的生产一定计量单位的建筑产品所需消耗的人工、材料、机械的数量标准，一般体现在"预算定额"或"概算定额"中，因而"预算定额"或"概算定额"是工程计价的基础，无论定额计价还是清单计价都离不开定额。人工、材料、机械的具体单价由市场供求关系决定，服从价值规律。在市场经济条件下，工程造价的定价原则是"企业自主报价、竞争形成价格"，因此，工程单价的确定原则应是"价变量不变"，即人工、材料、机械的具体单价是绝对要变的，而定额消耗量是相对不变的。

计价中的项目划分是十分重要的环节。各专业《工程量计算规范》是清单项目划分的标准，"预（概）算定额"是计价项目划分的标准。清单项目划分注重工程实体，而定额项目划分注重施工过程，一个工程实体往往由若干个施工过程来完成，所以一个清单分项往往要包含多个定额子项。

1.2.2 建设项目的分解

任何一个建设项目，就其投资构成或物质形态而言，都是由众多部分组成的复杂而又有机结合的总体，相互存在许多外在和内在的联系。要对一个建设项目的投资耗费计量与计价，就必须对建设项目进行科学合理的划分，使之分解为若干简单、便于计算的部分或单元。另外，建设项目根据其产品生产的工艺流程和建筑物、构筑物不同的使用功能，按照设计规范要求也必须进行必要和科学的划分，使设计符合工艺流程及使用功能的客观要求。

根据我国现行有关规定，一个建设项目一般可以分解为单项工程、单位工程、分部工程、分项工程等项目。

1. 建设项目

建设项目是指在一个总体设计或初步设计的范围内，由一个或若干个单项工程所组成的，经济上实行统一核算，行政上有独立机构或组织形式，实行统一管理的基本建设单位。一般以一个行政上独立的企事业单位作为一个建设项目，如一家工厂、一所学校等。

2. 单项工程

单项工程是指具有单独的设计文件，建成后能够独立发挥生产能力和使用功能的工程。单项工程又称为工程项目，它是建设项目的组成部分。

工业建设项目的单项工程，一般是指能够生产出设计所规定的主要产品的车间或生产线以及其他辅助或附属工程。如某机械厂的一个铸造车间或装配车间等。

民用建设项目的单项工程，一般是指能够独立发挥设计规定的使用功能的各项独立工程。例如，大学内的一栋教学楼、实验楼或图书馆等。

3. 单位工程

单位工程是指具有单独的设计文件、独立的施工条件，但建成后不能够独立发挥生产能力和使用功能的工程。单位工程是单项工程的组成部分，例如，建筑工程中的一般土建工程、装饰装修工程、给水排水工程、电气照明工程、弱电工程、供暖通风空调工程、煤气管道工程、园林绿化工程等。

4. 分部工程

分部工程是指各单位工程的组成部分。它一般根据建筑物、构筑物的主要部位、工程结构、工种内容、材料类别或施工程序等来划分。例如，土建工程可划分为土石方、桩基、砌筑、混凝土及钢筋、屋面及防水、金属结构制作及安装、构件运输及预制构件安装、脚手架、楼地面装饰、墙柱面装饰、天棚装饰、门窗、木结构、防腐保温隔热等分部工程。分部工程在"预算定额"中一般表达为"章"。

5. 分项工程

分项工程是指各分部工程的组成部分。它是工程造价计算的基本要素和工程计（估）价最基本的计量单元，是通过较为简单的施工过程就可以生产出来的建筑产品或构配件，例如，砌筑分部中的砖基础、1砖墙、砖柱；混凝土及钢筋分部中的混凝土基础、梁、板、柱、钢筋制作安装等。在编制概预算时，各分部分项工程费用由直接在施工过程中耗费的人工费、材料费、机械台班使用费组成。分项工程在"预算定额"中一般表达为"子目"。

下面以一所大学作为建设项目来进行项目分解，如图1-3所示。

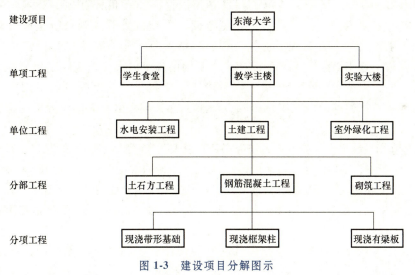

图1-3　建设项目分解图示

1.2.3　工程计价的步骤

工程计价的基本步骤可概括为：①读图→②列项→③算量→④套价→⑤计费。此步骤适合于工程计价的每一过程，其中的每一步骤所涉及的内容不同，就会对应不同的计价方法。

1. 读图

读图是工程计价的基本工作，只有看懂和熟悉设计图后，才能对工程内容、结构特征、技术要求有清晰的概念，才能在计价时做到项目全、计量准、速度快。因此，在计价之前，应留一定时间，专门用来读图。阅读重点是：

1) 对照图样目录,检查图样是否齐全。
2) 采用的标准图集是否已经具备。
3) 仔细阅读设计说明或附注,因为有些分张图样中不再表示的项目或设计要求,往往在说明或附注中可以找到,稍不注意,就容易漏项。
4) 设计上有无特殊的施工质量要求,事先列出需要另编补充定额的项目。
5) 平面坐标和竖向布置标高的控制点。
6) 本工程与总图的关系。

2. 列项

列项就是列出需要计量计价的分部分项工程项目。其要点是:

1) 工程量清单列项。要依据《工程量计算规范》列出清单分项,才可对每一清单分项计算清单工程量,按规定格式(包含项目编码、项目名称、项目特征、计量单位、工程数量)编制成"工程量清单"文件。
2) 综合单价的组价列项。要依据《工程量计算规范》每一分项的特征要求和工作内容,从"预算定额"中找出与施工过程匹配的定额项目,对每一定额项目计量计价,才能产生每一清单分项的综合单价。
3) 定额计价列项。要依据"预算定额"列出定额分项,才可对每一定额分项计算定额工程量并套价。

3. 算量

算量就是对工程量的计量。清单工程量必须依据《工程量计算规范》规定的计算规则进行正确计算;定额工程量必须依据"预算定额"规定的计算规则进行正确计算。两种规则在某些分部工程(如土方工程、桩基工程、装饰工程)中有很大的不同。计价的基础是定额工程量,施工费用因定额工程量而产生,不同的施工方式会使定额工程量有差异。清单工程量是唯一的,由业主方在"招标工程量清单"中提供,它反映分项工程的实物量,是工程发包和工程结算的基础。施工费用除以清单工程量可得出每一清单分项的综合单价。

4. 套价

套价就是套用工程单价。在市场经济条件下,按照"价变量不变"的原则,基于"预算定额"或者"企业定额"的消耗量,采用人工、材料、机械的市场价格,一切工程单价都是可以重组的。定额计价法套用人工、材料、机械单价可计算出直接工程费;清单计价法套用综合单价可计算出分部分项工程费或单价措施费。直接工程费或分部分项工程费是计算其他费用的基础。

5. 计费

计费就是计算除分部分项工程费以外的其他费用。定额计价法除了计算直接工程费以外,还要计算措施项目费、其他项目费、管理费、利润、规费及税金;清单计价法除了计算分部分项工程费以外,还要计算措施项目费、其他项目费、规费及税金,这些费用的总和就是单位工程总造价。

1.3 工程量概述

1.3.1 工程量的含义

工程量是指以物理计量单位或自然计量单位所表示的各个具体分部分项工程和构配件的

数量。

物理计量单位是指需要度量的具有物理性质的单位。例如，长度以 m 为计量单位；面积以 m^2 为计量单位；体积以 m^3 为计量单位；质量以 kg 或 t 为计量单位等。

自然计量单位是指不需要度量的具有自然属性的单位，例如，屋顶水箱以"座"为计量单位，设备安装工程以"台""组""件"等为计量单位。

1.3.2 工程量计算的意义

工程量计算就是根据施工图、《工程量计算规范》或"预算定额"划分的项目及工程量计算规则，列出分部分项工程的名称和计算式，然后计算出结果的过程。

工程量计算的工作，在整个工程计（估）价的过程中是最繁重的一道工序，是编制施工图预算的重要环节。一方面，工程量计算工作在整个预算编制工作中所花的时间最长，它直接影响到预算的及时性；另一方面，工程量计算正确与否直接影响到各个直接工程费或分部分项工程费计算的正确与否，从而影响预算造价的准确性。因此，要求造价人员具有高度的责任感，耐心细致地进行计算。

1.3.3 工程量计算的一般方法

工程量必须按照工程量计算规则和相关规定进行正确计算。

1. 工程量计算的基本要求

1）工作内容须与《工程量计算规范》或"预算定额"中分项工程所包括的内容和范围相一致。计算工程量时，要熟悉定额中每个分项工程所包括的内容和范围，以避免重复列项和漏计项目。

2）工程量计量单位须与《工程量计算规范》或"预算定额"中的单位相一致。在计算工程量时，首先要弄清楚《工程量计算规范》或"预算定额"的计量单位。一般清单规范计量单位为本位，而预算定额的计量单位为扩大 10 倍、100 倍后的单位。

3）工程量计算规则要与《工程量计算规范》或"预算定额"的要求相一致。按施工图计算工程量时，所采用的计算规则必须与《工程量计算规范》或本地区现行的"预算定额"工程量计算规则相一致，这样才能有统一的计量标准，防止错算。由于清单规则与定额规则在有些分部有所不同，因而按清单规则计算出的工程量为"清单工程量"，按定额规则计算出的工程量为"定额工程量"，这一点在以后几章的学习中一定要注意区分。

4）工程量计算式力求简单明了，按一定秩序排列。为了便于工程量的核对，在计算工程量时有必要注明层数、部位、断面、图号等。工程量计算式一般按长、宽、厚（高）的秩序排列。例如，计算面积时按长×宽（高），计算体积时按长×宽×高等。

5）工程量计算的精确程度要符合要求。工程量在计算的过程中，一般可保留三位小数，计算结果则四舍五入后保留两位小数。但钢材、木材的计算结果要求保留三位小数。

2. 工程量计算的顺序

工程量计算是一项繁杂而细致的工作，为了达到既快又准确、防止重复或错漏的目的，合理安排计算顺序是非常重要的。工程量计算顺序一般有以下几种方法。

（1）按顺时针方向计算 先从平面图左上角开始，按顺时针方向环绕一周后回到左上角止，如图 1-4 所示。

（2）按先横后竖、先上后下、先左后右的顺序计算 如图1-5所示，在计算内墙基础、内墙砌体、内墙装饰工程量时，先计算横墙，按图中编号①~⑤的顺序进行；然后再计算竖墙，按图中编号⑥~⑩的顺序进行。

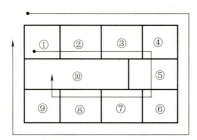

图1-4 按顺时针方向计算示意图

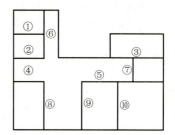

图1-5 按先横后竖、先上后下、先左后右的顺序计算示意图

（3）按图样编号顺序计算 对于图样上注明了部位和编号的构件，如图1-6所示，可按柱（Z_1、Z_2、Z_3、Z_4）、梁（L_1、L_2、L_3、L_4）、板（B_1、B_2、B_3）构件的编号顺序计算。

（4）按轴线编号顺序计算 按图样所标注的轴线编号顺序依次计算轴线所在位置的工程量。如图1-7所示，可按图上轴线①~⑤的顺序和轴线Ⓐ~Ⓓ的顺序分别计算竖向和横向墙体、基础、墙面等的工程量。

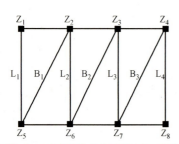

图1-6 按图样编号顺序计算示意图

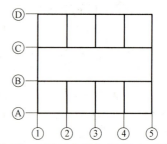

图1-7 按轴线编号顺序计算示意图

（5）按施工先后顺序计算 使用这种方法要求对实际的施工过程比较熟悉，否则容易出现漏项的情况。例如，基础工程量的计算，按施工顺序，即平整场地→挖基础土方→做基础垫层→基础浇筑或砌筑→做防潮层→回填土→余土运输。

（6）按定额分部分项顺序计算 在计算工程量时，对应施工图按照定额的章节顺序和子目顺序进行分部分项工程的计算。采用这种方法要求熟悉图样，有较全面的设计基础知识。由于目前的建筑设计从造型到结构形式都千变万化，尤其是新材料、新工艺的层出不穷，无法从定额中找全既有的项目供套用，因此，在计算工程量时，最好将这些项目列出来编制成补充定额，以避免漏项。

3. 应用统筹法原理计算工程量

为了提高工程量计算的工作效率，减少重复计算，有必要在计算之前合理安排计算顺序，确定先算哪些项目，后算哪些项目。统筹法计算工程量是根据工程量计算的自身规律，先主后次，统筹安排计算过程的一种方法。它有以下几个基本原则。

（1）统筹程序、合理安排 要达到准确而又快速计算工程量的目的，首先就要统筹安排计算程序，否则就会出现事倍功半的结果。例如，室内地面工程中的房心回填土、地坪垫层、地面面层的工程量计算，若按施工顺序计算则为房心回填土（长×宽×高）→地坪垫层（长×宽×厚）→地面面层（长×宽）。从以上计算列式中可以看出，每一个分项工程都计算了一次"长×宽"，浪费了时间。而利用统筹法计算，可以先算地面面层，然后利用已经得到的面积（长×宽）乘以相应高度和厚度就可以很快计算出房心回填土和地坪垫层的工程量。这样，既简化了计算过程，又提高了工作效率。

通常土建工程可按以下顺序计算工程量：基础及土方工程→混凝土及钢筋工程→门窗工程→砌体工程→墙面装饰工程→楼地面工程→天棚装饰工程→屋面工程→室外工程。按这种顺序计算工程量，便于重复利用已算数据，避免重复劳动。

（2）利用基数连续计算　在工程量计算中离不开几个基数，即"三线一面"。"三线"是指建筑平面图中的外墙中心线（$L_中$）、外墙外边线（$L_外$）、内墙净长线（$L_内$）。"一面"是指底层建筑面积（S_d）。利用好"三线一面"，会使许多工程量的计算化繁为简。

例如，利用 $L_中$ 可计算外墙基槽土方、垫层、基础、圈梁、防潮层、外墙墙体等分项工程量；利用 $L_外$ 可计算建筑面积、外墙抹灰、散水、地沟等分项工程量；利用 $L_内$ 可计算内墙防潮层、内墙墙体等分项工程量。利用 S_d 可计算综合脚手架、平整场地、地面垫层、楼地面、天棚、平屋面防水等分项工程量。在计算过程中要注意尽可能地使用前面已经算出的数据，减少重复计算。"三线一面"在统筹法中的应用举例见表 1-2。

表 1-2　"三线一面"在统筹法中的应用举例

序号	分项工程名称	工程量计算式	单位	备注
1	场地平整	$S_场 = S_d + L_外 \times 2 + 16$	m²	
2	室内整体地面	$S_净 = S_d - (L_中 + L_内)\delta(墙厚)$	m²	净面积
3	室内回填土	$V_填 = S_净 h(回填土厚)$	m³	
4	室内地坪垫层	$V_垫 = S_净 h(垫层厚)$	m³	
5	楼地面面积	$S_净 \times$层数-楼梯水平投影面积×(层数-1)	m²	
6	外墙挖基槽	$V_外 = L_中 F(基槽截面面积)$	m³	
7	内墙挖基槽	$V_内 = L_槽 F(基槽截面面积)$	m³	
8	外墙砌体基础	$V_外 = L_中 F(砌体基础截面面积)$	m³	
9	内墙砌体基础	$V_内 = L_基 F(砌体基础截面面积)$ 或：$V_内 = (L_{内中} - 基础顶面宽)F(砌体基础截面面积)$	m³	
10	墙身防潮层	$S = (L_中 + L_内)\delta(墙厚)$	m²	
11	基础回填土	填方($V_填$) = 挖方($V_挖$) - 埋入物体积($V_埋$)	m³	
12	余土外运	$V_余 = V_挖 - V_填 \times 1.15$（基槽回填+房心回填）	m³	
13	外墙圈梁混凝土	$V_外 = L_中 F(圈梁截面面积)$	m³	
14	内墙圈梁混凝土	$V_内 = L_净 F(圈梁截面面积)$	m³	
15	内墙面抹灰	$L_净 \times$内墙高-门窗洞面积	m²	
16	外墙面抹灰	$L_外 \times$外墙高-门窗洞面积	m²	
17	内墙裙	($L_净$-门洞宽)×内墙裙高-窗洞面积+门洞侧壁面积	m²	
18	外墙裙	($L_外$-门洞宽)×外墙裙高-窗洞面积+门洞侧壁面积	m²	
19	腰线抹灰	$L_外 \times$展开宽度	m²	
20	室外散水	$L_外 \times$散水宽-散水宽×4	m²	
21	室外排水沟	$L_外 +$散水宽×8+沟道宽×4	m	

（3）一次算出，多次使用　工程量计算过程中，通常会多次用到某些数据，因此，可以预先把这些数据计算出来供以后查阅使用。例如，先计算出门窗、预制构件等工程量，按不同位置和不同规格做好分类统计，便于以后计算砖墙体、抹灰等工程量时使用。

（4）结合实际，灵活应用　由于各种工程之间存在差异，设计上灵活多变以及施工工艺不断改进，因此预算人员在各种工程量计算方法的应用上也要根据实际情况灵活处理。例如，在计算同一项目的工程量时，由于结构断面、高度或深度不同，可以采取分段计算法；当建筑物各层的建筑面积或平面布置不同时，可采取分层计算法；当建筑物的局部构造尺寸与整体有所不同时，可先视其为相同尺寸，利用基数连续计算，然后再进行增减调整。

总之，工程量计算的方法多种多样，在实际工作中，读者可根据自己的经验、习惯，采取各种形式和方法，做到计算准确，不漏项、不错项即可。

习题与思考题

1. 如何理解工程计价、工程计量的含义？两个概念有何不同？
2. 工程计价有哪些环节？各有什么作用？与建设程序是什么关系？
3. 建设项目如何分解？对工程计价有何实际意义？
4. 什么是工程量？工程量计算对计价有何实际意义？
5. 工程量计算有哪些技巧？如何应用？
6. 如何理解工程计价的五个基本步骤？
7. 本课程教学内容是什么？

第2章 工程计价基础

> **教学要求:**
> - 了解工程造价的含义、特点和作用以及工程造价的费用组成。
> - 熟悉工程建设定额、消耗量定额、单位估价表、清单计价规范和各专业工程量计算规范。
> - 掌握清单计价法的各项费用计算。

本章以建标〔2013〕44号文《住房城乡建设部 财政部关于印发〈建筑安装工程费用项目组成〉的通知》为依据,介绍我国现行建筑安装工程费用的构成。梳理作为工程计价依据的工程建设定额、消耗量定额、单位估价表、清单计价规范和各专业工程量计算规范的基本知识,并以某省的计价规则为依据,介绍工程量清单计价的方法。

2.1 工程造价及其构成

2.1.1 工程造价的含义、特点及作用

1. 工程造价的含义

工程造价的直意就是工程的建造价格。工程造价有以下两种含义。

(1) 工程投资费用 它是指广义的工程造价。从投资者(业主)的角度来定义,工程造价是指有计划地建设某项工程,预期开支或实际开支的全部固定资产投资的费用。投资者选定一个投资项目,为了获得预期的效益,需要通过项目评估进行决策,并进行设计招标、工程招标,直至竣工验收等一系列的投资管理活动。在这些投资活动中所支付的全部费用形成了固定资产,而所有这些费用就构成了工程造价。

(2) 工程建造价格 它是指狭义的工程造价。从承包者(承包商)或供应商,或规划、设计等机构的角度来定义,工程造价是指为建成一项工程,预计或实际在土地市场、设备市场、技术劳务市场,以及承包市场等交易活动中所形成的建筑安装工程的价格和建设工程总价格。

(3) 两种含义的差异 工程造价的两种含义是对客观存在的概括。它们既共生于一个统一体,又相互区别。其最主要的区别在于需求主体和供给主体在市场追求的经济利益不同,因而管理的性质和管理目标不同。降低工程造价是投资者始终如一的追求,而作为工程价格,承包商所关注的是利润,为此,他追求的是较高的工程造价。不同的管理目标,反映供求双方不同的经济利益。但两种含义的工程造价都要受支配价格运动的经济规律的影响和调节,它们之间的矛盾是市场的竞争机制和利益风险机制的必然反映。

2. 工程造价的特点

（1）**大额性** 任何一项建设工程，不仅其实物形态庞大，而且造价高昂，需投资几百万、几千万甚至上亿的资金。工程造价的大额性关系到多方面的经济利益，同时也会对社会宏观经济产生重大影响。

（2）**单个性** 任何一项建设工程都有特殊的功能和用途，因而对于每一项工程的结构、造型、平面布置、设备配置和内外装饰都有不同的要求。工程内容和实物形态的个体差异决定了工程造价的单个性。

（3）**动态性** 任何一项建设工程从决策到竣工交付使用，都会有一个较长的建设周期，在这期间，如工程变更、材料价格波动、费率变动都会引起工程造价的变动，直至竣工决算后才能最终确定工程的实际造价。建设周期长，资金的时间价值突出，体现了工程造价的动态性。

（4）**层次性** 一项建设工程往往含有多个单项工程，而一个单项工程又由多个单位工程组成。与此相适应，工程造价也存在三个对应的层次，即建设项目总造价、单项工程造价和单位工程造价。这就是工程造价的层次性。

（5）**兼容性** 一项建设工程往往包含许多工程内容，不同工程内容的组合、兼容就能适应不同的工程要求。工程造价是由多种费用以及不同工程内容的费用组合而成的，具有很强的兼容性。

3. 工程造价的作用

1）工程造价是项目决策的依据。
2）工程造价是制订投资计划和控制投资的依据。
3）工程造价是筹集建设资金的依据。
4）工程造价是评价投资效果的重要指标和手段。

2.1.2 工程造价的费用组成

1. 广义的工程造价费用组成

广义的工程造价包含工程项目按照确定的建设内容、建设规模、建设标准、功能和使用要求等全部建成并验收合格交付使用所需的全部费用。

按照国家发展和改革委员会及原建设部发布的《建设项目经济评价方法与参数》（第三版）（发改投资[2006]1325号文）的规定，我国现行工程造价的构成为：建筑安装工程费用、设备及工器具购置费用、工程建设其他费用、预备费、建设期贷款利息。具体构成如图2-1所示。

2. 狭义的工程造价费用组成

狭义的工程造价即指建筑安装工程费用。根据《住房城乡建设部 财政部关于印发〈建筑安装工程费用项目组成〉的通知》（建标[2013]44号文）的规定，我国现行建筑安装工程费用项目组成如图2-2所示。

（1）**按费用构成要素划分** 建筑安装工程费用按照费用构成要素划分，由人工费、材料费（包含工程设备，下同）、施工机具使用费、企业管理费、利润、规费和税金组成。其中人工费、材料费、施工机具使用费、企业管理费和利润包含在分部分项工程费、措施项目费和其他项目费中。

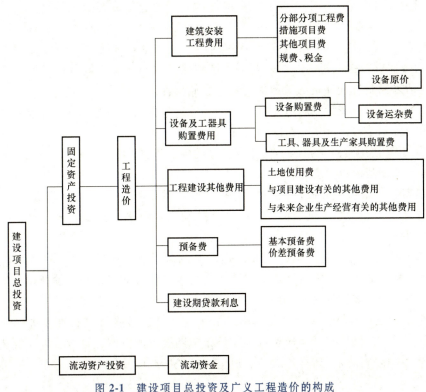

图 2-1 建设项目总投资及广义工程造价的构成

1)人工费:是指按工资总额构成规定,支付给从事建筑安装工程施工的生产工人和附属生产单位工人的各项费用。内容包括:

① 计时工资或计件工资:是指按计时工资标准和工作时间或对已做工作按计件单价支付给个人的劳动报酬。

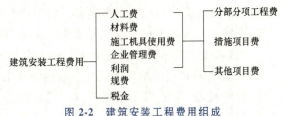

图 2-2 建筑安装工程费用组成

② 奖金:是指因超额劳动和增收节支支付给个人的劳动报酬。如节约奖、劳动竞赛奖等。

③ 津贴补贴:是指为了补偿职工特殊或额外的劳动消耗和因其他特殊原因支付给个人的津贴,以及为了保证职工工资水平不受物价影响支付给个人的物价补贴。如流动施工津贴、特殊地区施工津贴、高温(寒)作业临时津贴、高空津贴等。

④ 加班加点工资:是指按规定支付的,在法定节假日工作的加班工资和在法定日工作时间外延时工作的加点工资。

⑤ 特殊情况下支付的工资:是指根据国家法律、法规和政策规定,因病、工伤、产假、计划生育假、婚丧假、事假、探亲假、定期休假、停工学习、执行国家或社会义务等原因按计时工资标准或计时工资标准的一定比例支付的工资。

2)材料费:是指施工过程中耗费的原材料、辅助材料、构配件、零件、半成品或成品、工程设备的费用。内容包括:

① 材料原价:是指材料、工程设备的出厂价格或商家供应价格。

② 运杂费：是指材料、工程设备自来源地运至工地仓库或指定堆放地点所发生的全部费用。

③ 运输损耗费：是指材料在运输装卸过程中不可避免的损耗。

④ 采购及保管费：是指为组织采购、供应和保管材料、工程设备的过程中所需要的各项费用。包括采购费、仓储费、工地保管费、仓储损耗。

工程设备是指构成或计划构成永久工程一部分的机电设备、金属结构设备、仪器装置及其他类似的设备和装置。

3）施工机具使用费：是指施工作业所发生的施工机械、仪器仪表使用费或其租赁费。

施工机械使用费由以下费用组成：

① 折旧费：是指施工机械在规定的使用年限内，陆续收回其原值的费用。

② 大修理费：是指施工机械按规定的大修理间隔台班进行必要的大修理，以恢复其正常功能所需的费用。

③ 经常修理费：是指施工机械除大修理以外的各级保养和临时故障排除所需的费用。包括为保障机械正常运转所需替换设备与随机配备工具附具的摊销和维护费用，机械运转中日常保养所需润滑与擦拭的材料费用及机械停滞期间的维护和保养费用等。

④ 安拆费及场外运费：安拆费是指施工机械（大型机械除外）在现场进行安装与拆卸所需的人工、材料、机械和试运转费用以及机械辅助设施的折旧、搭设、拆除等费用；场外运费是指施工机械整体或分体自停放地点运至施工现场或由一施工地点运至另一施工地点的运输、装卸、辅助材料及架线等费用。

⑤ 人工费：是指机上司机（司炉）和其他操作人员的人工费。

⑥ 燃料动力费：是指施工机械在运转作业中所消耗的各种燃料及水、电等。

⑦ 税费：是指施工机械按照国家规定应缴纳的车船使用税、保险费及年检费等。

仪器仪表使用费是指工程施工所需使用的仪器仪表的摊销及维修费用。

4）企业管理费：是指建筑安装企业组织施工生产和经营管理所需的费用。内容包括：

① 管理人员工资：是指按规定支付给管理人员的计时工资、奖金、津贴补贴、加班加点工资及特殊情况下支付的工资等。

② 办公费：是指企业管理办公用的文具、纸张、账表、印刷、邮电、书报、办公软件、现场监控、会议、水电、烧水和集体取暖降温（包括现场临时宿舍取暖降温）等费用。

③ 差旅交通费：是指职工因公出差、调动工作的差旅费、住勤补助费，市内交通费和误餐补助费，职工探亲路费，劳动力招募费，职工退休、退职一次性路费，工伤人员就医路费，工地转移费以及管理部门使用的交通工具的油料、燃料等费用。

④ 固定资产使用费：是指管理和试验部门及附属生产单位使用的属于固定资产的房屋、设备、仪器等的折旧、大修、维修或租赁费。

⑤ 工具用具使用费：是指企业施工生产和管理使用的不属于固定资产的工具、器具、家具、交通工具和检验、试验、测绘、消防用具等的购置、维修和摊销费。

⑥ 劳动保险和职工福利费：是指由企业支付的职工退职金、按规定支付给离休干部的经费，集体福利费、夏季防暑降温、冬季取暖补贴、上下班交通补贴等。

⑦ 劳动保护费：是指企业按规定发放的劳动保护用品的支出。如工作服、手套、防暑降温饮料以及在有碍身体健康的环境中施工的保健费用等。

⑧ 检验试验费：是指施工企业按照有关标准规定，对建筑以及材料、构件和建筑安装物进行一般鉴定、检查所发生的费用，包括自设试验室进行试验所耗用的材料等费用。不包括新结构、新材料的试验费，对构件做破坏性试验及其他特殊要求检验试验的费用和建设单位委托检测机构进行检测的费用，对此类检测发生的费用，由建设单位在工程建设其他费用中列支。但对施工企业提供的具有合格证明的材料进行检测不合格的，该检测费用由施工企业支付。

⑨ 工会经费：是指企业按《工会法》规定的全部职工工资总额比例计提的工会经费。

⑩ 职工教育经费：是指按职工工资总额的规定比例计提，企业为职工进行专业技术和职业技能培训，专业技术人员继续教育、职工职业技能鉴定、职业资格认定以及根据需要对职工进行各类文化教育所发生的费用。

⑪ 财产保险费：是指施工管理用财产、车辆等的保险费用。

⑫ 财务费：是指企业为施工生产筹集资金或提供预付款担保、履约担保、职工工资支付担保等所发生的各种费用。

⑬ 税金：是指企业按规定缴纳的房产税、车船使用税、土地使用税、印花税等。

⑭ 其他：包括技术转让费、技术开发费、投标费、业务招待费、绿化费、广告费、公证费、法律顾问费、审计费、咨询费、保险费等。

5）利润：是指施工企业完成所承包工程获得的盈利。

6）规费：是指按国家法律、法规规定，由省级政府和省级有关权力部门规定必须缴纳或计取的费用。包括：

① 养老保险费：是指企业按照规定标准为职工缴纳的基本养老保险费。

② 失业保险费：是指企业按照规定标准为职工缴纳的失业保险费。

③ 医疗保险费：是指企业按照规定标准为职工缴纳的基本医疗保险费。

④ 生育保险费：是指企业按照规定标准为职工缴纳的生育保险费。

⑤ 工伤保险费：是指企业按照规定标准为职工缴纳的工伤保险费。

⑥ 住房公积金：是指企业按照规定标准为职工缴纳的住房公积金。

⑦ 工程排污费：是指按规定缴纳的施工现场工程排污费。

其他应列而未列入的规费，按实际发生计取。

7）税金：是指国家税法规定的应计入建筑安装工程造价内的增值税、城市维护建设税、教育费附加以及地方教育附加。

（2）按造价形成划分　建筑安装工程费按照工程造价形成划分，由分部分项工程费、措施项目费、其他项目费、规费、税金组成。分部分项工程费、措施项目费、其他项目费包含人工费、材料费、施工机具使用费、企业管理费和利润。

1）分部分项工程费：是指各专业工程的分部分项工程应予列支的各项费用。

① 专业工程：是指按现行国家计量规范划分的房屋建筑与装饰工程、仿古建筑工程、通用安装工程、市政工程、园林绿化工程、矿山工程、构筑物工程、城市轨道交通工程、爆破工程等各类工程。

② 分部分项工程：是指按现行国家计量规范对各专业工程划分的项目。例如，房屋建筑与装饰工程划分的土石方工程、地基处理与桩基工程、砌筑工程、钢筋及钢筋混凝土工程等。

各专业工程的分部分项工程划分见现行国家或行业计量规范。

2）措施项目费：是指为完成建设工程施工，发生于该工程施工前和施工过程中的技术、生活、安全、环境保护等方面的费用。内容包括：

① 安全文明施工费。

a. 环境保护费：是指施工现场为达到环保部门要求所需要的各项费用。

b. 文明施工费：是指施工现场文明施工所需要的各项费用。

c. 安全施工费：是指施工现场安全施工所需要的各项费用。

d. 临时设施费：是指施工企业为进行建设工程施工所必须搭设的生活和生产用的临时建筑物、构筑物和其他临时设施费用。包括临时设施的搭设、维修、拆除、清理费或摊销费等。

② 夜间施工增加费：是指因夜间施工所发生的夜班补助费、夜间施工降效、夜间施工照明设备摊销及照明用电等费用。

③ 二次搬运费：是指因施工场地条件限制而发生的材料、构配件、半成品等一次运输不能到达堆放地点，必须进行二次或多次搬运所发生的费用。

④ 冬雨季施工增加费：是指在冬季或雨季施工需增加的临时设施、防滑、排除雨雪，人工及施工机械效率降低等费用。

⑤ 已完工程及设备保护费：是指竣工验收前，对已完工程及设备采取的必要保护措施所发生的费用。

⑥ 工程定位复测费：是指工程施工过程中进行全部施工测量放线和复测工作的费用。

⑦ 特殊地区施工增加费：是指工程在沙漠或其边缘地区、高海拔、高寒、原始森林等特殊地区施工增加的费用。

⑧ 大型机械设备进出场及安拆费：是指机械整体或分体自停放场地运至施工现场或由一个施工地点运至另一个施工地点，所发生的机械进出场运输及转移费用及机械在施工现场进行安装、拆卸所需的人工费、材料费、机械费、试运转费和安装所需的辅助设施的费用。

⑨ 脚手架工程费：是指施工需要的各种脚手架搭、拆、运输费用以及脚手架购置费的摊销（或租赁）费用。

措施项目及其包含的内容详见各类专业工程的现行国家或行业计量规范。

3）其他项目费：是指除上述分部分项工程费和措施项目费以外还可能发生的费用。具体内容为：

① 暂列金额：是指建设单位在工程量清单中暂定并包括在工程合同价款中的一笔款项。用于施工合同签订时尚未确定或者不可预见的所需材料、工程设备、服务的采购，施工中可能发生的工程变更、合同约定调整因素出现时的工程价款调整以及发生的索赔、现场签证确认等的费用。

② 计日工：是指在施工过程中，施工企业完成建设单位提出的施工图以外的零星项目或工作所需的费用。

③ 总承包服务费：是指总承包人为配合、协调建设单位进行的专业工程发包，对建设单位自行采购的材料、工程设备等进行保管以及施工现场管理、竣工资料汇总整理等服务所需的费用。

4）规费：是指按国家法律、法规规定，由省级政府和省级有关权力部门规定必须缴纳或计取的费用。包括：

① 养老保险费：是指企业按照规定标准为职工缴纳的基本养老保险费。

② 失业保险费：是指企业按照规定标准为职工缴纳的失业保险费。
③ 医疗保险费：是指企业按照规定标准为职工缴纳的基本医疗保险费。
④ 生育保险费：是指企业按照规定标准为职工缴纳的生育保险费。
⑤ 工伤保险费：是指企业按照规定标准为职工缴纳的工伤保险费。
⑥ 住房公积金：是指企业按照规定标准为职工缴纳的住房公积金。
⑦ 工程排污费：是指按规定缴纳的施工现场工程排污费。

其他应列而未列入的规费，按实际发生计取。

5）税金：是指国家税法规定的应计入建筑安装工程造价内的增值税、城市维护建设税、教育费附加以及地方教育附加。

2.2 工程计价的依据

2.2.1 工程建设定额

1. 定额的含义

定额即规定的额度。工程建设定额是指在工程建设中单位合格产品消耗人工、材料、机械使用量的规定额度。这种规定的额度反映的是在一定的社会生产力发展水平的条件下，完成工程建设中的某项产品与各种生产费之间特定的数量关系。

在工程建设定额中，单位合格产品的外延是不确定的。它可以指工程建设的最终产品——建设项目，如一个钢铁厂、一所学校等；也可以是建设项目中的某单项工程，如一所学校中的图书馆、教学楼、学生宿舍楼等；也可以是单项工程中的单位工程，如一栋教学楼中的建筑工程、水电安装工程、装饰装修工程等；还可以是单位工程中的分部分项工程，如，砌1砖清水砖墙、砌1/2砖混水砖墙等。

2. 定额的分类

工程建设定额是工程建设中各类定额的总称，它包括许多种类的定额。为了对工程建设定额能有一个全面的了解，可以按照不同的原则和方法对它进行科学的分类。

（1）按定额反映的生产要素分类　按定额反映的生产要素可以把工程建设定额分为劳动消耗定额、材料消耗定额和机械消耗定额三种。

1）劳动消耗定额。劳动消耗定额简称劳动定额，或称人工定额。是指完成单位合格产品所需活劳动（人工）的数量标准。为了便于综合和核算，劳动定额大多采用工作时间消耗量来计算。所以劳动定额的主要表现形式是时间定额，同时劳动定额也可以表现为产量定额。人工时间定额和产量定额互为倒数关系。

2）材料消耗定额。材料消耗定额简称材料定额。是指完成单位合格产品所需消耗材料的数量标准。材料是工程建设中使用的原材料、成品、半成品、构配件、燃料以及水、电等动力资源的统称。

3）机械消耗定额。机械消耗定额简称机械定额。是指为完成单位合格产品所需消耗施工机械的数量标准。机械消耗定额的主要表现形式是机械时间定额，同时机械消耗定额也可以表现为机械产量定额。机械时间定额和机械产量定额互为倒数关系。

（2）按定额的编制程序和用途分类　按定额的编制程序和用途可以把工程建设定额分

为施工定额、预算定额、概算定额、概算指标、投资估算指标五种。

1) 施工定额。施工定额是以"工序"为研究对象编制的定额。它由劳动定额、机械定额和材料定额三个相对独立的部分组成。为了适应组织生产和管理的需要，施工定额的项目划分得很细，是工程建设定额中分项最细、定额子项目最多的一种定额，也是工程建设定额中的基础性定额。

施工定额又是施工企业为组织施工生产和加强管理在企业内部使用的一种定额，属于企业生产定额的性质。施工定额是编制工程施工组织设计、施工预算、施工作业计划、签发施工任务单、限额领料及结算计件工资或计算奖励工资等活动的依据，同时也是编制消耗量定额的基础。

2) 预算定额。预算定额又称消耗量定额，是以建筑物或构筑物的各个分部分项工程为对象编制的定额。预算定额的内容包括劳动定额、材料定额和机械定额三个部分。

预算定额属于计价定额的性质，是在编制施工图预算时，计算工程造价和计算工程中所需劳动力、机械台班、材料数量时使用的一种定额，是确定工程预算和工程造价的重要基础，也可作为编制施工组织设计的参考。同时预算定额也是概算定额的编制基础，所以，预算定额在工程建设定额中占有很重要的地位。

3) 概算定额。概算定额是以扩大的分部分项工程为对象编制的定额，是在预算定额的基础上综合扩大而成的，每一综合分项概算定额都包含了数项预算定额的内容。概算定额的内容也包括劳动定额、材料定额和机械定额三个部分。

概算定额也是一种计价定额。它是编制扩大初步设计概算时，计算和确定工程概算造价，计算劳动力、机械台班、材料需要量所使用的定额。

4) 概算指标。概算指标是以整个建筑物或构筑物为对象，以更为扩大的计量单位来编制的一种计价指标。它是在初步设计阶段，计算和确定工程的初步设计概算造价，计算劳动力、机械台班、材料需要量时所采用的一种指标；是编制年度任务计划、建设计划的参考，也是编制投资估算指标的依据。

5) 投资估算指标。投资估算指标是以独立的单项工程或完整的工程项目为对象，根据历史形成的预决算资料编制的一种指标。内容一般可分为建设项目综合指标、单项工程指标和单位工程指标三个层次。

投资估算指标也是一种计价指标。它是在项目建议书和可行性研究阶段编制投资估算、计算投资需要量时使用的定额，也可作为编制固定资产长远计划投资额的参考。

(3) 按照投资的费用性质分类 按照投资的费用性质可以把工程建设定额分为建筑工程定额、设备安装工程定额、建筑安装工程费用定额、工器具定额以及工程建设其他费用定额等。

1) 建筑工程定额。建筑工程定额是建筑工程的施工定额、预算定额、概算定额和概算指标的统称。建筑工程，一般理解为房屋和构筑物工程。具体包括一般土建工程、电气工程（动力、照明、弱电）、卫生技术（水、暖、通风）工程、工业管道工程、特殊构筑物工程等。广义上建筑工程除房屋和构筑物外还包含其他各类工程，如道路、铁路、桥梁、隧道、运河、堤坝、港口、电站、机场等工程。建筑工程定额在整个工程建设定额中是一种非常重要的定额，在定额管理中有突出的地位。

2) 设备安装工程定额。设备安装工程是对需要安装的设备进行定位、组合、校正、调试等工作的工程。在工业项目中，机械设备安装工程和电气设备安装工程占有重要地位。因为生产设备大多要安装后才能运转，不需要安装的设备很少。在非生产性的建设项目中，由于社会生活和城市设施的日益现代化，设备安装工程也在不断增加。设备安装工程定额是安装工程施工定额、预算定额、概算定额和概算指标的统称。所以设备安装工程定额也是工程建设定额中的重要组成部分。

3) 建筑安装工程费用定额。建筑安装工程费用定额一般包括以下两部分内容：

① 措施费用定额。措施费用定额是指预算定额分项内容以外，为完成工程项目施工，发生于该工程施工前和施工过程中非工程实体项目的费用且与建筑安装施工生产直接有关的各项费用开支的标准。措施费用定额由于其费用发生的特点不同，只能独立于预算定额之外。它也是编制施工图预算和概算的依据。

② 间接费定额。间接费定额是指与建筑安装施工生产的个别产品无关，而是企业生产全部产品所必需，为维持企业的经营管理活动所必须发生的各项费用开支的标准。由于间接费中许多费用的发生与施工任务的大小没有直接关系，因此通过间接费定额这一工具，有效地控制间接费的发生是十分必要的。

4) 工器具定额。工器具定额是为新建或扩建项目投产运转首次配置的工具、器具的数量标准。工具和器具是指按照有关规定不够固定资产标准而为保证正常生产必须购置的工具、器具和生产用具，如翻砂用模型、工具箱、计量器、容器、仪器等。

5) 工程建设其他费用定额。工程建设其他费用定额是独立于建筑安装工程费、设备和工器具购置费之外的其他费用开支的额度标准。工程建设其他费用的发生和整个项目的建设密切相关。它一般要占项目总投资的10%左右。工程建设其他费用定额是按各项独立费用分别制定的，以便合理控制这些费用的开支。

(4) 按照专业性质分类　工程建设定额按照专业性质可分为全国通用定额、行业通用定额和专业专用定额三种。全国通用定额是指在部门间和地区间都可以使用的定额；行业通用定额是指具有专业特点、在行业部门内可以通用的定额；专业专用定额是指特殊专业的定额，只能在指定范围内使用。

(5) 按照主编单位和管理权限分类　工程建设定额按照主编单位和管理权限可分为全国统一定额、行业统一定额、地区统一定额、企业定额四种。

1) 全国统一定额。全国统一定额是由国家建设行政主管部门综合全国工程建设中技术和施工组织管理的情况编制，并在全国范围内执行的定额。如《全国统一建筑工程基础定额》《全国统一安装工程预算定额》《全国统一市政工程预算定额》等。

2) 行业统一定额。行业统一定额是考虑到各行业部门专业工程技术特点，以及施工生产和管理水平编制的，一般是只在本行业和相同专业性质的范围内使用的专业定额。如《冶金工业矿山建设工程预算定额》《铁路工程预算定额》等。

3) 地区统一定额。地区统一定额包括省、自治区、直辖市定额。地区统一定额主要是考虑地区性特点，对全国统一定额水平做适当调整补充编制的。如《上海市建筑和装饰工程预算定额》《广东省建筑与装饰工程综合定额》等。

4) 企业定额。企业定额是指由施工企业根据本企业具体情况，参照国家、部门或地区定额的水平制定的定额。企业定额只在企业内部使用，是企业素质的一个标志。企业定额水平一般应高于国家现行预算定额，这样才能满足生产技术发展、企业管理和市场竞争的需要。

2.2.2 消耗量定额和单位估价表

1. 消耗量定额的概念

消耗量定额（预算定额在实际应用中的另一种名称）是指完成单位合格产品（分项工程或结构构件）所需的人工、材料和机械消耗的数量标准，是计算建筑安装产品价格的基础。例如，1 砖混水砖墙的定额为 16.08 工日/10m³，5.3 千块/10m³，0.38 台班灰浆搅拌机/10m³ 等。消耗量定额的编制基础是施工定额。

消耗量定额是工程建设中一项重要的技术经济文件，它的各项指标反映了在完成单位分项工程消耗的活劳动和物化劳动的数量限度。编制施工图预算时，除需要按照施工图和工程量计算规则计算工程量外，还需要借助某些可靠的参数计算人工、材料和机械（台班）的消耗量，并在此基础上计算出资金的需要量，从而得出建筑安装工程的价格。

2. 消耗量定额的性质

消耗量定额是在编制施工图预算时，计算工程造价和工程中人工、材料和机械台班消耗量时使用的一种定额。它是一种计价性质的定额，在工程建设定额中占有很重要的地位。

3. 消耗量定额的作用

（1）消耗量定额是编制施工图预算、确定建筑安装工程造价的基础　施工图设计完成以后，工程预算就取决于工程量的计算是否准确，消耗量定额的水平，人工、材料、机械台班的单价，取费标准等因素。所以，消耗量定额是确定建筑安装工程造价的基础之一。

（2）消耗量定额是编制施工组织设计的依据　施工组织设计的重要任务之一是确定施工中人工、材料、机械的供求量，并做出最佳安排。施工单位在缺乏企业定额的情况下根据消耗量定额也能较准确地计算出施工中所需的人工、材料、机械的需要量，为有计划地组织材料采购、预制构件加工、劳动力和施工机械的调配，提供了可靠的计算依据。

（3）消耗量定额是工程结算的依据　工程结算是建设单位和施工单位按照工程进度对已完的分部分项工程实现货币支付的行为。按进度支付工程款，需要根据消耗量定额将已完工程的造价计算出来。单位工程验收后，再按竣工工程量、消耗量定额和施工合同规定进行竣工结算，以保证建设单位建设资金的合理使用和施工单位的经济收入。

（4）消耗量定额是施工单位进行经济活动分析的依据　消耗量定额规定的人工、材料、机械的消耗指标是施工单位在生产经营中允许消耗的最高标准。目前，消耗量定额决定着施工单位的收入，因此，施工单位必须以消耗量定额作为评价企业工作的重要标准，以及努力实现的具体目标。只有在施工中尽量降低劳动消耗、采用新技术、提高劳动者的素质、提高劳动生产率，才能取得较好的经济效益。

（5）消耗量定额是编制概算定额的基础　概算定额是在消耗量定额的基础上经综合扩大编制的。以消耗量定额作为编制依据，不但可以节约编制工作所需的大量人力、物力、时间，获得事半功倍的效果，还可以使概算定额在定额的水平上保持一致。

（6）消耗量定额是合理编制招标控制价、投标报价的基础　在招标投标阶段，建设单位所编制的招标控制价，须参照消耗量定额编制。随着工程造价管理改革的不断深化，对于施工单位来说，消耗量定额作为指令性指标的作用正日益削弱，施工企业的报价应按照企业定额来编制。只是现在施工单位无企业定额，还在参照消耗量定额编制投标报价。

4. 单位估价表

单位估价表是消耗量定额价格表现的具体形式，是以货币形式确定的一定计量单位分部分项工程或结构构件人工费、材料费、机械费的表格文件。它是根据消耗量定额所确定的人工、材料、机械台班消耗数量乘以人工工资单价、材料预算单价、机械台班单价汇总而成的一种表格。

单位估价表的内容由两部分组成：一是消耗量定额规定的人工、材料、机械台班的消耗数量；二是当地现行的人工工资单价、材料预算单价、机械台班单价。编制单位估价表就是把三种"量"与"价"分别结合起来，得出分部分项工程的人工费、材料费、机械费，三者的汇总即称为分部分项工程基价。

5. 消耗量定额的构成

消耗量定额一般以单位工程为对象编制，按分部工程分章，章以下为节，节以下为定额子目，每一个定额子目代表一个与之相对应的分项工程，所以，分项工程是构成消耗量定额的最小单元。消耗量定额为方便使用，一般表现为"量""价"合一，再加上必要的说明与附录，就组成了一套消耗量定额手册。

完整的消耗量定额手册一般由以下内容构成。

（1）建设主管部门发布的文件　该文件是消耗量定额具有法令性（或指导性）的必要依据。文件中明确规定消耗量定额的执行时间、适用范围，并说明消耗量定额的解释权和管理权。

（2）消耗量定额总说明　其内容包括：

1）消耗量定额的指导思想、目的、作用以及适用范围。

2）消耗量定额编制的原则、主要依据。

3）消耗量定额的一些共性问题。如人工、材料、机械台班消耗量如何确定；人工、材料、机械台班消耗量允许换算的原则；消耗量定额考虑的因素、未考虑的因素及未包括的内容；其他的一些共性问题等。

（3）建筑面积计算规则　内容包括建筑面积计算的具体规定，不计算的范围等。

（4）分部工程说明及计算规则　其内容包括：

1）各分部工程定额的内容、换算及调整系数的规定。

2）各分部工程工程量计算规则。

（5）分项工程定额项目表　其内容包括：

1）分部分项工程的工作内容及施工工艺标准。

2）分部分项工程的定额编号、项目名称。

3）各定额子项目的"基价"，包括人工费、材料费、机械费单价。

4）各定额子项目的人工、材料、机械的名称和单位、单价、消耗数量。

（6）附录及附表　一般情况下，编排混凝土及砂浆的配合比表，用于组价和二次材料分析。

6. 消耗量定额或单位估价表的应用

1) 若采用定额计价法编制单位工程施工图预算,可利用消耗量定额手册中的单位估价表计算分项工程的人工费、材料费和机械费。

【例 2-1】 某地消耗量定额中砌 1 砖混水砖墙的单位估价表见表 2-1。已知图示工程量为 $200m^3$,计算完成 $200m^3$ 的 1 砖混水砖墙所需的人工、材料、机械费用。

表 2-1 砖墙分项工程单位估价表　　　　　　定额单位:$10m^3$

定额编号				4-10
项 目				1 砖混水砖墙
基价/元				3647.82
其 中	人工费/元			1286.40
	材料费/元			2322.54
	机械费/元			38.88
	名 称	单 位	单价/元	数 量
人 工	综合工日	工日	80.00	16.08
材 料	混合砂浆 M5	m^3	248.00	2.396
	普通黏土砖	千块	320.00	5.30
	水	m^3	3.00	1.06
机 械	灰浆搅拌机 200L	台班	102.32	0.38

【解】 完成 $200m^3$ 的 1 砖混水砖墙所需的人工、材料、机械费用为

人工费 = 1286.40 元$/10m^3 \times 200m^3$ = 25728 元

材料费 = 2322.54 元$/10m^3 \times 200m^3$ = 46450.80 元

机械费 = 38.88 元$/10m^3 \times 200m^3$ = 777.60 元

2) 若采用工程量清单计价法编制单位工程施工图预算,可利用消耗量定额中人工、材料、机械台班消耗量,结合当地的人工、材料、机械台班的单价以及管理费费率和利润率,确定分部分项工程的综合单价,进而计算出分部分项工程费。

【例 2-2】 《全国统一建筑工程基础定额》中砌 1 砖混水砖墙的定额消耗量见表 2-2。招标文件提供的工程量清单中 1 砖混水砖墙的清单工程量为 $200m^3$。已知该地区的人工工资单价为 80 元/工日;M5 混合砂浆 248 元$/m^3$;普通黏土砖 325.50 元/千块;水 3.00 元$/m^3$;200L 灰浆搅拌机 102.32 元/台班;管理费费率为 33%(以人工、机械费之和为计费基数);利润率为 20%(以人工、机械费之和为计费基数)。试计算完成 $200m^3$ 的 1 砖混水砖墙所需的分部分项工程费。

表 2-2 砖墙消耗量定额　　　　　　定额单位:$10m^3$

定额编号			4-10
项 目			1 砖混水砖墙
	名 称	单 位	数 量
人 工	综合工日	工日	16.08
材 料	混合砂浆 M5	m^3	2.396
	普通黏土砖	千块	5.30
	水	m^3	1.06
机 械	灰浆搅拌机 200L	台班	0.38

【解】 工程量清单计价中的综合单价是由人工费、材料费、机械费、管理费、利润组成的。从表2-2可知定额编号为"4-10"的"1砖混水砖墙"的人工、材料、机械的消耗量，根据当地人工、材料、机械台班的单价，可求出"综合单价"中的人工、材料、机械单价，再依据管理费费率、利润率求出管理费和利润单价，从而可求出1砖混水砖墙分项工程的综合单价，最后求出砌筑$200m^3$的1砖混水砖墙的分部分项工程费。具体计算过程如下：

人工费单价 = 16.08 工日/$10m^3$ × 80 元/工日 = 1286.4 元/$10m^3$

材料费单价 = 2.396m^3/$10m^3$ × 248 元/m^3 + 5.3 千块/$10m^3$ × 325.50 元/千块 + 1.06m^3/$10m^3$ × 3 元/m^3 = 2322.54 元/$10m^3$

机械费单价 = 0.38 台班/$10m^3$ × 102.32 元/台班 = 38.88 元/$10m^3$

管理费单价 = (1286.4+38.88) 元/$10m^3$ × 33% = 437.34 元/$10m^3$

利润单价 = (1286.4+38.88) 元/$10m^3$ × 20% = 265.06 元/$10m^3$

综合单价 = (1286.4+2322.52+38.88+437.34+265.06) 元/$10m^3$ = 4350.20 元/$10m^3$
= 435.02 元/m^3

所以，砌筑$200m^3$的1砖混水砖墙的分部分项工程费为：

435.02 元/m^3 × $200m^3$ = 87004.00 元

3) 根据消耗量定额进行工料分析。单位工程施工图预算的工料分析，是根据单位工程各分部分项工程的预算工程量，运用消耗量定额，详细计算出一个单位工程的人工、材料、机械台班的需用量的分解汇总过程。

通过工料分析，可得到单位工程对人工、材料、机械台班的需用量，它是工程消耗的最高限额；是编制单位工程劳动计划、材料供应计划的基础；是经济核算的基础；是向生产班组下达施工任务和考核人工、材料节约或超标情况的依据。它还可以为分析技术经济指标提供依据；并为编制施工组织设计和施工方案提供依据。

【例2-3】 根据《全国统一建筑工程预算工程量计算规则》计算出1砖混水砖墙分项工程的预算工程量为$30m^3$，用《全国统一建筑工程基础定额》中1砖混水砖墙定额（表2-2）的人工、材料、机械消耗量，分析计算$30m^3$的1砖混水砖墙分项工程所需的人工、普通黏土砖、M5混合砂浆的需用量。

【解】 分析计算如下：

综合工日 = 16.08工日/$10m^3$ × $30m^3$ = 48.25工日

普通黏土砖 = 5.3千块/$10m^3$ × $30m^3$ = 15.9千块

M5混合砂浆 = 2.396m^3/$10m^3$ × $30m^3$ = 7.188m^3

2.2.3 清单计价规范

GB 50500—2003《建设工程工程量清单计价规范》，自2003年7月1日起实施。

《建设工程工程量清单计价规范》是根据我国《中华人民共和国建筑法》《中华人民共和国合同法》《中华人民共和国招标投标法》等，以及最高人民法院法释〔2004〕14号《关于审理建设工程施工合同纠纷案件适用法律问题的解释》，按照我国工程造价管理改革的总体目标，本着国家宏观调控、市场竞争形成价格的原则制定的。

2008版《建设工程工程量清单计价规范》总结了2003版规范实施以来的经验，针对执行中存在的问题，特别是清理拖欠工程款工作中普遍反映的，在工程实施阶段中有关工程价款调整、支付、结算等方面缺乏依据的问题，主要修订了2003版规范正文中不尽合理、可操作性不强的条款及表格格式，特别增加了如何采用工程量清单计价编制工程量清单和招标控制价、投标报价、合同价款约定以及工程计量与价款支付，工程价款调整、索赔、竣工结算，工程计价争议处理等内容，并增加了条文说明。

2013版《建设工程工程量清单计价规范》在2008版规范的基础上，对体系做了较大调整，形成了1本清单计价规范，9本工程量计算规范的格局。具体内容是：

1) GB 50500—2013《建设工程工程量清单计价规范》（以下简称《清单计价规范》）。
2) GB 50854—2013《房屋建筑与装饰工程工程量计算规范》。
3) GB 50855—2013《仿古建筑工程工程量计算规范》。
4) GB 50856—2013《通用安装工程工程量计算规范》。
5) GB 50857—2013《市政工程工程量计算规范》。
6) GB 50858—2013《园林绿化工程工程量计算规范》。
7) GB 50859—2013《矿山工程工程量计算规范》。
8) GB 50860—2013《构筑物工程工程量计算规范》。
9) GB 50861—2013《城市轨道交通工程工程量计算规范》。
10) GB 50862—2013《爆破工程工程量计算规范》。

《建设工程工程量清单计价规范》（简称《清单计价规范》）是统一工程量清单编制、规范工程量清单计价的国家标准；是调节建设工程招标投标中使用清单计价的招标人、投标人双方利益的规范性文件；是我国在招标投标中实行工程量清单计价的基础；是参与招标投标各方进行工程量清单计价应遵守的准则；是各级建设行政主管部门对工程造价计价活动进行监督管理的重要依据。

《清单计价规范》的内容包括：总则、术语、一般规定、工程量清单编制、招标控制价、投标报价、合同价款约定、工程计量、合同价款调整、合同价款期中支付、竣工结算与支付、合同解除的价款结算与支付、合同价款争议的解决、工程造价鉴定、工程计价资料与档案、工程计价表格及11个附录。

根据《清单计价规范》规定，工程量清单计价的表格主要有以下20种。

1) 招标控制价封面（表2-3）。

表2-3 招标控制价封面

```
_____工程

            招标控制价

      招 标 人：_____
                  （单位盖章）
      造价咨询人：_____
                  （单位盖章）
                  年  月  日
```

2) 招标控制价扉页（表 2-4）。

表 2-4　招标控制价扉页

_____工程

招标控制价

招标控制价(小写)：_____
　　　　　(大写)：_____

招　标　人：_____　　造价咨询人：_____
　　　　　(单位盖章)　　　　　　　　　　　　(单位资质专用章)

法定代表人　　　　　　　　　　　　　　法定代表人
或其授权人：_____　　或其授权人：_____
　　　(签字或盖章)　　　　　　　　　　　　(签字或盖章)

编　制　人：_____　　复　核　人：_____
　　(造价人员签字盖专用章)　　　　　　(造价工程师签字盖专用章)

编制时间：　年　月　日　　　　　复核时间：　年　月　日

3) 投标总价封面（表 2-5）。

表 2-5　投标总价封面

_____工程

投标总价

投标人：_____
　　(单位盖章)

年　月　日

4) 投标总价扉页（表 2-6）。
5) 总说明（表 2-7）。
6) 建设项目招标控制价/投标报价汇总表（表 2-8）。
7) 单项工程招标控制价/投标报价汇总表（表 2-9）。
8) 单位工程招标控制价/投标报价汇总表（表 2-10）。
9) 分部分项工程/单价措施项目清单与计价表（表 2-11）。
10) 综合单价分析表（表 2-12）。

表 2-6　投标总价扉页

投 标 总 价

招　标　人：_____

工　程　名　称：_____

投标总价(小写)：_____
　　　　(大写)：_____

投　标　人：_____
　　　　　　　　　（单位盖章）

法定代表人
或其授权人：_____
　　　　　　　　　（签字或盖章）

编　制　人：_____
　　　　　　　（造价人员签字盖专用章）

编制时间：　　年　月　日

表 2-7　总说明

工程名称：　　　　　　　　　　　　　　　　　　　　　　　　　　第　页　共　页

1) 工程概况：

2) 编制依据：

3) 其他问题：

表 2-8　建设项目招标控制价/投标报价汇总表

工程名称：　　　　　　　　　　　　　　　　　　　　　　　　　　第　页　共　页

序号	单项工程名称	金额/元	其中:金额/元		
			暂估价	安全文明施工费	规费
	合计				

注：本表适用于建设项目招标控制价或投标报价的汇总。

表 2-9　单项工程招标控制价/投标报价汇总表

工程名称：　　　　　　　　　　　　　　　　　　　　　　　　　　第　页　共　页

序号	单项工程名称	金额/元	其中:金额/元		
			暂估价	安全文明施工费	规费
	合计				

注：本表适用于单项工程招标控制价或投标报价的汇总。暂估价包括分部分项工程中的暂估价和专业工程暂估价。

表 2-10　单位工程招标控制价/投标报价汇总表

工程名称：　　　　　　　　　　　　　　　　　　　　　　　　　　　　第　页　共　页

序号	汇总内容	金额/元	其中:暂估价/元
1	分部分项工程		
1.1	人工费		
1.2	材料费		
1.3	设备费		
1.4	机械费		
1.5	管理费和利润		
2	措施项目费		
2.1	单价措施项目费		
2.1.1	人工费		
2.1.2	材料费		
2.1.3	机械费		
2.1.4	管理费和利润		
2.2	总价措施项目费		
2.2.1	安全文明施工费		
2.2.2	其他总价措施项目费		
3	其他项目费		
3.1	暂列金额		
3.2	专业工程暂估价		
3.3	计日工		
3.4	总承包服务费		
3.5	其他		
4	规费		
5	税金		
招标控制价/投标报价合计 = 1+2+3+4+5			

注：本表适用于单位工程招标控制价或投标报价的汇总，如无单位工程划分，单项工程也使用本表划分。

表 2-11　分部分项工程/单价措施项目清单与计价表

工程名称：　　　　　　　　　　　　　　标段：　　　　　　　　　　　第　页　共　页

序号	项目编码	项目名称	项目特征描述	计量单位	工程量	金额/元		
						综合单价	合价	其中
								暂估价
本页小计								
合计								

注：为计取规费等的使用，可在表中增设其中："定额人工费"。

表 2-12　综合单价分析表

工程名称：　　　　　　　　　　　　　　标段：　　　　　　　　　　　第　页　共　页

序号	项目编码	项目名称	计量单位	工程量	清单综合单价组成明细									
					定额编号	定额名称	定额单位	数量	单价/元			合价/元			综合单价
									人工费	材料费	机械费	人工费	材料费	机械费	管理费和利润	
					小计										

（续）

序号	项目编码	项目名称	计量单位	工程量	定额编号	定额名称	定额单位	数量	单价/元			合价/元				综合单价
									人工费	材料费	机械费	人工费	材料费	机械费	管理费和利润	
						小计										
						小计										
						小计										
						小计										

11）综合单价材料明细表（表2-13）。

表2-13 综合单价材料明细表

工程名称：　　　　　　　　　　　　　　　　　　　　　　　　　　　第　页 共　页

序号	项目编码	项目名称	计量单位	工程量	材料组成明细						
					主要材料名称、规格、型号	单位	数量	单价/元	合价/元	暂估材料单价/元	暂估材料合价/元
					其他材料费						
					材料费小计						
					其他材料费						
					材料费小计						

注：招标文件提供了暂估单价的材料，按暂估的单价填入表内"暂估单价"栏及"暂估合价"栏。

12）总价措施项目清单与计价表（表2-14）。

表 2-14　总价措施项目清单与计价表

工程名称：　　　　　　　　　　　　标段：　　　　　　　　　　　　　　第　页　共　页

序号	项目编码	项目名称	计算基础	费率(%)	金额/元	调整费率(%)	调整后金额/元	备注
		安全文明施工费						
		夜间施工增加费						
		二次搬运费						
		冬雨季施工增加费						
		已完工程及设备保护费						
		合计						

编制人（造价人员）：　　　　　　　　　　　　复核人（造价工程师）：

注：1. "计算基础"中安全文明施工费可为"定额基价""定额人工费"或"定额人工费+定额机械价"，其他项目可为"定额人工费"或"定额人工费+定额机械价"。

　　2. 按施工方案计算的措施费，若无"计算基础"和"费率"的数值，也可只填"金额"数值，但应在备注栏说明施工方案出处或计算方法。

13) 其他项目清单与计价汇总表（表 2-15）。

表 2-15　其他项目清单与计价汇总表

工程名称：　　　　　　　　　　　　标段：　　　　　　　　　　　　　　第　页　共　页

序号	项目名称	金额/元	结算金额/元	备注
1	暂列金额			详见明细表
2	暂估价			
2.1	材料（工程设备）暂估价/结算价	—		详见明细表
2.2	专业工程暂估价/结算价			详见明细表
3	计日工			详见明细表
4	总承包服务费			详见明细表
5	其他			
5.1	人工费调差			
5.2	机械费调差			
5.3	风险费			
5.4	索赔与现场签证			详见明细表
	合计			

注：1. 材料（工程设备）暂估单价进入清单项目综合单价，此处不汇总。

　　2. 人工费调差、机械费调差和风险费应在备注栏说明计算方法。

14) 暂列金额明细表（表 2-16）。

表 2-16　暂列金额明细表

工程名称：　　　　　　　　　　　　标段：　　　　　　　　　　　　　　第　页　共　页

序号	项目名称	计量单位	暂定金额/元	备注
	合计			—

注：此表由招标人填写，如不能详列，也可只列暂定金额总额，投标人应将上述暂列金额计入投标总价中。

15) 材料（工程设备）暂估单价及调整表（表 2-17）。

表 2-17 材料（工程设备）暂估单价及调整表

工程名称：　　　　　　　　　　标段：　　　　　　　　　　第　页　共　页

序号	材料(工程设备)名称、规格、型号	计量单位	数量		暂估/元		确认/元		差额±/元		备注
			暂估	确认	单价	合价	单价	合价	单价	合价	
合计											

注：此表由招标人填写"暂估单价"，并在备注栏内说明暂估价的材料、工程设备拟用在哪些清单项目上，投标人应将上述材料、工程设备暂估单价计入工程量清单综合单价报价中。

16) 专业工程暂估价及结算价表（表 2-18）。

表 2-18 专业工程暂估价及结算价表

工程名称：　　　　　　　　　　标段：　　　　　　　　　　第　页　共　页

序号	工程名称	工程内容	暂估金额/元	结算金额/元	差额±/元	备注
合计						

注：此表"暂估金额"由招标人填写，投标人应将"暂估金额"计入投标总价中。结算时按合同约定结算金额填写。

17) 计日工表（表 2-19）。

表 2-19 计日工表

工程名称：　　　　　　　　　　标段：　　　　　　　　　　第　页　共　页

编号	项目名称	单位	暂定数量	实际数量	综合单价/元	合价/元	
						暂定	实际
一	人工						
	人工小计						
二	材料						
	材料小计						
三	施工机械						
	施工机械小计						
四、企业管理费和利润							
	总计						

注：此表项目名称、暂定数量由招标人填写，编制招标控制价时，单价由招标人按有关计价规定确定；投标时，单价由投标人自主报价，按暂定数量计算合价计入投标总价中。结算时，按发承包双方确认的实际数量计算合价。

18) 总承包服务费计价表（表 2-20）。

表 2-20 总承包服务费计价表

工程名称：　　　　　　　　　　标段：　　　　　　　　　　第　页 共　页

序号	项目名称	项目价值/元	服务内容	计算基础	费率(%)	金额/元
1	发包人发包专业工程					
2	发包人提供材料					
	合计		—	—	—	

注：此表项目名称、服务内容由招标人填写，编制招标控制价时，费率及金额由招标人按有关计价规定确定；投标时，费率及金额由投标人自主报价，计入投标总价中。

19）发包人提供材料和工程设备一览表（表 2-21）。

表 2-21 发包人提供材料和工程设备一览表

工程名称：　　　　　　　　　　标段：　　　　　　　　　　第　页 共　页

序号	材料(工程设备)名称、规格、型号	单位	数量	单价/元	交货方式	送达地点	备注

注：此表由招标人填写，供投标人在投标报价、确定总承包服务费时参考。

20）规费、税金项目计价表（表 2-22）。

表 2-22 规费、税金项目计价表

工程名称：　　　　　　　　　　标段：　　　　　　　　　　第　页 共　页

序号	项目名称	计算基础	计算费率(%)	金额/元
1	规费			
1.1	社会保障费、住房公积金、残疾人保证金			
1.2	危险作业意外伤害险			
1.3	工程排污费			
2	税金			
	合计			

编制人（造价人员）：　　　　　　　　　　　　复核人（造价工程师）：

2.2.4 各专业工程量计算规范

各专业工程量计算规范的内容包括：总则、术语、工程计量、工程量清单编制、附录。此部分主要以表格表现。它是清单项目划分的标准，是清单工程量计算的依据，是编制工程量清单时统一项目编码、项目名称、项目特征描述要求、计量单位、工程量计算规则、工程内容的依据。

GB 50854—2013《房屋建筑与装饰工程工程量计算规范》附录部分内容包括：

附录 A　土石方工程

附录 B　地基处理与边坡支护工程

附录 C　桩基工程

附录 D　砌筑工程

附录 E　混凝土及钢筋混凝土工程

附录 F　金属结构工程

附录 G　木结构工程
附录 H　门窗工程
附录 J　屋面及防水工程
附录 K　保温、隔热、防腐工程
附录 L　楼地面装饰工程
附录 M　墙、柱面装饰与隔断、幕墙工程
附录 N　天棚工程
附录 P　油漆、涂料、裱糊工程
附录 Q　其他装饰工程
附录 R　拆除工程
附录 S　措施项目

2.3　清单计价方法

2.3.1　概述

1. 清单计价的含义

工程量清单计价是指在建设工程招标投标中,招标人按照工程量计算规范列项、算量并编制招标工程量清单,由投标人依据招标工程量清单自主报价的一种计价方式。

清单计价与定额计价并无本质上的不同,其计价方式是指根据招标文件提供的招标工程量清单,依据企业定额或建设主管部门发布的消耗量定额,结合施工现场拟定的施工方案,参照建设主管部门发布的人工工日单价、机械台班单价、材料和设备价格信息及同期市场价格,计算出对应于招标工程量清单每一分项工程的综合单价,进而计算分部分项工程费、措施项目费、其他项目费、规费、税金,最后汇总来确定建筑安装工程造价。

2. 工程量清单计价的费用组成

工程量清单计价的费用组成见表 2-23。

表 2-23　工程量清单计价的费用组成表

费用项目		费用组成
分部分项工程费	直接工程费	定额人工费、材料费、定额机械费
	管理费	管理人员工资、办公费、差旅交通费、固定资产使用费、工具用具使用费、劳动保险和职工福利费、劳动保护费、检验试验费、工会经费、职工教育经费、财产保险费、财务费、税金、其他
	利润	施工企业完成所承包工程获得的盈利
措施项目费	人工费	① 总价措施费:安全文明施工费(含环境保护费、文明施工费、安全施工费、临时设施费)、夜间施工增加费、二次搬运费、已完工程及设备保护费、特殊地区施工增加费、其他措施费(含冬雨季施工增加费,生产工具用具使用费、工程定位复测、工程点交、场地清理费) ② 单价措施费:脚手架费、混凝土模板及支架费、垂直运输费、超高施工增加费、大型机械设备进出场及安拆费、施工排水降水费
	材料费	
	机械费	
	管理费	
	利润	
其他项目费		暂列金额、暂估价、计日工、总包服务费、其他(含人工费调差、机械费调差、风险费、停工、窝工损失费、承发包双方协商认定的有关费用)
规费		社会保险费(含养老保险费、失业保险费、医疗保险费、生育保险费、工伤保险费)、住房公积金、残疾人保障金、危险作业意外伤害保险、工程排污费
税金		增值税、城市建设维护税、教育费附加、地方教育附加

3. 编制依据

1）国家标准《建设工程工程量清单计价规范》和相应专业工程的工程量计算规范。
2）国家或省级、行业建设主管部门颁发的消耗量定额和计价办法。
3）建设工程设计文件及相关资料。
4）拟定的招标文件及招标工程量清单。
5）与建设项目有关的标准、规范、技术资料。
6）施工现场情况、工程特点及常规施工方案。
7）工程造价管理机构发布的工程造价信息，当工程造价信息没有发布时，参照市场价格。
8）其他相关资料。

4. 编制步骤

（1）准备阶段
1）熟悉施工图和招标文件。
2）参加图样会审、踏勘施工现场。
3）熟悉施工组织设计或施工方案。
4）确定计价依据。

（2）编制试算阶段
1）针对招标工程量清单，依据《企业定额》，或者参照建设主管部门发布的《消耗量定额》《工程造价计价规则》、价格信息，计算招标工程量清单的综合单价，从而计算出分部分项工程费。
2）参照建设主管部门发布的《措施费计价办法》《工程造价计价规则》，计算措施项目费、其他项目费。
3）参照建设主管部门发布的《工程造价计价规则》计算规费及税金。
4）按照规定的程序计算单位工程造价、单项工程造价、工程项目总价。
5）做主要材料分析。
6）填写编制说明和封面。

（3）复算收尾阶段
1）复核。
2）装订成册，签名盖章。

5. 工程量清单计价文件组成

1）封面及投标总价。
2）总说明。
3）建设项目招标控制价/投标报价汇总表。
4）单项工程招标控制价/投标报价汇总表。
5）单位工程招标控制价/投标报价汇总表。
6）分部分项工程/单价措施项目清单与计价表。
7）综合单价分析表。
8）综合单价材料明细表。
9）总价措施项目清单与计价表。

10) 其他项目清单与计价汇总表。
11) 暂列金额明细表。
12) 材料（工程设备）暂估单价及调整表。
13) 专业工程暂估价表及结算价表。
14) 计日工表。
15) 总承包服务费计价表。
16) 发包人提供材料和工程设备一览表。
17) 规费、税金项目计价表。

相关表格样式见第 2.2.3 节。

2.3.2　各项费用的计算

1. 分部分项工程费的计算

分部分项工程费的计算公式为

$$\text{分部分项工程费} = \sum(\text{分部分项清单工程量} \times \text{综合单价}) \tag{2-1}$$

式中，分部分项清单工程量应根据各专业工程量计算规范中的"工程量计算规则"和施工图、各类标配图计算（具体计算详见以后各章）。

综合单价是指完成一个规定清单项目所需的人工费、材料费（含工程设备）、机械使用费、管理费和利润的单价。综合单价的计算公式为

$$\text{综合单价} = \frac{\text{清单项目费用（含人/材/机/管/利）}}{\text{清单工程量}} \tag{2-2}$$

(1) 人工费、材料费、机械使用费的计算　具体见表 2-24。

表 2-24　人工费、材料费、机械使用费的计算

费用名称	计算方法
人工费	分部分项工程量×人工消耗量×人工工日单价 或：分部分项工程量×定额人工费
材料费	分部分项工程量×∑（材料消耗量×材料单价）
机械使用费	分部分项工程量×∑（机械台班消耗量×机械台班单价）

注：表中的分部分项工程量是指按定额计算规则计算出的"定额工程量"。

(2) 管理费的计算

1) 管理费的计算表达式为

$$\text{管理费} = (\text{定额人工费} + \text{定额机械费} \times 8\%) \times \text{管理费费率} \tag{2-3}$$

定额人工费是指在"消耗量定额"中规定的人工费，是以人工消耗量乘以当地某一时期的人工工资单价得到的计价人工费，它是管理费、利润、社会保险费及住房公积金的计费基础。当出现人工工资单价调整时，价差部分可计入其他项目费。

定额机械费也是指在"消耗量定额"中规定的机械费，是以机械台班消耗量乘以当地某一时期的人工工资单价、燃料动力单价得到的计价机械费。它是管理费、利润的计费基础。当出现机械中的人工工资单价、燃料动力单价调整时，价差部分可计入其他项目费。

2) 管理费费率见表 2-25。

(3) 利润的计算

1) 利润的计算表达式为

表 2-25　管理费费率表

专业	房屋建筑与装饰工程	通用安装工程	市政工程	园林绿化工程	房屋修缮及仿古建筑工程	城市轨道交通工程	独立土石方工程
费率(%)	33	30	28	28	23	28	25

$$利润 = (定额人工费 + 定额机械费 \times 8\%) \times 利润率 \quad (2-4)$$

2) 利润率见表 2-26。

表 2-26　利润率表

专业	房屋建筑与装饰工程	通用安装工程	市政工程	园林绿化工程	房屋修缮及仿古建筑工程	城市轨道交通工程	独立土石方工程
费率(%)	20	20	15	15	15	18	15

2. 措施项目费的计算

2013 版《清单计价规范》将措施项目划分为以下两类。

（1）总价措施项目　总价措施项目是指不能计算工程量的项目。其费用，如安全文明施工费、夜间施工增加费、其他措施费等，应当按照施工方案或施工组织设计，参照有关规定以"项"为单位进行综合计价，计算方法见表 2-27。

表 2-27　总价措施项目费计算参考费率表

项目名称或适用条件		计算方法
房屋建筑与装饰工程	环境保护费、安全施工费、文明施工费三项	分部分项工程费中(定额人工费+定额机械费×8%)×10.17%
	临时设施费	分部分项工程费中(定额人工费+定额机械费×8%)×5.48%
	安全文明施工费合计	分部分项工程费中(定额人工费+定额机械费×8%)×15.65%
独立土石方工程	环境保护费、安全施工费、文明施工费三项	分部分项工程费中(定额人工费+定额机械费×8%)×1.6%
	临时设施费	分部分项工程费中(定额人工费+定额机械费×8%)×0.4%
	安全文明施工费合计	分部分项工程费中(定额人工费+定额机械费×8%)×2.0%
其他措施	冬雨季施工增加费，生产工具用具使用费，工程定位复测、工程点交、场地清理费	分部分项工程费中(定额人工费+定额机械费×8%)×5.95%
特殊地区施工增加费	2500m<海拔≤3000m 地区	(定额人工费+定额机械费×8%)×8%
	3000m<海拔≤3500m 地区	(定额人工费+定额机械费×8%)×15%
	海拔>3500m 地区	(定额人工费+定额机械费×8%)×20%

（2）单价措施项目　单价措施项目是指可以计算工程量的项目，如混凝土模板、脚手架、垂直运输、超高施工增加、大型机械设备进退场和安拆、施工排水降水等，其费用可按计算综合单价的方法计算，计算公式为

$$单价措施项目费 = \sum(单价措施项目清单工程量 \times 综合单价) \quad (2-5)$$

$$综合单价 = \frac{清单项目费用(含人/材/机/管/利)}{清单工程量} \quad (2-6)$$

其中

$$人工费 = 措施项目定额工程量 \times 定额人工费 \quad (2-7)$$

$$材料费 = 措施项目定额工程量 \times \sum(材料消耗量 \times 材料单价) \quad (2-8)$$

$$机械费 = 措施项目定额工程量 \times \sum(机械台班消耗量 \times 机械台班单价) \quad (2-9)$$

$$管理费 = (定额人工费 + 定额机械费 \times 8\%) \times 管理费费率 \quad (2-10)$$

$$利润 = (定额人工费 + 定额机械费 \times 8\%) \times 利润率 \quad (2-11)$$

管理费费率见表 2-25，利润率见表 2-26。其中，大型机械设备进退场和安拆费不计算管理费、利润。

3. 其他项目费的计算

(1) 暂列金额　暂列金额可由招标人按工程造价的一定比例估算，投标人按招标工程量清单中所列的金额计入报价中。工程实施中，暂列金额由发包人掌握使用，余额归发包人所有，差额由发包人支付。

(2) 暂估价　暂估价中的材料、工程设备暂估单价应按招标工程量清单中列出的单价计入综合单价；暂估价中的专业工程暂估价应按招标工程量清单中列出的金额直接计入投标报价的其他项目费中。

(3) 计日工　计日工应按招标工程量清单中列出的项目根据工程特点和有关计价依据确定综合单价，其管理费和利润按其专业工程费率计算。

(4) 总承包服务费　总承包服务费应根据合同约定的总承包服务的内容和范围，参照下列标准计算：

1) 发包人仅要求对其分包的专业工程进行总承包现场管理和协调时，按分包的专业工程造价的1.5%计算。

2) 发包人要求对其分包的专业工程进行总承包管理和协调并同时要求提供配合服务时，根据配合服务的内容和提出的要求，按分包的专业工程造价的3%~5%计算。

3) 发包人供应材料（设备除外）时，按供应材料价值的1%计算。

(5) 其他

1) 人工费调差按当地省级建设主管部门发布的人工费调差文件计算。

2) 机械费调差按当地省级建设主管部门发布的机械费调差文件计算。

3) 风险费依据招标文件计算。

4) 因设计变更或由于建设单位的责任造成的停工、窝工损失，可参照下列办法计算费用：

① 现场施工机械停滞费按定额机械台班单价的40%计算，施工机械停滞费不再计算除税金以外的费用。

② 生产工人停工、窝工工资按38元/工日计算，管理费按停工、窝工工资总额的20%计算，停工、窝工工资不再计算除税金以外的费用。

5) 承发包双方协商认定的有关费用按实际发生计算。

4. 规费的计算

(1) 社会保险费、住房公积金及残疾人保证金　其计算公式为

$$社会保险费、住房公积金及残疾人保证金 = 定额人工费总和 \times 26\% \quad (2-12)$$

式中　定额人工费总和——分部分项工程定额人工费、单价措施项目定额人工费与其他项目定额人工费的总和。

(2) 危险作业意外伤害保险　其计算公式为

$$危险作业意外伤害保险 = 定额人工费 \times 1\% \quad (2-13)$$

未参加建筑职工意外伤害保险的施工企业不得计算此项费用。

(3) 工程排污费　按工程所在地有关部门的规定计算。

5. 税金的计算

以营业税为主的税金的计算公式为

$$税金 = (分部分项工程费 + 措施项目费 + 其他项目费 + 规费 - 按规定不计税的工程设备费) \times 综合税率 \quad (2-14)$$

综合税率的取定见表2-28。

表 2-28 综合税率取定表

工程所在地	综合税率(%)
市区	3.48
县城、镇	3.41
不在市区、县城、镇	3.28

2.3.3 计算实例

【例 2-4】 某工程招标工程量清单见表 2-29，试根据当地建设主管部门发布的消耗量定额和计价规则，以及当地的人工、材料、机械单价，编制"实心砖墙"和"带形基础"两个清单分项的综合单价，并计算分部分项工程费。

表 2-29 分部分项工程量清单表

序号	项目编码	项目名称	项目特征	计量单位	工程数量
1	010401003001	实心砖墙	1. 砖品种、规格、强度等级：标准黏土砖、MU10 2. 墙体类型：1 砖厚混水砖墙 3. 砂浆强度等级、配合比：M5 混合砂浆	m³	100
2	010501002001	带形基础	1. 混凝土种类：现浇混凝土 2. 混凝土强度等级：C20 3. 垫层种类、厚度：C10 混凝土，100mm 厚	m³	100

注：表中工程量仅为分项工程实体的清单工程量。由于两个项目的清单计价规则与定额计价规则相同，所以 100m³ 既是清单量也是定额量。基础垫层的定额工程量假设计为 10m³。

【解】 （1）选择计价依据 查某地的《建筑工程消耗量定额》相关子项，定额消耗量及单位估价表见表 2-30。

表 2-30 相关子项目定额消耗量及单位估价表

计量单位：10m³

定额编号				01040009	01050003	01050001
项目				1 砖混水砖墙	钢筋混凝土带形基础	混凝土基础垫层
基价/元				952.82	913.26	992.15
其中	人工费/元			912.21	693.74	782.53
	材料费/元			5.94	47.80	29.54
	机械费/元			34.67	171.72	180.08
	名称	单位	单价/元	数量		
人工	综合人工	工日	63.88	14.280	10.860	12.250
材料	混合砂浆 M5	m³	—	(2.396)	—	—
	标准砖	千块	—	(5.300)	—	—
	水	m³	5.6	1.060	8.260	5.000
	C10 现浇混凝土	m³	—	—	—	(10.150)
	草席	m²	1.40	—	1.100	1.100
	C20 现浇混凝土	m³	248.80	—	(10.150)	—
机械	灰浆搅拌机 200L	台班	86.90	0.399	—	—
	强制式混凝土搅拌机 500L	台班	192.49	—	0.327	0.859
	混凝土振捣器（平板式）	台班	18.65	—	—	0.790
	混凝土振捣器（插入式）	台班	15.47	—	0.770	—
	机动翻斗车（装载质量 1t）	台班	150.17	—	0.645	—

注：表中消耗量带有"（）"的为未计价材，套价时须根据当地的材料价格信息进行组价。

（2）选择费率　查表2-25和表2-26可得，房屋建筑与装饰工程的管理费费率取33%，利润率取20%。

（3）综合单价计算　综合单价计算在表2-31中完成。假如通过询价得知当地未计价材料价格为：M5混合砂浆248元/m^3，标准砖325元/千块，C10现浇混凝土225元/m^3，C20现浇混凝土275元/m^3。则

01040009的材料费单价：$(5.94+2.396×248+5.300×325)$元/$10m^3$ = 2322.65元/$10m^3$

01050003的材料费单价：$(47.80+10.15×275)$元/$10m^3$ = 2839.05元/$10m^3$

01050001的材料费单价：$(29.54+10.15×225)$元/$10m^3$ = 2313.29元/$10m^3$

表2-31中综合单价组成明细中的数量是相对量，其计算公式为

$$数量 = \frac{定额量/定额单位扩大倍数}{清单量} \tag{2-15}$$

表2-31　分部分项工程量清单综合单价分析表

工程名称：　　　　　　　　　　　　　　　　　　　　　　　　　　　第　页　共　页

序号	项目编码	项目名称	计量单位	工程量	定额编号	定额名称	定额单位	数量	单价/元			合价/元			管理费和利润	综合单价/元
									人工费	材料费	机械费	人工费	材料费	机械费		
1	010401003001	实心砖墙	m^3	100	01040009	1砖混水砖墙	$10m^3$	0.100	912.21	2322.65	34.67	91.22	232.27	3.47	48.49	375.45
					小计							91.22	232.27	3.47	48.49	
2	010501002001	带形基础	m^3	100	01050003	带形基础	$10m^3$	0.100	693.74	2839.05	171.72	69.37	283.91	17.17	37.50	444.93
					01050001	基础垫层	$10m^3$	0.010	782.53	2313.29	180.08	7.83	23.13	1.80	4.22	
					小计							77.20	307.04	18.97	41.72	

注：1. 1砖混水砖墙的相对量 = (100/10)/100 = 0.100。
　　2. 1砖混水砖墙的管理费和利润 = (91.22+3.47×8%)元/m^3×(33%+20%) = 48.49元/m^3。
　　3. 钢筋混凝土带形基础的相对量 = (100/10)/100 = 0.100。
　　4. 钢筋混凝土带形基础的管理费和利润 = (69.37+17.17×8%)元/m^3×(33%+20%) = 37.50元/m^3。
　　5. 基础垫层的相对量 = (10/10)/100 = 0.010。
　　6. 基础垫层的管理费和利润 = (7.83+1.80×8%)元/m^3×(33%+20%) = 4.22元/m^3。

（4）分部分项工程费的计算　具体计算见表2-32。

表2-32　分部分项工程量清单计价表

序号	项目编码	项目名称	计量单位	工程量	金额/元				
					综合单价	合价	其中		
							人工费	机械费	暂估价
1	010401003001	实心砖墙	m^3	100	375.45	37545.00	9122.00	347.00	—
2	010501002001	带形基础	m^3	100	444.93	44493.00	7720.00	1897.00	—
		合计				82038.00	16842.00	2244.00	—

【例2-5】　某市区新建一幢8层框架结构的住宅楼，建筑面积为5660m^2，室外标高为-0.3m，第一层层高为3.2m，第二~八层的层高均为2.8m，女儿墙高为0.9m，出屋面楼梯间高为2.8m。该工程根据招标文件及分部分项工程量清单，当地的《建筑工程消耗量定额》《建设工程造价计价规则》，人工、材料、机械台班的单价计算出以下数据：分部分项工程费为4218232元，其中：人工费为710400元，材料费为2692400元，机械费为280400

元,管理费为326964元,利润为208068元,单价措施项目费为220000元(其中人工费为45000元);招标文件载明暂列金额应计100000元;专业工程暂估价为30000元;总价措施项目费应计安全文明施工费、其他措施费;工程排污费计10000元。试根据上述条件计算该住宅楼房屋建筑工程的招标控制价。

【解】 该住宅楼的招标控制价计算过程见表2-33、表2-34。

表2-33 单位工程费汇总表

序号	汇总内容	金额/元	计算方法
1	分部分项工程费	4218232.00	已知
1.1	人工费	710400.00	已知
1.2	材料费	2692400.00	已知
1.3	设备费	—	—
1.4	机械费	280400.00	已知
1.5	管理费和利润	535032.00	已知
2	措施项目费	378291.71	<2.1>+<2.2>
2.1	单价措施项目费	220000.00	已知
2.1.1	人工费	45000.00	已知
2.1.2	材料费	—	—
2.1.3	机械费	—	—
2.1.4	管理费和利润	—	—
2.2	总价措施项目费	158291.71	<2.2.1>+<2.2.2>
2.2.1	安全文明施工费	114688.21	(<1.1>+<1.4>×8%)×15.65%
2.2.2	其他总价措施项目费	43603.50	(<1.1>+<1.4>×8%)×5.95%
3	其他项目费	130000.00	<3.1>+<3.2>+<3.3>+<3.4>+<3.5>
3.1	暂列金额	100000.00	已知
3.2	专业工程暂估价	30000.00	已知
3.3	计日工	—	—
3.4	总承包服务费	—	—
3.5	其他	—	—
4	规费	213958.00	见表2-34
5	税金	171928.76	见表2-34
招标控制价/投标报价合计=1+2+3+4+5		5112410.48	

表2-34 规费、税金项目计价表

序号	项目名称	计算基础	计算费率(%)	金额/元
1	规费	—	—	213958.00
1.1	社会保险费、住房公积金、残疾人保证金	分部分项工程定额人工费+单价措施项目定额人工费	26	196404.00
1.2	危险作业意外伤害保险	分部分项工程定额人工费+单价措施项目定额人工费	1	7554.00
1.3	工程排污费			10000.00
2	税金	分部分项工程费+措施项目费+其他项目费+规费	3.48	171928.76
	合计			385886.76

在练习时,上述两表可以合并简化为一个表计算,见表2-35。

表2-35 单位工程费汇总表

序号	汇总内容	金额/元	计算方法
1	分部分项工程费	4218232.00	已知
1.1	人工费	710400.00	已知

(续)

序号	汇总内容	金额/元	计算方法
1.2	机械费	280400.00	已知
2	措施项目费	378291.71	<2.1>+<2.2>
2.1	单价措施项目费	220000.00	已知
2.1.1	人工费	45000.00	已知
2.2	总价措施项目费	158291.71	<2.2.1>+<2.2.2>
2.2.1	文明安全施工费	114688.21	(<1.1>+<1.2>×8%)×15.65%
2.2.2	其他总价措施项目费	43603.50	(<1.1>+<1.2>×8%)×5.95%
3	其他项目费	130000.00	<3.1>+<3.2>+<3.3>+<3.4>+<3.5>
3.1	暂列金额	100000.00	已知
3.2	专业工程暂估价	30000.00	已知
3.3	计日工	—	—
3.4	总承包服务费	—	—
3.5	其他	—	—
4	规费	213958.00	<4.1>+<4.2>+<4.3>
4.1	社会保险费、住房公积金、残疾人保证金	196404.00	(<1.1>+<2.1.1>)×26%
4.2	危险作业意外伤害保险	7554.00	(<1.1>+<2.1.1>)×1%
4.3	工程排污费	10000.00	已知
5	税金	171928.76	(<1>+<2>+<3>+<4>)×3.48%
	招标控制价/投标报价合计	5112410.48	<1>+<2>+<3>+<4>+<5>

2.3.4 营改增后税金计算

1. 增值税的含义

增值税是以商品（含应税劳务）在流转过程中产生的增值额作为计税依据而征收的一种流转税。从计税原理上来说，增值税是对商品生产、流通、劳务服务中多个环节的新增价值或商品的附加值征收的一种流转税。增值税实行价外税，也就是由消费者负担，有增值才征税，没增值不征税。

2016年3月23日，财政部、国家税务总局发布《关于全面推开营业税改征增值税试点的通知》（财税〔2016〕36号），自2016年5月1日起，在全国范围内全面推行营业税改征增值税（以下简称"营改增"）试点，建筑业、房地产业、金融业、生活服务业等全部营业税纳税人纳入试点范围，由缴纳营业税改为缴纳增值税。

营业税和增值税有以下三方面的区别。

（1）征税范围和税率不同　增值税是针对在我国境内销售商品和提供劳务而征收的一种价外税，一般纳税人的税率为17%，小规模纳税人的税率为3%。营业税是针对提供应税劳务、销售不动产、转让无形资产等征收的一种税，不同行业、不同的服务征税税率不同，之前建筑业按3%征税。

（2）计税依据不同　建筑业的营业税征收通常允许总分包差额计税，而实施"营改增"后就得按增值税相关规定进行缴税。增值税的本质是"应纳增值税额=销项税额-进项税额"。在我国增值税的征收管理过程中，实行严格的"以票管税"，销项税额当开具增值税专用发票时纳税义务就已经发生。而营业税是价内税，由销售方承担税额，通常是含税销售收入直接乘以使用税率。

（3）主管税务机关不同　增值税涉税范围广、涉税金额大，国家有较为严格的增值税发票管理制度，为防止出现牵涉增值税专用发票的犯罪，因此增值税主要由国家税务机关管理。营业税属于地方税，通常由地方税务机关负责征收和清缴。

2. 营改增的意义

（1）解决了建筑业内存在的重复征税问题　增值税和营业税并存破坏了增值税进项税抵扣的链条，严重影响了增值税作用的发挥。建筑工程耗用的主要原材料，如钢材、水泥、砂石等属于增值税的征税范围，在建筑企业购进原材料时已经缴纳了增值税，但是由于建筑企业不是增值税的纳税人，因此他们购进原材料缴纳的进项税额是不能抵扣的。而在计征营业税时，企业购进建筑材料和其他工程物资又是营业税的计税基数，不但不可以减税，反而还要负担营业税，从而造成了建筑业重复征税的问题。建筑业实行"营改增"后，此问题可以得到有效解决。

（2）有利于建筑业进行技术改造和设备更新　2009年我国实施消费性增值税模式，企业外购的生产用固定资产可以抵扣进项税额。在未进行"营改增"之前，建筑企业购进的固定资产进项税额不能抵扣；而实行"营改增"后建筑企业可以大大降低其税负水平，这在一定程度上有利于建筑业进行技术改造和设备更新，同时也可以减少能耗、降低污染，进而提升我国建筑企业的综合竞争能力。

（3）有助于提升专业能力　营业税在计征税额时，通常都是全额征收，很少有可以抵扣的项目，因此建筑企业更倾向于自行提供所需的服务而非由外部提供相关服务，导致了生产服务内部化，这样不利于企业优化资源配置和进行专业化细分。而在增值税体制下，外购成本的税额可以抵扣，有利于建筑企业择优选择供应商供应材料，提高了社会专业化分工的程度，在一定程度上改变了当下一些建筑企业"小而全""大而全"的经营模式，这将极大地改善和提升建筑企业的竞争能力。

3. 增值税的计算

实行"营改增"并未改变前节所述工程造价的费用构成与计算程序，只是改变了"计税基数"和"税率"。从"应纳增值税＝销项税额－进项税额"这一本质意义上理解，由于营业税是全额征收，而增值税可以抵扣进项税额，营业税和增值税的"计税基数"不是同一概念，增值税的"计税基数"应当比营业税的"计税基数"要小许多，而"税率"也将完全不一样。

营改增后的税金计算，将产生以下新概念。

（1）计增值税的税前工程造价　它是指工程造价的各组成要素价格不含可抵扣的进项税额的全部价款。即计税的分部分项工程费和计税的单价措施费（其中计价材费、未计价材费、设备费和机械费扣除相应进项税额）以及总价措施费、其他项目费、规费之和的价款。

（2）税前工程造价　它是指工程造价的各组成要素价格含可抵扣的进项税额的全部价款。即分部分项工程费和单价措施费（其中计价材费、未计价材费、设备费和机械费不扣除相应进项税额）以及总价措施费、其他项目费、规费之和的价款。

（3）单位工程造价　其计算公式为

$$单位工程造价 = 税前工程造价 + (增值税额 + 附加税费)$$

(4) 营改增税金 其计算公式为

营改增税金=增值税额+附加税费=计增值税的税前工程造价×综合税率

某省《关于建筑业营业税改征增值税后调整工程造价计价依据的实施意见》中规定：

1）除税计价材料费=定额基价中的材料费×0.912。

2）未计价材料费=除税材料原价+除税运杂费+除税运输损耗费+除税采购保管费。

3）除税机械费=机械台班量×除税机械台班单价（除税机械台班单价由建设行政主管部门发布，此价比定额机械费略低）。

照此规定可以理解为：分部分项工程费和单价措施费中，可抵扣进项税额的费用是计价材料费的 91.2% 加全部的未计价材料费和除税机械费。

因此，用于计增值税的税前工程造价及税金计算公式为

$$\text{计增值税的税前工程造价}=\text{计税的分部分项工程费}+\text{计税的单价}$$
$$\text{措施费}+\text{总价措施费}+\text{其他项目费}+\text{规费} \qquad (2-16)$$

$$\text{计税的分部分项工程费}=\text{分部分项工程费}-\text{除税计价材料费}-$$
$$\text{未计价材料费}-\text{设备费}-\text{除税机械费} \qquad (2-17)$$

计税的单价措施费=单价措施项目费-除税计价材料费-未计价材料费-除税机械费
$$(2-18)$$

$$\text{营改增税金}=\text{计增值税的税前工程造价}\times\text{综合税率} \qquad (2-19)$$

营改增税金综合税率取值见表 2-36。

表 2-36 营改增税金综合税率（自 2018 年 5 月 1 日后执行）

工程所在地	综合税率(%)	工程所在地	综合税率(%)
市区	10.36	不在市区、县城、镇	10.18
县城、镇	10.30		

4. 营改增后工程造价计算程序的调整

实行营改增后的工程造价计算程序见表 2-37。

表 2-37 营改增后的工程造价计算程序

序号	项目名称	计算方法
1	分部分项工程费	<1.1>+<1.2>+<1.3>+<1.4>+<1.5>+<1.6>
1.1	定额人工费	∑（分部分项定额工程量×定额人工费单价）
1.2	计价材料费	∑（分部分项定额工程量×计价材料费单价）
1.3	未计价材料费	∑（分部分项定额工程量×未计价材料单价×未计价材消耗量）
1.4	设备费	∑（分部分项定额工程量×设备单价×设备消耗量）
1.5	定额机械费	∑（分部分项定额工程量×定额机械费单价）
A	除税机械费	∑（分部分项定额工程量×除税机械费单价×台班消耗量）
1.6	管理费和利润率	∑（<1.1>+<1.5>×8%）×（33%+20%）
B	计税的分部分项工程费	<1>-<1.2>×0.912-<1.3>-<1.4>-<A> （分部分项工程费-除税计价材料费-未计价材料费-设备费-除税机械费）
2	措施项目费	<2.1>+<2.2>
2.1	单价措施项目费	<2.1.1>+<2.1.2>+<2.1.3>+<2.1.4>+<2.1.5>
2.1.1	定额人工费	∑（单价措施定额工程量×定额人工费单价）

(续)

序号	项目名称		计算方法
2.1.2	计价材料费		∑(单价措施定额工程量×计价材料费单价)
2.1.3	未计价材料费		∑(单价措施定额工程量×未计价材料单价×未计价材消耗量)
2.1.4	定额机械费		∑(单价措施定额工程量×定额机械费单价)
C	除税机械费		∑(单价措施定额工程量×除税机械费单价×台班消耗量)
2.1.5	管理费和利润		∑(<2.1.1>+<2.1.4>×8%)×(33%+20%)
D	计税的单价措施项目费		<2.1>-<2.1.2>×0.912-<2.1.3>-<C> (单价措施项目费-除税计价材料费-未计价材料费-除税机械费)
2.2	总价措施项目费		<2.2.1>+<2.2.2>
2.2.1	安全文明施工费		分部分项工程费中(定额人工费+定额机械费×8%)×15.65%
2.2.1	其他总价措施费		分部分项工程费中(定额人工费+定额机械费×8%)×5.95%
3	其他项目费		<3.1>+<3.2>+<3.3>+<3.4>+<3.5>
3.1	暂列金额		按双方约定或按题给条件计取
3.2	暂估材料工程设备单价		按双方约定或按题给条件计取
3.3	计日工		按双方约定或按题给条件计取
3.4	总包服务费		按双方约定或按题给条件计取
3.5	其他		按实际发生额计算
3.5.1	人工费调增		(<1.1>+<2.1.1>)×28%
4	规费		<4.1>+<4.2>+<4.3>
4.1	社会保险费、住房公积金、残疾人保证金		定额人工费总和×26%
4.2	危险作业意外伤害保险		定额人工费总和×1%
4.3	工程排污费		按有关规定或题给条件计算
5	税金	工程所在地 市区	(<B>+<D>+<2.2>+<3>+<4>)×10.36%
		县城、镇	(<B>+<D>+<2.2>+<3>+<4>)×10.30%
		其他地方	(<B>+<D>+<2.2>+<3>+<4>)×10.18%
6	单位工程造价		<1>+<2>+<3>+<4>+<5>

注：表中人工费调增为某省2016年的新规定。

5. 营改增造价计算实例

【例2-6】 某市区新建一幢8层框架结构的住宅楼，建筑面积为3660m²，室外标高为-0.3m，第一层层高为3.2m，第二~八层的层高均为2.8m，女儿墙高为0.9m，出屋面楼梯间高为2.8m。该工程根据招标文件及分部分项工程量清单，当地的《建筑工程消耗量定额》《建设工程造价计价规则》及人工、材料、机械台班的价格信息计算出以下数据：

1) 分部分项工程费为4133762.71元，其中：定额人工费为325728.00元，计价材料费为488592.00元，未计价材料费为2807268.00元，定额机械费为325728.00元（其中除税机械费为280400.00元），管理费和利润为186446.71元。

2) 单价措施项目费为228640.51元，其中：人工费为26924.00元，计价材料费为8726.00元，未计价材料费为153674.00元，定额机械费为24028.00元（其中除税机械费为20424.00元），管理费和利润为15288.51元。

3) 招标文件载明暂列金额应计100000元；专业工程暂估价计30000元；工程排污费计

10000元。

试根据上述条件计算该住宅楼房屋建筑工程的招标控制价。

【解】 该住宅楼营改增前和营改增后的招标控制价计算过程结果见表2-38。

表2-38 单位工程费汇总表　　　　　　　　　　　　　（单位：元）

序号	项目名称	营改增前的算法	营改增后的算法
1	分部分项工程费	4133762.71	4133762.71
1.1	定额人工费	325728.00	325728.00
1.2	计价材料费	488592.00	488592.00
1.3	未计价材料费	2807268.00	2807268.00
1.4	设备费		
1.5	定额机械费	325728.00	325728.00
A	除税机械费		280400.00
1.6	管理费和利润	186446.71	186446.71
B	计税的分部分项工程费		600498.80
2	措施项目费	304626.34	304626.34
2.1	单价措施项目费	228640.51	228640.51
2.1.1	定额人工费	26924.00	26924.00
2.1.2	计价材料费	8726.00	8726.00
2.1.3	未计价材料费	153674.00	153674.00
2.1.4	定额机械费	24028.00	24028.00
C	除税机械费		20424.00
2.1.5	管理费和利润	15288.51	15288.51
D	计税的单价措施项目费		46584.40
2.2	总价措施项目费	75985.83	75985.83
2.2.1	安全文明施工费	55054.55	55054.55
2.2.1	其他总价措施费	20931.28	20931.28
3	其他项目费	182897.80	182897.80
3.1	暂列金额	100000.00	100000.00
3.2	暂估材料、工程设备单价	30000.00	30000.00
3.3	计日工		
3.4	总包服务费		
3.5	其他	52897.80	52897.80
3.5.1	人工费调增	52897.80	52897.80
4	规费	105216.04	105216.04
4.1	社会保险费、住房公积金、残疾人保证金	91689.52	91689.52
4.2	危险作业意外伤害保险	3526.52	3526.52
4.3	工程排污费	10000.00	10000.00
5	税金	164482.30	104758.54
6	单位工程造价	4890985.18	4831261.44
	平方米造价	1320.02	1322.78

【讨论】 营改增的实质是减轻企业税负，即"有增值才征税，没增值不征税"。而计算的关键是在材料费和机械费的计算中注重"应纳增值税额＝销项税额－进项税额"。理论上

说，表 2-37 中想要表达的是：定额人工费应计增值税；计价材料费只应对其中的 8.8%（即 1-91.2%）计增值税；未计价材料费不应再计增值税；定额机械费只应对扣减"除税机械费"的差额部分计增值税；而管理费和利润、总价措施项目费、其他项目费、规费和税金都应计增值税。

由表 2-38 的计算过程可知，考虑扣减进项税额后，计税的分部分项工程费只是原有分部分项工程费的 14.53%（600498.80 元/4133762.71 元 = 0.1453）；计税的单价措施项目费只是原有单价措施项目费的 20.37%（46584.40 元/228640.51 元 = 0.2037）；计增值税的税前工程造价（1011182.87 元）只是原有税前工程造价（4726502.88 元）的 21.39%，这也说明了增值税的"计税基数"应当比营业税的"计税基数"要小许多。而当"税率"由原来的 3.48% 上调为 10.36% 以后，企业的税负仍然降低了，如表 2-38 的计算数据降低了 59723.76 元，降低率为 36.31%。

习题与思考题

1. 什么是工程造价？
2. 我国现行工程造价的组成是什么？
3. 我国现行建筑安装工程费用由哪些费用构成？
4. 分部分项工程费由哪些费用构成？
5. 措施项目费由哪些费用构成？
6. 规费由哪些费用构成？
7. 税金由哪些费用构成？
8. 消耗量定额和单位估价表在工程计价中有什么作用？
9. 工程量清单计价规范在工程计价中有什么作用？
10. 什么是清单计价方法？
11. 定额消耗量、单价与人工费、材料费、机械费之间是什么关系？
12. 综合单价的含义是什么？如何计算？
13. 编制单位估价表。根据表 2-39 中所给数据，计算并填写表 2-39 中空格。

表 2-39 单位估价表编制

定额编号				4-32	4-33	4-36	4-37
项目名称				基础梁	单梁	圈梁	过梁
基价/元							
其中	人工费/元						
	材料费/元						
	机械费/元						
	名称	单位	单价/元	消耗量			
人工	综合人工	工日	82.00	15.88	18.35	25.48	27.21
材料	C20 现浇混凝土	m³	280.80	10.15	10.15	10.15	10.15
	草席	m²	2.40	5.70	6.90	13.99	14.13
	水	m³	4.00	10.71	11.38	18.29	18.75
机械	混凝土搅拌机	台班	192.49	0.625	0.625	0.625	0.625
	插入式振捣器	台班	15.42	1.25	1.25	1.25	1.25
	机动翻斗车	台班	150.17	1.29	1.29	1.29	1.29

14. 某县城中学新建一栋 6 层现浇框架综合实验楼，建筑面积为 7200m²，每层层高均为 3.6m，室外地

坪标高为-0.6m。工程采用工程量清单招标。某造价咨询公司计算出分部分项工程费为792万元，其中：人工费为95.04万元，机械费为63.36万元；单价措施项目费为30.37万元（其中人工费占10%）；工程排污费为3万元；招标文件明确暂列金额为10万元；应另计安全文明施工费、其他措施费。试根据上述条件计算该综合实验楼房屋建筑工程的招标控制价。

15. 某市区新建一栋8层现浇框架宾馆，建筑面积为10800m^2，每层层高均为3.6m，室外地坪标高为-0.6m，室内装修采用工程量清单招标。某造价咨询公司计算出分部分项工程费为1280万元，其中：人工费为182.69万元，机械费为94.21万元；单价措施项目费计45.25万元（其中人工费占10%）；工程排污费为5万元；招标文件明确暂列金额为15万元；应另计安全文明施工费、其他措施费。试根据上述条件计算该宾馆室内装修工程的招标控制价。

16. 某市区新建一栋10层现浇框架办公楼，工程采用工程量清单招标。已计算出分部分项工程费为4218232元，其中：人工费为512300元，机械费为336800元；单价措施项目费为403736元（其中人工费占11%）；工程排污费为20000元；招标文件明确暂列金额为120000元；应另计安全文明施工费、其他措施费。当地建设主管部门近期发文规定人工费调差率为28%。试根据上述条件计算该办公楼房屋建筑工程的招标控制价。

17. 什么是增值税？实行营改增后，税金计算应注意哪些问题？

18. 某市区新建一幢8层框架结构的住宅楼，工程采用工程量清单招标。已计算出以下数据：

1）分部分项工程费为3671647.51元，其中：定额人工费为295376元，计价材料费为353837元，未计价材料费为2560535元，定额机械费为292930元（其中除税机械费为271150元），管理费和利润为168969.51元。

2）单价措施项目费为201836.83元，其中：人工费为25613元，计价材料费为7769元，未计价材料费为132927元，定额机械费为21060元（其中除税机械费为19980元），管理费和利润为14467.83元。

3）招标文件载明暂列金额应计80000元；专业工程暂估价计35000元；工程排污费计9000元。

试根据上述条件计算该住宅楼房屋建筑工程的招标控制价。

第 3 章
建筑面积的计算

▶ **教学要求**：
- 掌握建筑面积的含义。
- 熟悉建筑面积计算规则中使用的术语。
- 熟悉建筑面积的计算规则。
- 掌握建筑面积的计算方法。

全国统一的建筑面积计算规则，自 2014 年起，应以 GB/T 50353—2013《建筑工程建筑面积计算规范》为准。

3.1 建筑面积的含义

建筑面积是指建筑物所形成的楼地面（包括墙体）等面积。建筑面积包括外墙结构所围的建筑物每一自然层水平投影面积的总和，也包括附属于建筑物的室外阳台、雨篷、檐廊、走廊、楼梯所围的水平投影面积。它是根据建筑平面图按统一规则计算出来的一项重要指标，用于确定单方造价、商品房售价，以及基本建设计划面积、房屋竣工面积、在建房屋面积。同时，建筑面积也可作为工程量，直接用于计算综合脚手架、建筑物超高施工增加、垂直运输的费用。

建筑面积计算是否正确不仅关系到工程量计算的准确性，而且对于控制基建投资规模、设计、施工管理方面都具有重要意义。所以在计算建筑面积时，要认真对照《建筑工程建筑面积计算规范》中的计算规则，弄清楚哪些部位该计算，哪些不该计算，如何计算。

《建筑工程建筑面积计算规范》的适用范围是新建、扩建、改建的工业与民用建筑工程建设过程中的建筑面积计算，用于工业厂房、仓库、公共建筑、居住建筑、农业生产使用的房屋、粮种仓库、地铁车站等工程。

3.2 建筑面积计算中的术语

根据《建筑工程建筑面积计算规范》，在计算中涉及的术语做如下解释。
1) 建筑面积：是指建筑物（包括墙体）所形成的楼地面面积。
2) 自然层：是指按楼地面结构分层的楼层。
3) 层高：是指结构层高，即楼面或地面结构层上表面至上部结构层上表面之间的垂直距离。

4）围护结构：是指围合建筑空间的墙体、门、窗。

5）建筑空间：是指以建筑界面限定的、供人们生活和活动的场所。具备可出入、可利用条件（设计中可能标明了使用用途，也可能没有标明使用用途，或使用用途不明确）的围合空间，均属于建筑空间。

6）净高：是指结构净高，即楼面或地面结构层上表面至上部结构层下表面之间的垂直距离。

7）围护设施：是指为保障安全而设置的栏杆、栏板等围挡。

8）地下室：是指室内地平面低于室外地平面的高度超过室内净高的1/2的房间。

9）半地下室：是指室内地平面低于室外地平面的高度超过室内净高的1/3，且不超过1/2的房间。

10）架空层：是指仅有结构支撑而无外围护结构的开敞空间层。

11）走廊：是指建筑物中的水平交通空间。走廊包括挑廊、连廊、檐廊、回廊等。

12）架空走廊：是指专门设置在建筑物的二层或二层以上，作为不同建筑物之间水平交通的空间。

13）结构层：是指整体结构体系中承重的楼板层。特指整体结构体系中承重的楼层，包括板、梁等构件。结构层承受整个楼层的全部荷载，并对楼层的隔声、防火起主要作用。

14）落地橱窗：是指突出外墙面且根基落地的橱窗。落地橱窗是在商业建筑临街面设置的下槛落地，可落在室外地坪也可落在室内首层地板，用来展览各种样品的玻璃窗。

15）凸窗（飘窗）：是指突出建筑物外墙面的窗户。凸窗（飘窗）是指在一个自然层内，高出室内地坪以上的窗台与窗突出外墙面而形成的封闭空间。

16）檐廊：是指建筑物挑檐下的水平交通空间。檐廊是附属于建筑物底层外墙有屋檐作用的顶盖，一般有柱或栏杆、栏板等围挡结构的水平交通空间。

17）挑廊：是指挑出建筑物外墙的水平交通空间。

18）门斗：是指建筑物入口处两道门之间的空间。

19）雨篷：是指建筑物出入口上方为遮挡雨水而设置的部件。雨篷划分为有柱雨篷（包括独立柱雨篷、多柱雨篷、柱墙混合支撑雨篷、墙支撑雨篷）和无柱雨篷（悬挑雨篷）。如突出建筑物，且不单独设立顶盖，利用上层结构板（如楼板、阳台底板）进行遮挡，则不视为雨篷，不计算建筑面积。对于无柱雨篷，当顶盖高度达到或超过两个楼层时，也不视为雨篷，不计算建筑面积。出入口部位三面围护、无门的应视为雨篷。

20）楼梯：是指由连续行走的梯级、休息平台和维护安全的栏杆（或栏板）、扶手以及相应的支托结构组成的作为楼层之间垂直交通使用的建筑部件。

21）阳台：是指附设于建筑物外墙，设有栏杆或杆板，可供人活动的室外空间。阳台具有底板、栏杆、栏板或窗，且与户室连通，供居住者接受阳光、呼吸新鲜空气、进行户外活动、晾晒衣物等，它是建筑物室内的延伸，属于建筑物的附属设施。阳台按结构或者立面划分为悬挑式（外凸）、嵌入式（内凹）和转角式三类；按是否有围护结构划分为封闭式、开敞式两类。

22）变形缝：是指防止建筑物在某些因素作用下引起开裂甚至破坏而预留的构造缝。一般指伸缩缝（温度缝）、沉降缝和抗震缝。

23）骑楼：是指建筑底层沿街面后退且留出公共人行空间的建筑物。

24）过街楼：是指跨越道路上空并与两边建筑相连接的建筑物。

25）建筑物通道：是指为穿过建筑物而设置的空间。

26）露台：是指设置在屋面、首层地面或雨篷上的供人室外活动的有围护设施的平台。露台应满足四个条件：一是位置，设置在屋面、首层地面或雨篷顶；二是可以出入；三是有围护设施；四是无盖，这四个条件须同时满足。如设置在首层地面上的有围护设施的平台，且其上层为同体量阳台，则该平台应视为阳台，按阳台的规则计算建筑面积。

27）勒脚：是指在房屋外墙接近地面部位设置的饰面保护构造。

28）台阶：是指联系室内外地坪或同楼层不同标高而设置的阶梯形踏步。室外台阶还包括与建筑物出入口连接处的平台。

3.3 建筑面积的计算规则

1）建筑物的建筑面积应按自然层外墙结构外围水平面积之和计算。结构层高在 2.20m 及以上的，应计算全面积；结构层高在 2.20m 以下的，应计算 1/2 面积。

2）建筑物内设有局部楼层时，局部楼层的二层及以上楼层，有围护结构的应按其围护结构外围水平面积计算，无围护结构的应按其结构底板水平面积计算。结构层高在 2.20m 及以上的，应计算全面积；结构层高在 2.20m 以下的，应计算 1/2 面积。建筑物内局部楼层如图 3-1 所示。

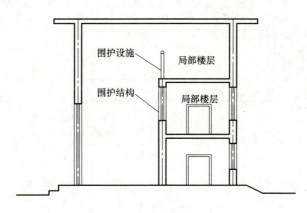

图 3-1 建筑物内局部楼层示意图

3）对于形成建筑空间的坡屋顶，结构净高在 2.10m 及以上的部位应计算全面积；结构净高在 1.20m 及以上至 2.10m 以下的部位应计算 1/2 面积；结构净高在 1.20m 以下的部位不应计算建筑面积。

4）对于场馆看台下的建筑空间，结构净高在 2.10m 及以上的部位应计算全面积；结构净高在 1.20m 及以上至 2.10m 以下的部位应计算 1/2 面积；结构净高在 1.20m 以下的部位不应计算建筑面积。室内单独设置的有围护设施的悬挑看台，应按看台结构底板水平投影面积计算建筑面积。有顶盖无围护结构的场馆看台应按其顶盖水平投影面积的 1/2 计算建筑面积。

5）地下室、半地下室应按其结构外围水平面积计算。结构层高在 2.20m 及以上的，应计算全面积；结构层高在 2.20m 以下的，应计算 1/2 面积。

6) 出入口外墙外侧坡道有顶盖的部位，应按其外墙结构外围水平投影面积的 1/2 计算建筑面积。地下室出入口如图 3-2 所示。

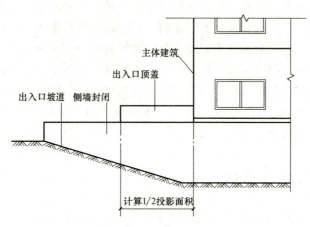

图 3-2 地下室出入口示意图

7) 建筑物架空层及坡地建筑物吊脚架空层，应按其顶板水平投影面积计算建筑面积。结构层高在 2.20m 及以上的，应计算全面积；层高在 2.20m 以下的，应计算 1/2 面积。坡地吊脚架空层如图 3-3 所示。

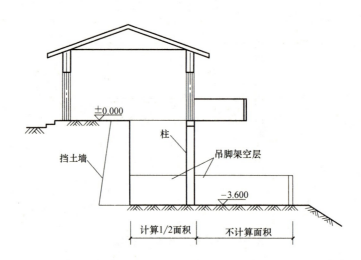

图 3-3 坡地吊脚架空层示意图

8) 建筑物的门厅、大厅按一层计算建筑面积。门厅、大厅内设置的走廊应按走廊结构底板水平投影面积计算建筑面积。结构层高在 2.20m 及以上的，应计算全面积；结构层高在 2.20m 以下的，应计算 1/2 面积。大厅内回廊如图 3-4 所示。

9) 对于建筑物间的架空走廊，有顶盖和围护设施的，应按其围护结构外围水平面积计算全面积；无围护结构、有围护设施的，应按其结构底板水平投影面积计算 1/2 面积。架空走廊如图 3-5 和图 3-6 所示。

10) 对于立体书库、立体仓库、立体车库，有顶盖和围护设施的，应按其围护结构外围水平面积计算建筑面积；无围护结构、有围护设施的，按其结构底板水平投影面积计算建

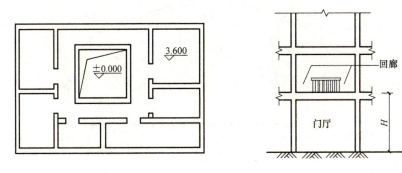

图 3-4 大厅内回廊示意图

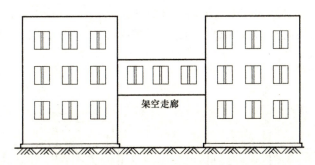

图 3-5 有围护结构的架空走廊示意图

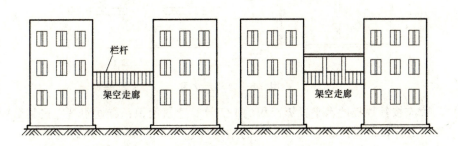

图 3-6 无围护结构、有围护设施的架空走廊示意图

筑面积。无结构层的应按一层计算,有结构层的应按其结构层面积分别计算。结构层高在 2.20m 及以上的,应计算全面积;结构层高在 2.20m 以下的,应计算 1/2 面积。

11) 有围护结构的舞台灯光控制室,应按其围护结构外围水平面积计算。结构层高在 2.20m 及以上的,应计算全面积;结构层高在 2.20m 以下的,应计算 1/2 面积。

12) 附属在建筑物外墙的落地橱窗,应按其围护结构外围水平面积计算。结构层高在 2.20m 及以上的,应计算全面积;结构层高在 2.20m 以下的,应计算 1/2 面积。

13) 窗台与室内楼地面高差在 0.45m 以下的且结构净高在 2.10m 及以上的凸(飘)窗,应按其围护结构外围水平面积计算 1/2 面积。

14) 有围护设施的室外走廊(挑廊),应按其结构底板水平投影面积计算 1/2 面积;有围护设施(或柱)的檐廊,应按其围护设施(或柱)外围水平面积计算 1/2 面积。檐廊如图 3-7 所示。

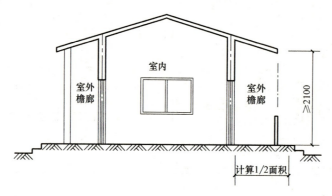

图 3-7 檐廊示意图

15）门斗应按其围护结构外围水平面积计算建筑面积，且结构层高在 2.20m 及以上的，应计算全面积；结构层高在 2.20m 以下的，应计算 1/2 面积。门斗如图 3-8 所示。

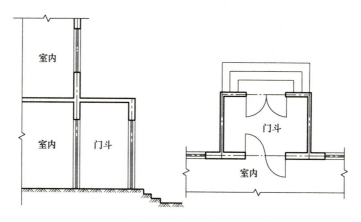

图 3-8 门斗示意图

16）门廊应按其顶板的水平投影面积的 1/2 计算建筑面积；有柱雨篷应按其结构板水平投影面积的 1/2 计算建筑面积；无柱雨篷的结构外边线至外墙结构外边线的宽度在 2.10m 及以上的，应按雨篷结构板水平投影面积的 1/2 计算建筑面积。雨篷如图 3-9 所示。

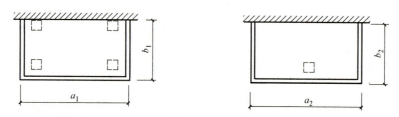

图 3-9 雨篷示意图

17）设在建筑物顶部的、有围护结构的楼梯间、水箱间、电梯机房等，结构层高在 2.20m 及以上的，应计算全面积；层高在 2.20m 以下的，应计算 1/2 面积。

18）围护结构不垂直于水平面的楼层，应按其底板面的外墙外围水平面积计算。结构净高在 2.10m 及以上的部位，应计算全面积；结构净高在 1.20m 及以上至 2.10m 的部位，应计算 1/2 面积；结构净高在 1.20m 以下的部位，不应计算建筑面积。围护结构不垂直于水平面的楼层如图3-10所示。

19）建筑物的内楼梯、电梯井、提物井、管道井、通风排气竖井、烟道，应并入建筑物的自然层计算建筑面积。有顶盖的采光井应按一层计算建筑面积，且结构净高在2.10m及以上的，应计算全面积；结构净高在2.10m以下的，应计算1/2面积。地下室采光井如图3-11所示。

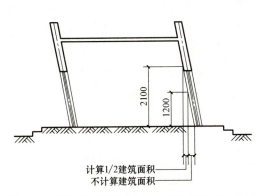

图3-10 围护结构不垂直于水平面的楼层示意图　　图3-11 地下室采光井示意图

20）室外楼梯应并入所依附建筑物自然层，并以其水平投影面积的1/2计算建筑面积。

21）在主体结构内的阳台，应按其结构外围水平面积计算全面积；在主体结构外的阳台，应按其结构底板水平投影面积计算1/2面积。

22）有顶盖无围护结构的车棚、货棚、站台、加油站、收费站等，应按其顶盖水平投影面积的1/2计算建筑面积。车棚、货棚、站台如图3-12所示。

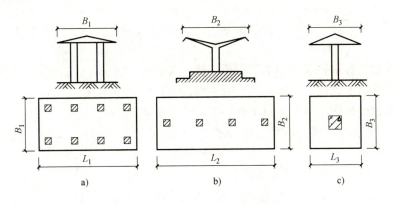

图3-12 车棚、货棚、站台示意图
a）双排柱　b）单排柱　c）独立柱

23）以幕墙作为围护结构的建筑物，应按幕墙外边线计算建筑面积。

24）建筑物的外墙外保温层，应按其保温材料的水平截面面积计算，并入自然层建筑面积，如图3-13所示。

25）与室内相通的变形缝，应按其自然层合并在建筑物面积内计算；对于高低联跨的建筑物，当高低跨内部连通时，其变形缝应计算在低跨面积内。

26）对于建筑物内的设备层、管道层、避难层等有结构层的楼层，结构层高在2.20m

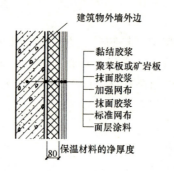

图 3-13 外侧有保温层的外墙示意图

及以上的,应计算全面积;结构层高在 2.20m 以下的,应计算 1/2 面积。

27)下列项目不应计算建筑面积:

① 与建筑物内不相连通的建筑部件。

② 骑楼、过街楼底层的开放空间和建筑物通道。骑楼、过街楼如图 3-14 所示。

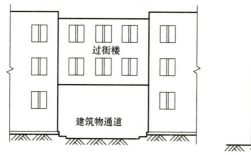 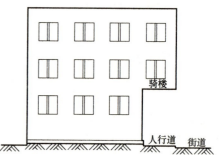

图 3-14 骑楼、过街楼示意图

③ 舞台及后台悬挂幕布、布景的天桥、挑台等。

④ 露台、露天游泳池、花架、屋顶的水箱及装饰性结构构件。

⑤ 建筑物内的操作平台、上料平台、安装箱和罐体的平台。

⑥ 勒脚、附墙柱、垛、台阶、墙面抹灰、装饰面、镶贴块料面层、装饰性幕墙、主体结构外的空调机搁板(箱)、构件、配件,挑出宽度在 2.10m 以下的无柱雨篷和顶盖高度达到或超过两个楼层的无柱雨篷,如图 3-15 所示。

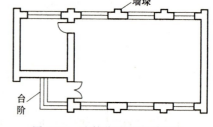

图 3-15 建筑物墙外不计算建筑面积范围示意图

⑦ 窗台与室内地面高差在 0.45m 以下且结构净高在 2.10m 以下的凸(飘)窗,窗台与室内地面高差在 0.45m 以上的凸(飘)窗。

⑧ 室外爬梯、室外专用消防钢楼梯。

⑨ 无围护结构的观光电梯。

⑩ 建筑物以外的地下人防通道,独立的烟囱、烟道、地沟、油(水)罐、气柜、水塔、贮油(水)池、贮仓、栈桥等构筑物。

3.4 计算实例

【例3-1】 某单层建筑的一层平面图如图3-16所示（门外无雨篷），试计算其建筑面积。

【解】 建筑面积 = [(5.7+2.7+0.245×2)×(6.00+0.245×2)-2.7×2.7]m²
= (57.696-7.29)m² = 50.41m²

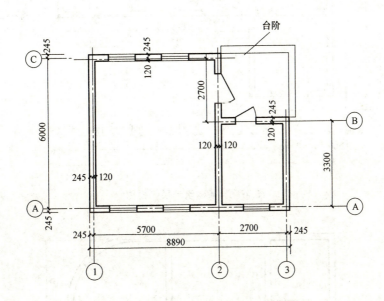

图 3-16 某单层建筑的一层平面图

【例3-2】 某二层框架民居土建工程预算总造价为276071.81元，建筑面积为263m²，求单方造价（即每平方米造价）。

【解】 $$单方造价 = \frac{工程总造价}{建筑面积} = \frac{276071.81元}{263m^2} = 1049.70元/m^2$$

【例3-3】 某商品房售价为6888元/m²，问一套140m²的住房其购房款是多少？

【解】 购房款 = (6888×140)元 = 964320元 = 96.43万元

习题与思考题

1. 建筑面积的含义是什么？举例说明建筑面积的应用。
2. 建筑中的哪些部分按1/2计算建筑面积？怎样计算？
3. 计算如图3-17所示建筑的建筑面积。
4. 某建筑一层平面图如图3-18所示，试计算其建筑面积。

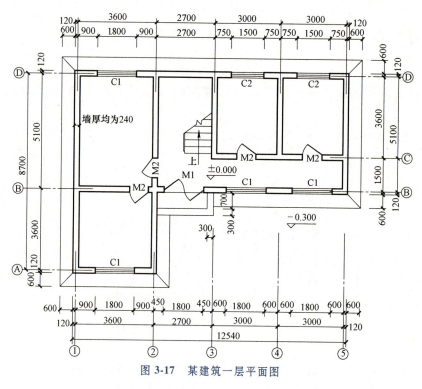

图 3-17　某建筑一层平面图

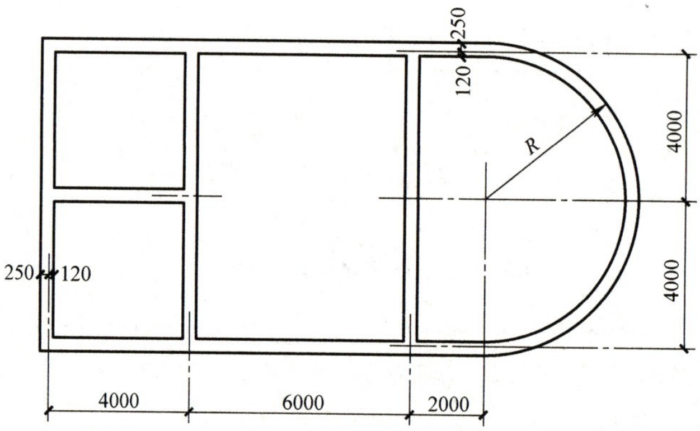

图 3-18　某建筑一层平面图

第4章
土方及基础工程计量与计价

> **教学要求：**
> - 熟悉《房屋建筑与装饰工程工程量计算规范》清单项目划分标准。
> - 熟悉工程量计算的清单规则和定额规则。
> - 掌握土方工程、桩基工程、砌体基础和混凝土基础工程量的计算方法。
> - 掌握常用分项工程综合单价的分析计算方法。

土方及基础工程的计量与计价是整个工程预算的重要组成部分。本章以 GB 50854—2013《房屋建筑与装饰工程工程量计算规范》（以下简称《国家计量规范》）、《全国统一建筑工程基础定额》（以下简称《基础定额》）、《全国统一建筑工程预算工程量计算规则（土建工程）》（以下简称《全统规则》）为依据，介绍土方及基础工程，包括平整场地、开挖沟槽土方、基坑土方、回填土、桩基础、砖基础、毛石基础、混凝土基础的计量与计价。

4.1 土方工程

4.1.1 项目划分及相关条件的确定

1. 清单分项

《国家计量规范》将土方工程常用项目分为平整场地、挖一般土方、挖沟槽土方、挖基坑土方、回填土、余方弃置6个子项目，见表4-1。

表4-1 土方工程清单项目及计算规则

项目编码	项目名称	项目特征	计量单位	工程量计算规则	工作内容
010101001	平整场地	1. 土壤类别 2. 弃土运距 3. 取土运距	m²	详见表4-7	1. 土方挖填 2. 场地找平 3. 运输
010101002	挖一般土方	1. 土壤类别 2. 挖土深度 3. 弃土运距	m³	详见表4-7	1. 排地表水 2. 土方开挖 3. 围护（挡土板）及拆除 4. 基底钎探 5. 运输
010101003	挖沟槽土方			详见表4-7	
010101004	挖基坑土方				
010103001	回填方	1. 密实度要求 2. 填方材料品种 3. 填方粒径要求 4. 填方来源运距	m³	详见表4-7	1. 运输 2. 回填 3. 夯实
010103002	余方弃置	1. 废弃料品种 2. 运距	m³	详见表4-7	余方点装料运输至弃置点

注：清单项目编码为12位，前9位由《国家计量规范》统一设置，后3位可以由编制人自行设置，自001起顺列。

2. 定额分项

《基础定额》将土方工程按开挖方式不同分为人工土方和机械土方两种,具体分项如下。

(1) 人工土方　包括：人工挖土方、淤泥、流砂,人工挖沟槽、基坑,人工挖孔桩,人工挖冻土,人工爆破挖冻土,回填土、打夯、平整场地,土方运输（人工运土方、人工运淤泥、单双轮车运土方）,支挡土板等子项目。

(2) 机械土方　包括：推土机推土方,铲运机铲运土方,挖掘机挖土方,挖掘机挖土,自卸汽车运土方,装载机装运土方,地基强夯,场地平整、碾压等子项目。

3. 清单项与定额项的组合关系

根据《国家计量规范》中"工作内容"的指引,土方常用分项工程的清单项与定额项的组合关系举例见表4-2。

表4-2　土方常用分项工程清单项与定额项的组合关系

清单分项			定额分项（即工作内容）		
序号	项目编码	项目名称	序号	项目编码	项目名称
1	010101001001	平整场地	1	见定额	平整场地
2	010101002001	挖土方	1	见定额	挖土方
			2	见定额	场地内土方运输
3	010101003001 010101004001	挖沟槽（基坑）土方	1	见定额	挖沟槽、基坑土方
			2	见定额	场内土方运输
			3	见定额	场外土方运输
4	010103001001	回填土（室内）	1	见定额	场内外土方运输
			2	见定额	地坪夯填
5	010103001002	回填土（基础）	1	见定额	场内外土方运输
			2	见定额	基础夯填
6	010103002001	余方弃置	1	见定额	场外余方运输

4. 计算前确定以下条件

(1) 土壤类别　土壤类别的划分需根据工程勘测资料和"土壤分类表"（表4-3）,与定额规定对照后予以确定。

表4-3　土壤分类表

土壤类别	土壤名称	开挖方式
一、二类土	粉土、砂土（粉砂、细砂、中砂、粗砂、砾砂）、粉质黏土、弱中盐渍土、软土（淤泥质土、泥炭、泥炭质土）、软塑红黏土、冲填土	用锹、少许用镐、条锄开挖。机械能全部直接铲挖满载者
三类土	黏土、碎石土（圆砾、角砾）、混合土、可塑红黏土、硬塑红黏土、强盐渍土、素填土、压实填土	主要用镐、条锄,少许用锹开挖。机械需部分刨松方能铲挖满载者或直接铲挖但不能满载者
四类土	碎石土（卵石、碎石、漂石、块石）、坚硬红黏土、超盐渍土、杂填土	全部用镐、条锄挖掘、少许用撬棍挖掘。机械须普遍刨松方能铲挖满载者

注：本表土的名称及其含义按国家标准GB 50021—2001《岩土工程勘察规范》（2009年版）定义。

(2) 干湿土划分　划分干土或湿土,是因为两者的单价不同。干湿土的划分应根据地质勘测资料来确认,含水率≤25%为干土,含水率>25%为湿土；或以地下常水位为准,常水位以上为干土,以下为湿土。例如,采用人工降低地下水位时,干湿土的划分仍以常水位为准。

（3）挖运土方式　需要在挖土之前确定是人工挖运土，还是人工挖土机械运土，或是机械挖运土，因为套用的定额是不同的。

（4）土方运距　需要确定现场是否有余土外运或借土回填，运土距离是多少。

（5）工作面、放坡或支挡土板　需要确定挖土时是否留工作面，工作面留多宽，边坡处理采用放坡还是支挡土板。基础工作面加宽值和放坡系数分别见表4-4、表4-5。

表4-4　基础工作面加宽C取值表

基础材料	每边各增加工作面宽度/mm
砖基础	200
浆砌毛石、条石基础	150
混凝土基础或垫层需要支模	300
基础垂直面做防水层	800（防水层面）

表4-5　放坡系数k取值表

土壤类别	放坡起点深/m	人工挖土或机械顺沟槽在坑上作业	机械挖土	
			在坑内作业	在坑上作业
一、二类土	1.20	0.50	0.33	0.75
三类土	1.50	0.33	0.25	0.67
四类土	2.00	0.25	0.10	0.33

（6）土方体积折算　土方体积应按挖掘前的天然密实体积计算。如需进行多种体积折算，可按表4-6中的折算系数进行换算。

表4-6　土方体积折算系数

天然密实度体积	虚方体积	夯实后体积	松填体积
0.77	1.00	0.67	0.83
1.00	1.30	0.87	1.08
1.15	1.50	1.00	1.25
0.92	1.20	0.80	1.00

（7）沟槽、基坑和一般土方的划分　其划分应符合下列规定：
1）凡底宽≤7m且底长>3倍底宽者为沟槽。
2）凡底长≤3倍底宽且底面积≤150m^{2}者为基坑。
3）凡超出沟槽、基坑规定以外范围者为挖一般土方。

4.1.2　工程量计算规则

为方便记忆和对比，将工程量计算的"清单规则"和"定额规则"列于表4-7中。

表4-7　工程量计算规则

序号	清单项目	清单规则	定额项目	定额规则
1	平整场地	按设计图示尺寸以建筑物首层建筑面积计算	平整场地	按建筑物外墙外边线每边各加2m以面积计算
2	挖一般土方	按设计图示尺寸以体积计算	挖一般土方	按设计图示尺寸以体积计算
3	挖沟槽土方	按设计图示尺寸以基础垫层底面积乘以挖土深度计算	挖沟槽土方	外墙按中心线长度，内墙按图示基槽底面净长线乘以沟槽开挖后的实际断面积以体积计算。计算放坡时，在交接处的重复工程量不予扣除
4	挖基坑土方		挖基坑土方	按设计图示尺寸并增加工作面及放坡工程量以体积计算

序号	清单项目	清单规则	定额项目	定额规则
5	回填方	按设计图示尺寸以体积计算 1. 场地回填:回填面积乘以平均回填厚度 2. 室内回填:主墙间净面积乘以回填厚度,不扣除间隔墙 3. 基础回填:挖方清单项目工程量减去自然地坪以下埋设的基础体积(包括基础垫层及其他构筑物)	回填土	按设计图示尺寸以体积计算 1. 场地回填:回填面积乘以平均回填厚度以体积计算 2. 室内回填:主墙间净面积乘以回填厚度 3. 基础回填:挖方体积减去设计室外地坪以下埋设的基础体积(包括基础垫层及其他构筑物)
6	余方弃置	按挖方清单项目工程量减利用回填方体积(正数)计算	—	—

4.1.3 平整场地的计算

平整场地是指建筑场地厚度在±30cm以内的就地挖填找平工作,超过±30cm的竖向布置挖土或山坡切土,按挖土方项目另行计算。

1. 工程量计算

(1) 计算规则 平整场地的清单量(即按《国家计量规范》规则计算的工程量),按设计图示尺寸以建筑物首层建筑面积计算。实际平整场地时的定额量(即按《基础定额》计算的工程量)按建筑物外墙外边线每边各加2m以面积计算。

(2) 计算方法

1) 当建筑物底面为规则的四边形时,如图4-1所示,其平整场地面积为

清单量: $S_{场} = S_d = LB$ (4-1)

定额量: $S_{场} =$(建筑物外墙外边线长边长度+4)×(建筑物外墙外边线宽边长度+4)

即

$$S_{场} = (L+4)(B+4) \quad (4-2)$$

式中 S_d——建筑物首层建筑面积(m²)。

2) 当建筑物底面为不规则的图形时,如图3-16所示,其平整场地面积为

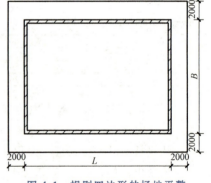

图4-1 规则四边形的场地平整

清单量: $S_{场} = S_d$

定额量: $S_{场} =$建筑物首层建筑面积+建筑物外墙外边线长度×2m+16m²

即

$$S_{场} = S_d + L_{外} \times 2m + 16m^2 \quad (4-3)$$

式中 $L_{外}$——建筑物外墙外边线长(m);

16——底面各边增加2m后,没有计算到的四个角的面积之和。

【例4-1】 某场地如图4-1所示,设$L=28m$,$B=18m$,试计算人工平整场地的清单量及定额量。

【解】 清单量: $S_{场} = S_d = LB = 28m \times 18m = 504m^2$

定额量: $S_{场} = (L+4m)(B+4m) = (28+4)m \times (18+4)m = 704m^2$

或

$$S_{场} = S_d + L_{外} \times 2\mathrm{m} + 16\mathrm{m}^2 = [504 + (28+28+18+18) \times 2 + 16]\mathrm{m}^2 = 704\mathrm{m}^2$$

【例 4-2】 某单层建筑的一层平面图如图 3-16 所示,试计算人工平整场地清单量及定额量。

【解】 清单量：$S_{场} = S_d = [(8.4+0.245\times2)\times(6.0+0.245\times2)-2.7\times2.7]\mathrm{m}^2 = 50.41\mathrm{m}^2$

定额量：
$$\begin{aligned} S_{场} &= S_d + L_{外} \times 2\mathrm{m} + 16\mathrm{m}^2 \\ &= [50.41 + (8.4+0.49+6.0+0.49) \times 2 + 16]\mathrm{m}^2 \\ &= 127.93\mathrm{m}^2 \end{aligned}$$

或

$$\begin{aligned} S_{场} &= (L+4)(B+4) \\ &= [(8.4+0.49+4)\times(6.0+0.49+4) - 2.7\times2.7]\mathrm{m}^2 \\ &= 127.93\mathrm{m}^2 \end{aligned}$$

2. 综合单价计算

1) 套用定额,确定人工、材料、机械消耗量。例如,查《基础定额》子项目 1-48,见表 4-8。

表 4-8 平整场地定额消耗量

定额编号			1-48
项目		单位	平整场地/100m²
人工	综合工日	工日	3.15
机械	电动打夯机	台班	—

2) 确定人工费、材料费和机械费单价。
3) 确定管理费和利润的计算办法。
4) 分析计算综合单价。

【例 4-3】 若【例 4-2】计算出的平整场地分项工程无须运土,工程约定人工工日单价为 75 元/工日,管理费费率取 33%,利润率取 20%。试计算该分项工程的综合单价。

【解】 从表 4-8 中查定额子项目 1-48 知,平整场地项目人工消耗量为 3.15 工日/100m²,则完成平整场地分项工程施工的人工费为

$$[(127.93\mathrm{m}^2/100\mathrm{m}^2) \times 3.15 \times 75]元 = 302.23元$$

完成平整场地分项工程施工的全部费用为

$$[302.23 + 302.23 \times (33\% + 20\%)]元 = 462.41元$$

综合单价为

$$(462.41/50.41)元/\mathrm{m}^2 = 9.17元/\mathrm{m}^2$$

4.1.4 挖基础土方的计算

挖基础土方包括为埋设带形基础⊖、独立基础、满堂基础（包括地下室基础）、设备基础而开挖的沟槽或基坑土方。

⊖ 带形基础：GB 50007—2011《建筑地基基础设计规范》中带形基础称为条形基础,本书依据 GB 50854—2013《房屋建筑与装饰工程工程量计算规范》还称其为带形基础。

1. 工程量计算方法

《国家计量规范》规定清单量按设计图示尺寸以基础垫层底面积乘以挖土深度计算，当无垫层时，以基础底面积乘以挖土深度计算。

《基础定额》规定定额量按开挖对象的不同分为挖沟槽、挖基坑及挖孔桩等分别计算。

（1）挖沟槽工程量计算　开挖对象为沟槽时，其工程量计算公式为

挖基础土方体积＝垫层底面积×挖土深度
　　　　　　　　＝沟槽计算长度×沟槽计算宽度×挖土深度
　　　　　　　　＝沟槽计算长度×沟槽断面面积

即

$$V_{挖}=L_{中}(或\ L_{槽})F_{槽} \tag{4-4}$$

式中　$L_{中}$——沟槽中心线长度；

$L_{槽}$——沟槽底面净长度。

1）沟槽计算长度：外墙沟槽及管道沟槽按图示中心线长度（$L_{中}$）计算；内墙沟槽按图示沟槽底面净长度（$L_{槽}$）计算。内外突出部分（如墙垛、附墙烟囱等）体积并入沟槽工程量内。

2）沟槽计算宽度：一般按垫层宽度计算，无垫层时，按基础底宽计算。

由于清单规则与定额规则在是否计取工作面上有差异，使得沟槽计算宽度有差异，因而内墙沟槽的净长度计算也有差异，其差异比较见表4-9。

表4-9　内墙沟槽长宽取值差异比较

比较项目	清单规则	定额规则
是否计取工作面	不计取	应计取
沟槽计算宽度	垫层宽度（或基础底宽）	垫层（或基底）宽度+两边工作面宽度
内墙沟槽的净长度	垫层净长（或基础净长）	基底净长（或基槽净长）

注：《基础定额》规定工作面可从基底或垫层边增加，但有些地方的规定只能从基础底边增加。

3）挖土深度：以自然地坪到沟槽底的垂直深度计算。当自然地坪标高不明确时，可采用室外设计地坪标高计算。当沟槽深度不同时，应分别计算；管道沟的深度按分段之间的平均自然地坪标高减去管底或基础底的平均标高计算。

在清单计量规则中，一般规定计算实体工程量，不考虑因采取施工安全措施而产生的增加工作面或放坡超出的土方开挖量。由于各地区、各施工企业采用的施工措施有差别，计算定额量时可按式（4-4）计算，但应注意以下几点：

① 沟槽宽度：一般按基底宽度加工作面宽度计算。当基础垫层为原槽浇筑时，沟槽挖土宽度为基底宽度加工作面宽度；当垫层需要支模时，应以垫层宽度加上两边的增加工作面宽度作为槽底的计算宽度。

② 在计算土方放坡工程量时，T形交接处产生的重复工程量不予扣除。例如，原槽做基础垫层时，放坡应自垫层上表面开始计算。

③ 放坡工程量和支挡土板工程量不得重复计算，凡放坡部分不得再计算挡土板工程量，支挡土板部分不得再计算放坡工程量。

4）垫层底面放坡的沟槽土方量计算，如图4-2所示。

① 清单量计算公式为

$$V_Q = LaH \tag{4-5}$$

式中 V_Q——挖沟槽土方清单量（m³）；
　　L——沟槽计算长度（m），外墙为中心线长（$L_{中}$），内墙为垫层净长（$L_{垫}$）；
　　a——垫层底宽（m）；
　　H——挖土深度（m）。

② 定额量计算公式为

$$V_d = L(a+2C+kH)H \tag{4-6}$$

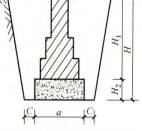

图 4-2 垫层底面放坡示意图

式中 V_d——挖沟槽土方定额量（m³）；
　　L——沟槽计算长度（m），外墙为中心线长（$L_{中}$），内墙为沟槽净长（$L_{槽}$）（m）；
　　a——基础或垫层底宽；
　　C——增加工作面宽度（m），设计有规定时按设计规定取，设计无规定时按表 4-4 的规定值取；
　　H——挖土深度（m）；
　　k——放坡系数，见表 4-5，不放坡时取 $k=0$。

【讨论】 内墙基底净长（$L_{基底}$）或内墙沟槽净长（$L_{槽}$）计算时与内墙定位轴线长（$L_{内中}$）和 T 形相交处的外墙基础底宽有扣减关系，如图 4-3 所示。

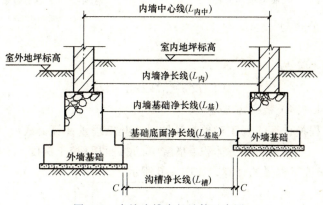

图 4-3 内墙沟槽净长计算示意图

例如：设 $L_{内中}$ 为 6m，一边外墙基底宽 1.0m，另一边外墙基底宽 0.8m，定位轴线居中，工作面宽 $C=0.3$m，则：

内墙基底净长　　　$L_{基底} = (6-1.0/2-0.8/2)\text{m} = 5.1\text{m}$。
内墙沟槽净长　　　$L_{槽} = (6-1.0/2-0.8/2-0.3\times2)\text{m} = 4.5\text{m}$。

5）由垫层上表面放坡的沟槽土方量计算，如图 4-4 所示。
① 清单量计算公式为

$$V_Q = L(a+2C)H \tag{4-7}$$

式中 V_Q——挖沟槽土方清单量（m³）；
　　L——沟槽计算长度（m），外墙为中心线长（$L_{中}$），内墙为垫层净长（$L_{垫}$）；
　　$(a+2C)$——垫层底宽（m）；其中，a 为基础底宽，C 根据基础材料的不同而定；
　　H——挖土深度（m）。

② 定额量计算公式为

$$V_d = L[(a+2C+kH_1)H_1 + (a+2C)H_2] \quad (4-8)$$

式中 V_d——挖沟槽土方定额量（m³）；

L——沟槽计算长度（m），外墙为中心线长（$L_中$），内墙为沟槽净长（$L_槽$）；

a——基础底宽（m）；

C——增加工作面宽度（m），设计有规定时按设计规定取，设计无规定时按表4-4的规定值取（由基础材料的不同而定）；

k——放坡系数，见表4-5，判断是否放坡时高度用 H；

H_1——自然地坪至垫层上表面的深度（m）；

H_2——垫层厚度（m）。

6）支挡土板的沟槽土方量计算，如图4-5所示。

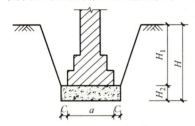

图4-4 垫层上表面放坡示意图

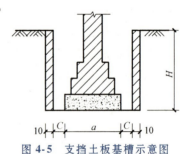

图4-5 支挡土板基槽示意图

① 清单量计算公式为

$$V_Q = LaH \quad (4-9)$$

② 定额量计算公式为

$$V_d = L(a+2C+2\times0.1)H \quad (4-10)$$

式中 2×0.1——两块挡土板所占宽度。

（2）挖基坑工程量计算 开挖对象为基坑时，其工程量计算公式可以表达为

挖基坑土方体积＝垫层（坑底）面积×挖土深度

1）方形坑挖基坑工程量的计算，如图4-6所示。

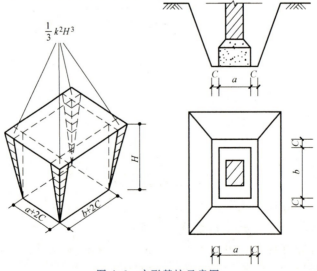

图4-6 方形基坑示意图

① 清单量计算公式为

$$V_Q = abH \tag{4-11}$$

式中 a——垫层或基础底面一边宽度（m）；
b——垫层或基础底面另一边宽度（m）；
H——挖土深度（m）。

② 定额量计算公式为

$$V_d = (a+2C+kH)(b+2C+kH)H + \frac{1}{3}k^2H^3 \tag{4-12}$$

式中 C——增加工作面宽度（m），设计有规定时按设计规定取值，无规定时按表 4-4 取值；
$\frac{1}{3}k^2H^3$——四角的角锥增加部分体积之和的余值（m³）；
k——放坡系数，见表 4-5，不放坡时，取 $k=0$。

2）圆形坑挖基坑工程量的计算，如图 4-7 所示。

① 清单量计算公式为

$$V_Q = \pi R^2 H \tag{4-13}$$

式中 R——坑底垫层或基底半径（m）；
π——圆周率，取 3.1416；
H——挖土深度（m）。

② 定额量计算公式为

$$V_d = \frac{1}{3}\pi(R_1^2 + R_2^2 + R_1 R_2)H \tag{4-14}$$

式中 R_1——坑底半径（m），$R_1 = R+C$；
R_2——坑口半径（m），$R_2 = R_1 + kH$；
C——增加工作面宽度（m），设计有规定时按设计规定取值，无规定时按表 4-4 值取；
k——放坡系数，见表 4-5，不放坡时，取 $k=0$。

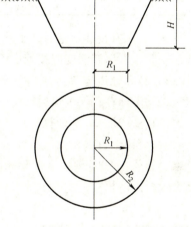

图 4-7 圆形基坑示意图

（3）挖孔桩工程量的计算 人工挖孔桩按设计桩截面面积乘挖孔深度以立方米计算（详见 4.2 节）。

（4）土方运输工程量的计算 挖土方清单项目工作内容中包含了场地内外必需的土方运输。沟槽、基坑挖出的土方是否需要在场地内外运输，应根据施工组织设计确定。如无具体规定，土方运输定额量可采用下列方式计算。

1）土方运输体积计算公式为

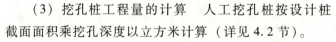

土方运输体积＝挖土体积-回填土体积×1.15 (4-15)

式中 1.15——土方体积折算系数（表 4-6），即 1m³ 夯实后土方需要运输 1.15m³ 堆放土方，而堆放土方体积等于挖方体积，均为天然密实度体积。

2）取土运输体积（是指挖土体积少于回填土体积，回填土不够用，需要场外借土）计算公式为

取土运输体积＝回填土体积×1.15-挖土体积 (4-16)

3) 土方运输应按施工组织设计规定的运输距离及运输方式计算。

4) 人工取已松动的土壤时,只计算取土的运输工程量;取未松动的土壤时,除计算运输工程量外,还需计算挖土方工程量。

(5) 挖管沟土方工程量的计算 管沟土方清单量按设计图示尺寸以管道中心线长度计算,定额量应按挖沟槽的方法计算。

1) 管道沟槽宽度按设计规定计算,如无设计规定,按 $B = D_0 + 2C$ 计算,管道沟一侧的工作面宽度 C 可按表 4-10 所示计取。

表 4-10 管道沟一侧的工作面宽度取值

管道的外径 D_0	管道沟一侧的工作面宽度 C/mm		
	接口类型	混凝土类管道	金属类管道、化学建材管道
$D_0 \leqslant 50$mm	刚性接口	40	30
	柔性接口	30	
50mm$< D_0 \leqslant$100mm	刚性接口	50	40
	柔性接口	40	
100mm$< D_0 \leqslant$150mm	刚性接口	60	50
	柔性接口	50	
150mm$< D_0 \leqslant$300mm	刚性接口	80	70
	柔性接口	60	

2) 管沟有设计规定时,平均深度以管沟垫层底面标高至设计施工现场标高计算;无设计规定时,直埋管深度应按管底面标高至设计施工现场标高的平均高度计算。

3) 计算管道沟槽土方工程量时,各种检查井和排水管道接口等处,因加宽而增加的工程量,均不计算;但敷设铸铁给水管道时其接口等处的土方工程量,应按铸铁管道沟槽全部土方工程量增加 2.5% 计算。

4) 管沟土方项目工作内容包含回填土,回填土工程量以挖方工程量减去管径所占体积计算。管径在 500mm 以下的不扣除管径所占体积,管径在 500mm 以上的按表 4-11 所示扣除管径所占体积。

表 4-11 扣除管径所占体积折算表 (单位:m³)

管道材料	管道直径/mm					
	501~600	601~800	801~1000	1001~1200	1201~1400	1401~1600
钢管	0.21	0.44	0.71	—	—	—
铸铁管	0.24	0.49	0.77	—	—	—
混凝土管	0.33	0.60	0.92	1.15	1.35	1.55

(6) 土方回填工程量的计算 回填土工程量按设计图示尺寸以体积计算。

1) 场地回填土体积的计算公式为

$$场地回填土体积 = 回填面积 \times 平均回填厚度 \qquad (4-17)$$

2) 基础回填土体积的计算公式为

$$基础回填土体积 = 挖基础土方体积 - 室外设计地坪以下埋入物体积 \qquad (4-18)$$

3) 室内回填土体积的计算公式为

$$室内回填土体积 = 室内主墙间净面积 \times 回填土厚度 \qquad (4-19)$$

其中,

$$回填土厚度 = 室内外设计标高差 - 垫层与面层厚度之和 \qquad (4-20)$$

2. 计算实例

【例 4-4】 某基础平面及剖面如图 4-8 所示，其中轴线②上内墙基础剖面如图 4-8c 所示，其余外墙基础剖面如图 4-8b 所示。施工方案为：人工开挖三类土，内墙沟槽周边不能堆土，采用双轮车在场地内运 100m，余土采用人装自卸汽车外运 6km。试编制挖基础土方、基础回填土、室内回填土（地坪总厚为 120mm）三个分项工程的工程量清单，并计算综合单价及分部分项工程费。

【解】（1）挖沟槽土方工程量的计算

1）挖基础土方清单量计算公式采用式（4-5），即

$$V_{挖} = LaH$$

其中，挖土深度 $H = 2.0\text{m} - 0.3\text{m} = 1.7\text{m}$，混凝土基础底面宽度 $a = 0.8\text{m}$，沟槽长度 L 的计算如下：

a. 外墙取中心线长度。从图 4-8 中可以看出，由于墙厚为 365mm，外墙轴线都不在图形中心线上，所以应对外墙中心线进行调中处理。偏心距为

$$\delta = (365 \div 2 - 120)\text{mm} = 62.5\text{mm} = 0.0625\text{m}$$

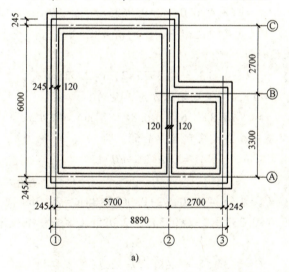

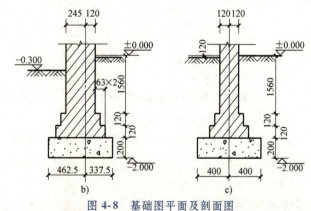

图 4-8 基础图平面及剖面图
a) 平面图 b) 外墙墙体剖面图 c) 内墙墙体剖面图

则Ⓐ轴线（①~③）

$$L_{中} = (8.4+0.0625\times 2)\text{m} = 8.525\text{m}$$

Ⓑ轴线（②~③）

$$L_{中} = (2.7+0.0625)\text{m} = 2.7625\text{m}$$

Ⓒ轴线（①~②）

$$L_{中} = (5.7+0.0625)\text{m} = 5.7625\text{m}$$

①轴线（Ⓐ~Ⓒ）

$$L_{中} = (6.0+0.0625\times 2)\text{m} = 6.125\text{m}$$

②轴线（Ⓑ~Ⓒ）

$$L_{中} = (2.7+0.0625)\text{m} = 2.7625\text{m}$$

③轴线（Ⓐ~Ⓑ）上外墙，有

$$L_{中} = (3.3+0.0625)\text{m} = 3.3625\text{m}$$

总长度为

$$L_{中} = (8.525+2.7625+5.7625+6.125+2.7625+3.3625)\text{m} = 29.3\text{m}$$

外墙中心线长也可以这样更快捷地计算，即

$$L_{中} = [(8.4+6.0)\times 2+0.0625\times 8]\text{m} = 29.3\text{m}$$

式中，8 为偏心距的个数。只要是四边形平面，均有 $4\times 2=8$。

b. 内墙取基底净长线计算，则

$$L_{基底} = (3.3-0.3375\times 2)\text{m} = 2.625\text{m}$$

将以上数据代入式（4-5），得挖基础土方清单量为

$$V_{挖} = [(29.3+2.625)\times 0.8\times 1.7]\text{m}^3 = 43.42\text{m}^3$$

2）挖基础土方定额量计算公式采用式（4-6），即

$$V_d = L(a+2C+kH)H$$

其中，

$$L_{中} = [(8.4+6.0)\times 2+0.0625\times 8]\text{m} = 29.3\text{m}$$

$$L_{槽} = (3.3-0.3375\times 2-2\times 0.3)\text{m} = 2.025\text{m}（按基槽净长计算）$$

$$a = 0.8\text{m}$$

$$C = 0.3\text{m}（取自混凝土基础边，查表4-4）$$

$$k = 0.33（查表4-5）$$

$$H = 2.0\text{m}-0.3\text{m} = 1.7\text{m}$$

代入式（4-6），计算得

$$V_d = L(a+2C+kH)H$$
$$= [(29.3+2.025)\times (0.8+2\times 0.3+0.33\times 1.7)\times 1.7]\text{m}^3$$
$$= (31.33\times 1.961\times 1.7)\text{m}^3 = 104.44\text{m}^3$$

其中，外墙基槽挖土 $V_d = [29.3\times (0.8+2\times 0.3+0.33\times 1.7)\times 1.7]\text{m}^3 = 97.68\text{m}^3$，在外墙基槽边堆放；内墙基槽挖土 $V_d = [2.025\times (0.8+2\times 0.3+0.33\times 1.7)\times 1.7]\text{m}^3 = 6.75\text{m}^3$，需要运到距离基槽边100m 的空地上堆放。

（2）室外地坪以下埋入物工程量计算

1）200mm 厚混凝土基础（应按实体积计算）体积为

$$混凝土基础体积 = (外墙中心线长 + 内墙基础净长) \times 基础断面面积$$

其中,外墙中心线长为
$$L_{中} = 29.3\text{m}$$

内墙基础净长为
$$L_{基底} = (3.3 - 0.3375 \times 2)\text{m} = 2.625\text{m}$$

基础断面面积为
$$F = (0.8 \times 0.2)\text{m}^2 = 0.16\text{m}^2$$

代入公式,计算得
$$V_{埋1} = [(29.3 + 2.625) \times 0.16]\text{m}^3 = 5.11\text{m}^3$$

2) 砖基础(算至室外地坪)
$$砖基础埋入体积 = 外墙中心线长 \times 外墙砖基础断面面积 +$$
$$内墙砖基础基顶净长 \times 内墙砖基础断面面积$$

其中,外墙中心线长为
$$L_{中} = 29.3\text{m}$$

外墙砖基础断面面积为
$$F_{外} = [(1.7 - 0.2) \times 0.365 + 0.12 \times 3 \times 0.063 \times 2]\text{m}^2 = 0.59\text{m}^2$$

砖基础基顶净长为
$$L_{基顶} = (3.3 - 0.12 \times 2)\text{m} = 3.06\text{m}$$

内墙砖基础断面面积为
$$F_{内} = [(1.7 - 0.2) \times 0.24 + 0.12 \times 3 \times 0.063 \times 2]\text{m}^2 = 0.41\text{m}^2$$

代入公式,计算得
$$V_{埋2} = (29.3 \times 0.59 + 3.06 \times 0.41)\text{m}^3 = 18.54\text{m}^3$$

(3) 回填土工程量计算

1) 基础回填土工程量按式(4-18)计算,即
$$V_{填1} = 挖基础土方工程量 - 室外设计地坪以下埋入物体积$$

清单量:
$$V_{填清1} = (43.42 - 5.11 - 18.54)\text{m}^3 = 19.77\text{m}^3$$

定额量:
$$V_{填定1} = (104.44 - 5.11 - 18.54)\text{m}^3 = 80.79\text{m}^3$$

【比较】 计算出的基础回填土定额量80.79m³为压实方,折算为天然密实体积需要$(80.79 \times 1.15)\text{m}^3 = 92.91\text{m}^3$,外墙基槽边堆放97.68m³土,基础回填后剩余$(97.68 - 92.91)\text{m}^3 = 4.77\text{m}^3$土仍然堆放在沟槽边,可用于室内回填。

2) 室内回填土工程量代入式(4-19)计算(清单量与定额量相等),即
$$V_{填2} = 室内主墙间净面积 \times 回填土厚度$$

其中,
$$净面积: S = [(5.7 - 0.12 - 12) \times (6.0 - 0.12 \times 2) +$$
$$(2.7 - 0.12 - 0.12) \times (3.3 - 0.12 \times 2)]\text{m}^2$$
$$= 38.98\text{m}^2$$

或者:
$$室内主墙间净面积 = 外墙所围面积 - 外墙所占面积$$
$$= (50.41 - 29.3 \times 0.365 - 3.06 \times 0.24)\text{m}^2 = 38.98\text{m}^2$$

由图4-8b中基础剖面图可以看出,室内外高差为0.30m,假设地面面层及垫层总厚度

为0.12m，所以回填土厚度为

$$h = 0.3\text{m} - 0.12\text{m} = 0.18\text{m}$$

代入公式计算可得室内回填土工程量为

$$V_{填2} = 38.98\text{m}^2 \times 0.18\text{m} = 7.02\text{m}^3$$

【比较】 室内回填土需要 $(7.02 \times 1.15)\text{m}^3 = 8.07\text{m}^3$，可先用外墙基槽边剩余的 4.77m^3 土，不够的 $(8.07-4.77)\text{m}^3 = 3.3\text{m}^3$ 从场内距基槽边100m处运回来，在组价时应予以考虑。

（4）土方运输工程量计算

土方运输工程量可用挖土定额量与填土定额量比较，若前者大于后者，则有余土需要外运，反之为借土运输。余土外运体积采用式（4-15）计算，则有

$$V_{运} = V_d - (V_{填定1} + V_{填2}) \times 1.15 = [104.44 - (80.79 + 7.02) \times 1.15]\text{m}^3 = 3.45\text{m}^3$$

【比较】 场内100m处堆放土方 6.75m^3，室内回填时运回 3.3m^3，则原地还余土方 $(6.75-3.3)\text{m}^3 = 3.45\text{m}^3$ 作为余土外运。至此，全部土方计算是平衡的。

（5）工程量清单编制 分部分项工程量清单见表4-12。

表4-12 分部分项工程量清单

序号	项目编码	项目名称	项目特征	计量单位	工程数量
1	010101003001	挖沟槽土方	1. 土壤类别：三类土 2. 挖土深度：1.7m 3. 弃土运距：6km	m³	43.42
2	010103001001	回填方（基础）	1. 填方材料品种：三类土 2. 填方来源、运距：场内双轮车运100m	m³	19.77
3	010103001002	回填方（室内）		m³	7.02

（6）综合单价的计算

1) 选用定额消耗量。本例查用《基础定额》中相关项目定额消耗量，见表4-13。

表4-13 《基础定额》土方分部相关定额消耗量节录

定额编号		1-8	1-46	1-53	1-54	1-72	1-73
项目		人工挖沟槽 三类土 深2m以内	回填土 夯填	双轮车运土方 运距 50m以内	每增加50m	人工装车自卸汽车运土方 运距 1km内	每增1km
计量单位		100m³				1000m³	
名称	单位	消耗量					
综合人工	工日	53.730	29.400	16.440	2.640	165.590	0
材料：水	m³					12.000	
夯实机（电动）	台班	0.180	7.980				
履带式推土机	台班					2.575	
自卸汽车（综合）	台班					14.771	3.518
洒水车（3000L）	台班					0.600	

注：表中人工挖沟槽定额按三类土编制，如实际为一、二类土时人工定额乘系数0.6，为四类土时人工定额乘系数1.45。

2) 人工、材料、机械单价确定。在市场经济条件下，由于人工、材料、机械单价总是处于变动之中，因而要有"价变量不变"的概念。

注：教学中教师应及时补充当地现行的人工、材料、机械单价，教会学生依据"定额

消耗量"和当地现行的人工、材料、机械单价组价形成单位估价表。

本例中的人工、材料、机械单价取值见表4-14。

表4-14 某地人工、材料、机械单价取值

名称	单位	单价	名称	单位	单价
综合人工	元/工日	70.00	履带式推土机(75kW)	元/台班	849.82
水	元/m³	5.60	自卸汽车(综合)	元/台班	484.37
夯实机(电动)	元/台班	28.81	洒水车(3000L)	元/台班	442.95

3) 单位估价表的计算见表4-15。

表4-15 单位估价表

定额编号		1-8	1-46	1-53	1-54	1-72	1-73
项目		人工挖沟槽	回填土	双轮车运土方		人工装车自卸汽车运土方	
		三类土	夯填	运距		运距	
		深2m以内		50m以内	每增50m	1km内	每增1km
		100m³				1000m³	
基价/元		3766.29	2287.90	1150.80	184.80	21267.19	
其中	人工费/元	3761.10	2058.00	1150.80	184.80	11591.30	
	材料费/元					67.20	
	机械费/元	5.19	229.90			9608.69	1704.01

4) 综合单价的计算见表4-16。

表4-16 工程量清单综合单价分析表

序号	项目编码	项目名称	计量单位	工程量	定额编号	定额名称	定额单位	数量	单价/元			合价/元				综合单价/元
									人工费	材料费	机械费	人工费	材料费	机械费	管理费和利润	
1	010101003001	挖沟槽土方	m³	43.4	1-8	人工挖沟槽(三类土)	100m³	0.02405	3761.10		5.19	90.45		0.12	47.95	144.06
					1-53	双轮车运土方50m	100m³	0.00155	1150.80			1.78			0.95	
					1-54	双轮车运土增50m	100m³	0.00155	184.80			0.29			0.15	
					1-72	人装自卸汽车运土方1km	1000m³	0.00008	11591.30	67.20	9608.69	0.93	0.01	0.77	0.52	
					1-73×5	人装自卸汽车运土方增5km	1000m³	0.00008			1704.01			0.14	0.01	
						小计						93.45	0.005	1.03	49.57	
2	010103001001	回填方(基础)	m³	19.7	1-46	回填土	100m³	0.0409	2058		229.9	84.17		9.40	45.01	138.59
						小计						84.17		9.40	45.01	

（续）

序号	项目编码	项目名称	计量单位	工程量	定额编号	定额名称	定额单位	数量	单价/元 人工费	单价/元 材料费	单价/元 机械费	合价/元 人工费	合价/元 材料费	合价/元 机械费	管理费和利润	综合单价/元
3	010103001002	回填方（室内）	m³	7.02	1-46	回填土	100 m³	0.0100	2058		229.9	20.58		2.30	11.00	43.69
					1-53	双轮车运土方 50m	100 m³	0.0047	1150.80			5.52		2.93		
					1-54	双轮车运土增加 50m	100 m³	0.0047	184.80			0.89		0.47		
							小计					26.99	2.30	14.40		

注：1. 表中数量是相对量：数量=（定额量/定额单位扩大倍数）/清单量。
  2. 人工挖沟槽的相对量=（104.44/100）/43.42=0.0241。为保证计算精度，小数点后保留 3 位有效数字。
  3. 双轮车运土工程量是指内墙基槽挖出的定额量：[2.025×（0.8+2×0.3+0.33×1.7）×1.7]m³=6.75m³，相对量=（6.75/100）/43.42=0.00155。
  4. 人装汽车运土相对量=（3.45/1000）/43.42=0.0000806。
  5. 基础回填相对量=（80.79/100）/19.77=0.0409。
  6. 基础回填双轮车运土工程量为 0，因为基槽边堆放的土足够基础回填。
  7. 室内回填相对量=（7.02/100）/7.02=0.010。
  8. 室内回填双轮车运土工程量为 3.3m³，相对量=（3.3/100）/7.02=0.0047。
  9. 管理费费率取 33%；利润率取 20%。

（7）分部分项工程费的计算　分部分项工程量清单计价表见表 4-17。

表 4-17　分部分项工程量清单计价表

序号	项目编码	项目名称	项目特征描述	计量单位	工程量	综合单价	合价	其中 人工费	其中 机械费	暂估价
1	010101003001	挖沟槽土方	1. 土壤类别：三类土 2. 挖土深度：1.7m 3. 弃土运距：6km	m³	43.42	144.06	6255.09	4057.60	44.72	—
2	010103001001	回填方（基础）	1. 填方材料品种：三类土 2. 填方来源、运距：场内双轮车运 100m	m³	19.69	138.59	2728.84	1657.31	185.09	—
3	010103001002	回填方（室内）		m³	7.02	43.69	306.70	189.47	16.15	—

【例 4-5】　某基槽深 3.6m，其中一、二类土的深度为 1.7m，三类土为 1.9m，试确定该土方工程的放坡起点深度和放坡系数 k。

【解】　根据《基础定额》规定：沟槽土壤类别不同时，分别按其放坡起点深度和放坡系数，依不同土层厚度加权平均计算。

查表 4-5 可知：一、二类土放坡起点为 1.2m，放坡系数为 0.5；三类土放坡起点为 1.5m，放坡系数为 0.33；则平均放坡起点深度为

$$H = [(1.2 \times 1.7 + 1.5 \times 1.9) \div 3.6] = 1.36 \text{m}$$

平均放坡系数为

$$k = [(0.5 \times 1.7 + 0.33 \times 1.9) \div 3.6] = 0.41$$

由于挖深 3.6m 大于平均放坡起点深度 1.36m，所以该土方工程应该放坡。

【例 4-6】　若已知【例 4-5】中的基槽计算长度为 36.48m，混凝土垫层（施工要求支模）底宽为 2.4m，试求人工挖土方定额量。

【解】 由已知条件：$L=36.48\text{m}$，$a=2.4\text{m}$，C 取 300mm，$k=0.41$（由【例 4-5】计算得到），$H=3.6\text{m}$，代入式（4-6），得

$$V_\text{d}=[36.48\times(2.4+2\times0.3+0.41\times3.6)\times3.6]\text{m}^3=587.82\text{m}^3$$

【例 4-7】 某工程做钢筋混凝土独立基础 36 个，形状如图 4-6 所示。已知挖土深度为 1.8m，三类土，基底混凝土垫层（要求支模浇灌）底面积为 2.8m×2.4m，试求人工挖基坑土方定额量。

【解】 人工挖基坑土方定额量计算公式采用式（4-12），即

$$V_\text{d}=(a+2C+kH)(b+2C+kH)H+\frac{1}{3}k^2H^3$$

由已知条件：挖土深度 $H=1.8\text{m}>1.5\text{m}$（三类土），式（4-12）适用。

将已知条件 $a=2.8\text{m}$，$b=2.4\text{m}$，$C=0.3\text{m}$，$k=0.33$，$H=1.8\text{m}$ 代入公式得（单个体积）

$$\begin{aligned}V_\text{d}&=[(2.8+2\times0.3+0.33\times1.8)\times(2.4+2\times0.3+0.33\times1.8)\times\\&\quad1.8+\frac{1}{3}\times(0.33)^2\times(1.8)^3]\text{m}^3\\&=(3.994\times3.594\times1.8)\text{m}^3=26.05\text{m}^3\end{aligned}$$

人工挖基坑土方定额量为

$$V=36V_\text{d}=36\times26.05\text{m}^3=937.79\text{m}^3$$

【例 4-8】 某省人工挖槽坑的单位估价表见表 4-18，试计算【例 4-7】挖基坑的综合单价，不考虑场内外运土。

表 4-18 某省人工挖槽坑的单位估价表

工作内容：挖土、装土、把土抛于坑槽边自然堆放　　　　　　　　　　　　　计量单位：100m³

定额编号				01010004	01010005	01010006
项目名称				人工挖沟槽、基坑		
				（三类土）深度（m 以内）		
				2	4	6
基价/元				3076.40	3373.63	3698.46
人工费/元				3076.40	3373.63	3698.46
材料费/元						
机械费/元						
名称		单位	单价/元	数量		
人工	综合人工	工日	63.88	48.159	52.812	57.897

注：表中人工挖槽坑定额按三类土编制，实际为一、二类土时人工定额乘系数 0.6，为四类土时人工定额乘系数 1.45。

【解】 从【例 4-7】得知场地为三类土，人工挖基坑土方定额量为 937.79m³。混凝土垫层底面积为 2.8m×2.4m，挖土深度为 1.8m，挖基坑土方清单量按式（4-11）计算，得

$$V_\text{Q}=(2.8\times2.4\times1.8\times36)\text{m}^3=435.46\text{m}^3$$

由于本例套价内容单一，综合单价可以不用表格计算，改按列式计算方式计算。

依据表 4-18 中定额 01010004 计算，得

人工费：(937.79/100×3076.40)元 = 28850.17元

材料费、机械费为 0 元。

依据第 2 章表 2-25，表 2-26 规定，管理费费率取 33%，利润率取 20%。

管理费和利润：28850.17元×(33%+20%)=15290.59元

综合单价：(28850.17+15290.59)元/435.46m³=101.37元/m³

【例4-9】 某水厂制作钢筋混凝土圆形储水罐5个，外径为3.6m，埋深为2.1m，土壤为三类土，罐体外壁要求做垂直防水层，试求挖基坑土方清单量、人工挖基坑土方定额量，并依据表4-18计算综合单价。

【解】 1) 清单量计算。计算公式采用式 (4-13)，即

$$V_Q = \pi R^2 H$$

式中，各变量取值为 $R=3.6\text{m} \div 2 = 1.8\text{m}$，$\pi = 3.1416$，$H = 2.1\text{m}$，则（单个体积）：

$$V_Q = (3.1416 \times 1.8^2 \times 2.1)\text{m}^3 = 21.37\text{m}^3$$

挖基础土方清单量为

$$21.37\text{m}^3 \times 5 = 106.85\text{m}^3$$

2) 定额量计算。罐体外壁要求做垂直防水层，查表4-4，则工作面宽 C 应取800mm，坑底面积为

$$S = [(3.6 \div 2 + 0.8)^2 \times 3.1416]\text{m}^2 = 21.23\text{m}^2 < 150\text{m}^2$$

套定额时仍应套人工挖基坑定额。

圆形坑土方定额量计算公式采用式 (4-14)，即

$$V_d = \frac{1}{3}\pi(R_1^2 + R_2^2 + R_1 R_2)H$$

式中各变量取值为

$$R_1 = R + C = (1.8 + 0.8)\text{m} = 2.6\text{m}$$
$$R_2 = R_1 + kH = 2.6\text{m} + 0.33 \times 2.1\text{m} = 3.293\text{m}$$

代入公式，得（单个体积）

$$V_d = [\frac{1}{3} \times 3.1416 \times (2.6^2 + 3.293^2 + 2.6 \times 3.293) \times 2.1]\text{m}^3$$
$$= 57.54\text{m}^3$$

人工挖基坑土方定额量为

$$57.54\text{m}^3 \times 5 = 287.71\text{m}^3$$

3) 综合单价计算。

人工费：(287.71/100×3373.63)元=9706.27元

管理费和利润：9706.27元×(33%+20%)=5144.32元

综合单价：(9706.27+5144.32)元/106.85m³=138.99元/m³

【例4-10】 在【例4-4】中，如果已知地下常水位在-1.3m处，其他条件不变，试分别求干湿土定额量并计算挖沟槽的综合单价。

【解】 1) 干湿土定额量计算。分别求基槽干湿土定额量，计算长度相同，关键问题在于分别求干湿土的计算断面面积。应先求总的断面面积，再求湿土断面面积，而以总的断面面积减去湿土断面面积得到干土断面面积。

由【例4-4】可知：$L_中 = 29.3\text{m}$，$L_槽 = 2.025\text{m}$，基底宽为0.8m，工作面取0.3m，挖土总体积为 $V_挖 = 104.44\text{m}^3$。在本例中总挖土深度为1.7m，则湿土高度为

$$H_{湿} = 2.0m - 1.3m = 0.7m$$

代入式 (4-4),得湿土定额量为

$$V_{湿} = [(29.3+2.025) \times (0.8+2 \times 0.3+0.33 \times 0.7) \times 0.7] m^3 = 35.76 m^3$$

而干土定额量为

$$V_{干} = V_{挖} - V_{湿} = (104.44-35.76) m^3 = 68.68 m^3$$

2) 综合单价计算。与表 4-16 计算不同,干湿土应分别套价,且湿土套干土定额时,人工费应乘以系数 1.18。计算过程见表 4-19。

表 4-19 工程量清单综合单价分析表

序号	项目编码	项目名称	计量单位	工程量	定额编号	定额名称	定额单位	数量	单价/元 人工费	单价/元 材料费	单价/元 机械费	合价/元 人工费	合价/元 材料费	合价/元 机械费	管理费和利润	综合单价/元
1	010101003001	挖沟槽土方	m³	43.4	1-8	人工挖沟槽(三类土)	100m³	0.01582	3761.10		5.19	59.50		0.08	31.54	152.65
					1-8湿	人工挖沟槽(三类土)	100m³	0.00824	4438.10		5.19	36.57		0.04	19.38	
					1-53	双轮车运土方 50m	100m³	0.00155	1150.80			1.78			0.95	
					1-54	双轮车运土增 50m	100m³	0.00155	184.80			0.29			0.15	
					1-72	人装自卸汽车运土方 1km	1000m³	0.00008	11591.30	67.20	9608.69	0.93	0.01	0.77	0.52	
					1-73×5	人装自卸汽车运土方增 5km	1000m³	0.00008			1704.01			0.14	0.01	
						小计						99.07	0.0054	1.03	52.55	

注: 1. 人工挖干土的相对量 = (68.68/100)/43.42 = 0.01582。
2. 人工挖湿土的相对量 = (35.76/100)/43.42 = 0.00824。
3. 双轮车运土工程量是指内墙基槽挖出的定额量[2.025×(0.8+2×0.3+0.33×1.7)×1.7] m³ = 6.75m³,相对量 = (6.75/100)/43.42 = 0.00155。
4. 人装汽车运土相对量 = (3.5/1000)/43.42 = 0.0000806。
5. 管理费费率取 33%;利润率取 20%。

【例 4-11】 某工程基础如图 4-9 所示,土壤类别为二类土,地坪总厚度为 120mm,施工要求混凝土垫层为原槽浇灌,垫层厚 100mm。试求场地平整、人工开挖基槽和室内回填土的定额量。

【解】 1) 场地平整。代入式 (4-1) 得

$$S_{场} = [(9+9+0.24 \times 2+2 \times 2) \times (12+0.24 \times 2+2 \times 2)] m^2 = 370.47 m^2$$

2) 人工挖基槽。场地为二类土,放坡起点深度为 1.2m,挖土深度为

$$H = (1.6+0.1-0.45) m = 1.25m > 1.2m$$

因此,应放坡,且 $k=0.5$。由于混凝土垫层为原槽浇灌,放坡应从垫层上表面开始,则放坡的高度为

$$H_1 = (1.25-0.1) m = 1.15m$$

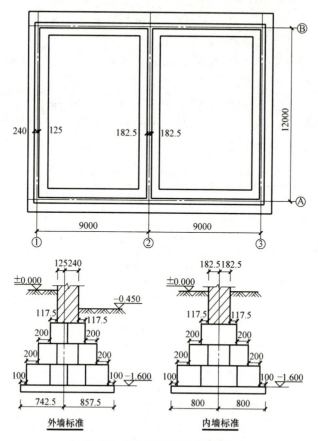

图 4-9 基础平面图与断面图

垫层厚度 $H_2=0.1\mathrm{m}$，工作面自毛石基础底边，取 $C=150\mathrm{mm}$，毛石基础底宽为

$$a_1=(0.8-0.1)\mathrm{m}\times 2=1.4\mathrm{m}$$

垫层（原槽浇灌）底宽为

$$a_2=a_1+2C=(1.4+0.15\times 2)\mathrm{m}=1.7\mathrm{m}$$

该题应按式（4-8）计算，即

$$V_\mathrm{d}=L[(a_1+2C+kH_1)H_1+a_2H_2]$$

式中，计算长度（L）应为外墙取中心线长度，由于墙厚为 365mm，外墙轴线不居中，应进行调中后再计算外墙中心线长度。偏中距为

$$\delta=(365/2-125)\mathrm{mm}=57.5\mathrm{mm}$$

$$L_\mathrm{中}=[(9+9+12)\times 2+0.0575\times 8]\mathrm{m}=60.46\mathrm{m}$$

内墙用沟槽净长线，为

$$L_\mathrm{槽}=[12-(0.7425-0.1+0.15)\times 2]\mathrm{m}=10.415\mathrm{m}$$

代入式（4-8），得

$$V_\mathrm{d}=(60.46+10.415)\times[(1.4+2\times 0.15+0.5\times 1.15)\times 1.15+1.7\times 0.1]\mathrm{m}^3$$
$$=197.48\mathrm{m}^3$$

3）室内回填土。室内主墙间净面积为

$$S=[(12-0.125\times 2)\times(9-0.125-0.1825)\times 2]\mathrm{m}^2=204.27\mathrm{m}^2$$

回填土厚广为
$$h = (0.45 - 0.12)\text{m} = 0.33\text{m}$$
回填土体积为
$$V_{填} = (204.27 \times 0.33)\text{m}^3 = 67.41\text{m}^3$$

4.2 桩基工程

4.2.1 基本问题

1. 桩基的种类

桩基础是基础的一种类型，它主要由桩身和桩承台构成。桩的种类一般有预制钢筋混凝土桩（包括方桩和管桩）、现场灌注混凝土桩、爆扩桩、H型钢桩、钢管桩、钢板桩和木桩等。限于教材篇幅，本书仅介绍混凝土桩的内容。

2. 相关概念

（1）接桩　钢筋混凝土预制桩若过长，对桩的起吊运输等都将带来很多不便。所以当桩的设计要求很长时，一般都是分段预制。打桩时先把前一段打至地下，再采取某种技术措施，把第二段与第一段连接牢固后继续向下打入土中，这种连接的过程称为接桩。接桩的方式一般有焊接法、粘接法和法兰连接法。

（2）送桩　打桩中要求将桩顶面打到低于桩架操作平台，或者设计要求将桩顶面打入自然地面以下时，打桩机的桩锤就不能直接触击到桩头，必须借助工具桩（一般长2~3m，用硬木或金属制成），将其接到桩顶上以传递桩锤的力量，将桩打到规定位置，这个借助工具桩完成打桩的过程就称为送桩。

（3）复打桩　复打桩发生在灌注混凝土桩用钢管压桩尖成孔的施工中，为增加灌注单桩的承载能力，采用扩大灌注单桩截面的方法，即在第一次灌注的混凝土初凝前，在同一桩位将第二个桩尖再次压入，并二次灌注混凝土，二次（或三次）灌注混凝土的桩称为复打桩。

3. 清单分项

《国家计量规范》将桩基工程分为11项，具体分项见表4-20、表4-21。

表4-20　打桩清单项目及计算规则

项目编码	项目名称	项目特征	计量单位	工程量计算规则	工作内容
010301001	预制钢筋混凝土方桩	1. 地层情况 2. 送桩深度、桩长 3. 桩截面 4. 桩倾斜度 5. 沉桩方式 6. 接桩方式 7. 混凝土强度等级	1. m 2. m³ 3. 根	1. 以m计量，按设计图示尺寸以桩长（包括桩尖）计算 2. 以m³计量，按设计图示截面面积乘以桩长（包括桩尖）以实体积计算 3. 以根计量，按设计图示数量计算	1. 工作平台搭拆 2. 桩机竖拆、移位 3. 沉桩 4. 接桩 5. 送桩
010301002	预制钢筋混凝土管桩	1. 地层情况 2. 送桩深度、桩长 3. 桩外径、壁厚 4. 桩倾斜度 5. 沉桩方式 6. 桩尖类型 7. 混凝土强度等级 8. 填充材料种类 9. 防护材料种类			1. 工作平台搭拆 2. 桩机竖拆、移位 3. 沉桩 4. 接桩 5. 送桩 6. 桩尖制作安装 7. 填充材料、刷防护材料

(续)

项目编码	项目名称	项目特征	计量单位	工程量计算规则	工作内容
010301003	钢管桩	1. 地层情况 2. 送桩深度、桩长 3. 材质 4. 管径、壁厚 5. 桩倾斜度 6. 沉桩方式 7. 填充材料种类 8. 防护材料种类	1. t 2. 根	1. 以 t 计量,按设计图示尺寸以质量计算 2. 以根计量,按设计图示数量计算	1. 工作平台搭拆 2. 桩机竖拆、移位 3. 沉桩 4. 接桩 5. 送桩 6. 切割钢管、精割盖帽 7. 管内取土 8. 填充材料、刷防护材料
010301004	截(凿)桩头	1. 桩类型 2. 桩头截面、高度 3. 混凝土强度等级 4. 有无钢筋	1. m^3 2. 根	1. 以 m^3 计量,按设计桩截面乘以桩头长度以体积计算 2. 以根计量,按设计图示数量计算	1. 截(切割)桩头 2. 凿平 3. 废料外运

表 4-21 灌注桩清单项目及计算规则

项目编码	项目名称	项目特征	计量单位	工程量计算规则	工作内容
010302001	泥浆护壁成孔灌注桩	1. 地层情况 2. 空桩长度、桩长 3. 桩径 4. 成孔方法 5. 护筒类型、长度 6. 混凝土种类、强度等级	1. m 2. m^3 3. 根	1. 以 m 计量,按设计图示尺寸以桩长(包括桩尖)计算 2. 以 m^3 计量,按不同截面在桩上范围内以体积计算 3. 以根计量,按设计图示数量计算	1. 护筒埋设 2. 成孔、固壁 3. 混凝土制作、运输、灌注、养护 4. 土方、废泥浆外运 5. 打桩场地硬化及泥浆池、泥浆沟
010302002	沉管灌注桩	1. 地层情况 2. 空桩长度、桩长 3. 复打长度 4. 桩径 5. 沉管方式 6. 桩尖类型 7. 混凝土种类、强度等级			1. 打(沉)拔钢管 2. 桩尖制作、安装 3. 混凝土制作、运输、灌注、养护
010302003	干作业成孔灌注桩	1. 地层情况 2. 空桩长度、桩长 3. 桩径 4. 扩孔直径、高度 5. 成孔方式 6. 混凝土种类、强度等级			1. 成孔、扩孔 2. 混凝土制作、运输、灌注、振捣、养护
010302004	挖孔桩土(石)方	1. 地层情况 2. 挖孔深度 3. 弃土(石)运距	m^3	按设计图示尺寸(含护壁)截面面积乘以挖孔深度以 m^3 计算	1. 排地表水 2. 挖土、凿石 3. 基底钎探 4. 运输
010302005	人工挖孔灌注桩	1. 桩芯长度 2. 桩芯直径、扩底直径、扩底高度 3. 护壁厚度、高度 4. 护壁混凝土种类、强度等级 5. 桩芯混凝土种类、强度等级	1. m^3 2. 根	1. 以 m^3 计量,按桩芯混凝土体积计算 2. 以根计量,按设计图示数量计算	1. 护壁制作 2. 混凝土制作、运输、灌注、振捣、养护

(续)

项目编码	项目名称	项目特征	计量单位	工程量计算规则	工作内容
010302006	钻孔压浆桩	1. 地层情况 2. 空钻长度、桩长 3. 钻孔直径 4. 水泥强度等级	1. m 2. 根	1. 以 m 计量,按设计图示尺寸以桩长计算 2. 以根计量,按设计图示数量计算	钻孔、下注浆管、投放骨料、浆液制作、运输、压浆
010302007	灌注桩后压浆	1. 注浆导管材料、规格 2. 注浆导管长度 3. 单孔注浆量 4. 水泥强度等级	孔	按设计图示以注浆孔数计算	1. 注浆导管制作、安装 2. 浆液制作、运输、压浆

4. 定额分项

《基础定额》将常用混凝土桩基础项目划分为:柴油打桩机打预制钢筋混凝土桩、预制钢筋混凝土桩接桩、液压静力压桩机压预制钢筋混凝土桩、打拔钢板桩、打孔灌注混凝土桩、长螺旋钻孔灌注混凝土桩、潜水钻机钻孔灌注混凝土桩、泥浆运输等子项目。另外,在混凝土分部还有桩的制作、运输等子项目。

由此看来,桩基工程的清单分项与定额分项,包括其中的工作内容都有较大差异,读者在学习时要特别留心。

5. 土壤级别

计算桩基的土壤按级别划分,这与桩入土的难易程度有关,其土质鉴别见表4-22。

表 4-22 土质鉴别表

内容		土壤级别	
		一级土	二级土
夹砂层	砂层连续厚度	≤1m	>1m
物理性能	卵石含量	—	>15%
	压缩系数	>0.02	≤0.02
	孔隙比	>0.7	≤0.7
力学性能	静力触探值	≤50	>50
	动力触探击数	≤12	>12

4.2.2 预制钢筋混凝土桩的计算

1. 计算规则

(1) 清单规则　预制钢筋混凝土桩清单量计算有三种方法,见表 4-20。

1) 以 m 计量,按设计图示尺寸以桩长(包括桩尖)计算。

2) 以 m^3 计量,按设计图示截面面积乘以桩长(包括桩尖)以实体积计算。

3) 以根计量,按设计图示数量计算。

(2)《基础定额》规则　《基础定额》规定,在定额列项中,预制钢筋混凝土桩应列出制作(不含钢筋制作安装)、运输、打桩、接桩、送桩 5 个项目,为方便记忆,可简述为"制、运、打、接、送"。其计算均按 m^3 或 m^2 计算,而不是按 m、根计算。

1) 制桩、运桩、打桩的定额量,按设计桩长(包括桩尖,不扣除桩尖虚体积)乘以桩截面面积以 m^3 计算。管桩的空心体积应扣除,当管桩的空心部分按设计要求灌注混凝土或其他填充材料时,应另行计算。

2）电焊接桩按设计接头数以个计算；硫黄胶泥接桩按桩断面面积以 m^2 计算。

3）送桩按桩截面面积乘以送桩长度（即打桩架底至桩顶面高度或自桩顶面至自然地坪面另加 0.5m）以 m^3 计算。

4）打拔钢板桩按钢板桩质量以 t 计算。

（3）某省《消耗量定额》规则　某省在新编《消耗量定额》中，将打、压、送预制方桩以 m 为计量单位编制定额，所以打、压预制方桩的定额工程量应按设计桩长（包括桩尖，不扣除桩尖虚体积）以 m 计算。送桩长度以桩顶面至自然地坪面另加 0.5m 以 m 计算。电焊接桩、硫磺胶泥接桩、法兰接桩按设计接头数以个计算。

2. 计算方法

相对而言，预制钢筋混凝土桩的清单量计算十分简单，而计算"制、运、打"等项目的定额量时，应同时考虑构件制作、运输及打桩的损耗率，见表 4-23。

表 4-23　各类钢筋混凝土预制构件损耗率表

构件名称	制作废品率(%)	运输损耗率(%)	安装(打桩)损耗率(%)	总计(%)
预制钢筋混凝土桩	0.10	0.40	1.50	2.00
其他各类预制钢筋混凝土构件	0.20	0.80	0.50	1.50

预制钢筋混凝土桩定额量的计算思路是：先按设计图示尺寸计算出图示工程量，结合损耗率因素，再计算出其他工程量。其计算公式分述如下。

1）图示工程量的计算公式为

$$V_{图} = 设计桩长 \times 桩截面面积 \times 桩的根数$$

即

$$V_{图} = LFn \tag{4-21}$$

2）制桩工程量的计算公式为

$$\begin{aligned} V_{制} &= (1+总损耗率)V_{图} \\ &= (1+0.1\%+0.4\%+1.5\%)V_{图} \\ &= (1+2\%)V_{图} \\ &= 1.02V_{图} \end{aligned} \tag{4-22}$$

3）运输工程量的计算公式为

$$\begin{aligned} V_{运} &= (1+0.4\%+1.5\%)V_{图} \\ &= (1+1.9\%)V_{图} \\ &= 1.019V_{图} \end{aligned} \tag{4-23}$$

4）打桩工程量的计算公式为

$$V_{打} = V_{图} \tag{4-24}$$

5）接桩工程量按个数和 m^2 计算。

6）送桩工程量的计算公式为

$$\begin{aligned} V_{送} &= 送桩长度 \times 桩截面面积 \times 桩的根数 \\ &= L_{送} Fn \end{aligned} \tag{4-25}$$

7）预制桩钢筋制作安装工程量的计算公式为

$$G = 1.02 G_{图} \tag{4-26}$$

3. 计算实例

【例 4-12】　图 4-10 所示为预制钢筋混凝土桩现浇承台基础，试计算桩基的制作、运输、打桩、送桩的工程量（共 30 个）。

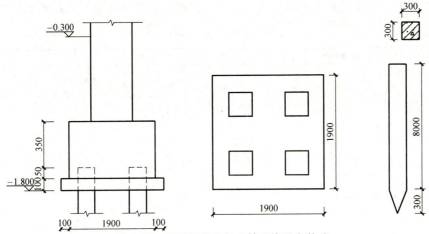

图 4-10 预制钢筋混凝土桩现浇承台基础

【解】 1) 清单量计算。本例按长度以 m 计算,工程量为

$$L = (8.0+0.3)\text{m} \times 4(根) \times 30(个) = 996\text{m}$$

2) 定额量计算。图示工程量为

$$V_{图} = 996\text{m} \times 0.3\text{m} \times 0.3\text{m} = 89.64\text{m}^3$$

制桩工程量为

$$V_{制} = 1.02 V_{图} = 1.02 \times 89.64\text{m}^3 = 91.43\text{m}^3$$

运输工程量为

$$V_{运} = 1.019 V_{图} = 1.019 \times 89.64\text{m}^3 = 91.34\text{m}^3$$

打桩工程量为

$$V_{打} = V_{图} = 89.64\text{m}^3$$

送桩工程量为

$$V_{送} = [(1.8-0.3-0.15+0.5) \times 0.3 \times 0.3 \times 4 \times 30]\text{m}^3 = 19.98\text{m}^3$$

【例 4-13】 利用【例 4-12】数据,参照第 2 章计价办法,试编制预制钢筋混凝土方桩分项的工程量清单,并计算综合单价(元/m)。

【解】 从表 4-20 所示的工作内容中可以看出,一个预制钢筋混凝土方桩清单项应包括定额列出的"制、运、打、送"的全部工作内容,即综合单价应体现完成预制钢筋混凝土方桩分项施工过程("制、运、打、送")的全部费用。

(1) 编制工程量清单 根据表 4-20 项目特征描述及工作内容的要求,结合设计图并考虑一般施工做法列出工程量清单,见表 4-24。

表 4-24 分部分项工程量清单

序号	项目编码	项目名称	项目特征	计量单位	工程数量
1	010301001001	预制钢筋混凝土方桩	1. 地层情况:一级土 2. 送桩深度、桩长:1.85m、单桩长 8.3m 3. 桩截面:300mm×300mm 4. 桩倾斜度:90° 5. 沉桩方式:轨道式柴油打桩机打桩 6. 接桩方式:无 7. 混凝土强度等级:C20 预制混凝土、40mm 碎石、P.S42.5 8. 运桩距离:5km	m	996

注:P.S42.5 表示 42.5 级矿渣硅酸盐水泥,下同。

（2）选择计价依据　查《基础定额》相关定额子项目的消耗量，见表4-25。

表4-25　相关定额消耗量节录　　　　　　　　计量单位：10m³

定额编号		单位	2-1 柴油桩机打桩 10m以内 一级土	5-434 预制混凝土方桩	6-15 2类构件 运距（km以内） 5
人工	综合人工	工日	11.41	13.30	3.16
材料	麻袋	条	2.50	—	—
	草袋子	条	4.50	—	—
	二等板枋材	m³	0.02	0.01	—
	金属周转材料摊销	kg	2.19	—	—
	预制混凝土C20、碎石40、P.S42.5	m³	—	10.15	—
	草席	m²	—	2.76	—
	水	m³	—	10.18	—
	木材（综合）	m³	—	—	0.01
	镀锌铁丝8#	kg	—	—	3.14
	加固钢丝绳	kg	—	—	0.32
机械	轨道式柴油打桩机（2.5t）	台班	0.88	—	—
	履带式起重机（5t）	台班	0.88	—	—
	塔式起重机（60kN/m以内）	台班	—	0.25	—
	混凝土搅拌机（400L）	台班	—	0.25	—
	混凝土振捣器（插入式）	台班	—	0.50	—
	带式运输机（30m×0.5m）	台班	—	0.25	—
	机动翻斗车（1t）	台班	—	0.63	—
	汽车式起重机（5t）	台班	—	—	0.79
	载货汽车（8t）	台班	—	—	1.19

（3）人工、材料、机械单价确定　本例中的人工、材料、机械单价取值见表4-26。

表4-26　人工、材料、机械单价取值

名称	单位	单价	名称	单位	单价
麻袋	元/条	4.80	轨道式柴油打桩机（2.5t）	元/台班	887.20
草袋子	元/条	3.76	履带式起重机（5t）	元/台班	149.50
二等板枋材	元/m³	1200.00	塔式起重机（60kN/m以内）	元/台班	442.30
金属周转材料摊销	元/kg	2.41	混凝土搅拌机（400L）	元/台班	125.70
预制混凝土C20、碎石40、P.S42.5	元/m³	248.8	混凝土振捣器（插入式）	元/台班	7.89
草席	元/m²	2.10	皮带运输机（30m×0.5m）	元/台班	180.60
水	元/m³	4.00	机动翻斗车（1t）	元/台班	92.10
木材（综合）	元/m³	960.00	汽车式起重机（5t）	元/台班	360.50
镀锌铁丝8#	元/kg	6.28	载货汽车（8t）	元/台班	379.40
加固钢丝绳	元/kg	9.18	综合人工	元/工日	70.00

（4）单位估价表组价计算　见表4-27。

表4-27　相关项目重新计算的单位估价表　　　　　　　　计量单位：10m³

定额编号		单位	2-1 柴油桩机打桩 10m以内 一级土	5-434 预制混凝土方桩	6-15 2类构件 运距（km以内） 5
基价		元	1769.20	3763.96	989.74
其中	人工费	元	798.70	931.00	221.20
	材料费	元	58.20	2583.84	32.26
	机械费	元	912.30	249.12	736.28

(5) 综合单价分析　见表 4-28。

表 4-28　工程量清单综合单价分析表

序号	项目编码	项目名称	计量单位	工程量	清单综合单价组成明细									综合单价/元
					定额编号	定额名称	定额单位	数量	单价/元			合价/元			
									人工费	材料费	机械费	人工费	材料费	机械费	管理费和利润	
1	010301001001	预制钢筋混凝土方桩	m	996	2-1	柴油打桩机打桩	10m³	0.0090	798.70	58.20	912.30	7.19	0.52	8.21	4.79	66.75
					2-1送	柴油打桩机送桩	10m³	0.00201	998.38	58.20	1140.38	2.01	0.12	2.29	1.34	
					5-434	预制混凝土方桩	10m³	0.00918	931.00	2583.84	249.12	8.55	23.72	2.29	1.17	
					6-15	预制桩运输 5km	10m³	0.00917	221.20	32.26	736.28	2.03	0.30	6.75	1.05	
					小计							19.77	24.66	19.54	8.35	

注：1. 表中数量是相对量：数量=(定额量/定额单位扩大倍数)/清单量，为保证计算精度，小数点后保留有效位数 3 位。例如，打桩的相对量：(89.64/10)/996=0.0090。
2. 送桩的相对量：(19.98/10)/996=0.00201。
3. 制桩的相对量：(91.43/10)/996=0.00918。
4. 运桩的相对量：(91.34/10)/996=0.00917。
5. 管理费率取 33%，利润率取 20%。
6. 送桩的人工、机械单价等于打桩的人工、机械单价乘以 1.25。

(6) 分部分项工程费计算　见表 4-29。

表 4-29　分部分项工程量清单计价表

序号	项目编码	项目名称	项目特征描述	计量单位	工程量	金额/元				
						综合单价	合价	其中		
								人工费	机械费	暂估价
1	010301001001	预制钢筋混凝土方桩	见表 4-24	m	996	75.28	74978.88	19690.95	11261.38	

【例 4-14】　某省新编预制方桩的单位估价表见表 4-30~表 4-33，试利用【例 4-12】图示条件及表 4-24 所示工程量清单计算预制方桩的综合单价（元/m）。

表 4-30　某省新编预制方桩的单位估价表（一）　　　　　　　计量单位：100m

定额编号				01030001	01030002	01030003
项目名称				打钢筋混凝土方桩		
				300mm×300mm 以内		
				L≤12m	L≤28m	L≤45m
基价/元				1841.39	1427.89	2016.87
人工费/元				499.48	363.73	336.39
材料费/元				17.10	17.10	17.10
机械费/元				1324.81	1047.06	1663.38
	名称		单位	单价/元	数量		
材料	钢筋混凝土方桩		m	—	(101.5)	(101.5)	(101.5)
	桩帽		kg	4.41	0.660	0.660	0.660
	垫木		m³	1250.00	0.008	0.008	0.008
	白棕绳		kg	18.00	0.045	0.045	0.045
	草纸		kg	2.50	1.350	1.350	1.350

(续)

	名称	单位	单价/元	数量		
机械	履带式起重机(15t)	台班	625.07	0.833	0.616	0.580
	轨道式柴油打桩机(2.5t)	台班	965.34	0.833	—	—
	履带式柴油打桩机(冲击质量5t)	台班	1074.71	—	0.616	—
	履带式柴油打桩机(冲击质量7t)	台班	2242.83	—	—	0.480

表 4-31 某省新编预制方桩的单位估价表（二） 计量单位：100m

	定额编号			01030004	01030005	01030006
	项目名称			打钢筋混凝土方桩		
				400mm×400mm 以内		
				$L\leqslant 12m$	$L\leqslant 28m$	$L\leqslant 45m$
	基价/元			1961.95	1534.33	2270.26
	人工费/元			554.54	433.36	384.62
	材料费/元			30.11	30.11	30.11
	机械费/元			1377.30	1070.86	1855.53
	名称	单位	单价/元	数量		
材料	钢筋混凝土方桩	m	—	(101.5)	(101.5)	(101.5)
	桩帽	kg	4.41	1.173	1.173	1.173
	垫木	m³	1250.00	0.014	0.014	0.014
	白棕绳	kg	18.00	0.080	0.080	0.080
	草纸	kg	2.50	2.400	2.400	2.400
机械	履带式起重机(15t)	台班	625.07	0.866	0.630	0.647
	轨道式柴油打桩机(2.5t)	台班	965.34	0.866	—	—
	履带式柴油打桩机(冲击质量5t)	台班	1074.71	—	0.630	—
	履带式柴油打桩机(冲击质量7t)	台班	2242.83	—	—	0.647

表 4-32 某省新编预制方桩的单位估价表（三） 计量单位：见表

	定额编号			01030028	01030029	01030030
	项目名称			硫磺胶泥接桩	焊接桩	法兰接桩
				10 个	个	
	基价/元			686.63	110.94	82.64
	人工费/元			221.28	6.77	5.62
	材料费/元				18.95	25.95
	机械费/元			465.35	85.22	51.07
	名称	单位	单价/元	数量		
材料	硫磺胶泥	kg	—	(195.870)		
	螺栓(综合)	kg	—			(3.744)
	型钢(综合)	t	—		(0.026)	
	建筑石油沥青	kg	5.20			4.043
	低合金实芯焊丝(ϕ12mm)	kg	5.12		2.831	0.736
	二氧化碳	kg	2.10		2.123	0.522
机械	履带式柴油打桩机(冲击质量5t)	台班	1074.71	0.433	0.031	—
	轨道式柴油打桩机(4t)	台班	1450.24		0.031	—
	二氧化碳气体保护焊机(YM-350KR)	台班	112.07	—	0.062	0.025
	轨道式柴油打桩机(2.5t)	台班	965.34	—	—	0.050

表 4-33 某省新编预制方桩的单位估价表（四）　　　　计量单位：100m

定额编号			01030031	01030032	01030033
项目名称			送方桩		
			300mm×300mm	400mm×400mm	500mm×500mm
基价/元			1860.80	2400.53	4514.25
人工费/元			400.08	477.38	706.26
材料费/元			9.24	16.00	25.23
机械费/元			1451.48	1907.15	3782.76
	名称	单位	单价/元	数量	
材料	送桩帽	kg	—	(6.952)	(12.358)	(19.310)
	垫木	m³	1250.00	0.003	0.005	0.008
	白棕绳	kg	18.00	0.045	0.080	0.125
	钢丝绳（综合）	kg	8.80	0.020	0.035	0.055
	草纸	kg	2.50	1.800	3.200	5.000
机械	履带式起重机（15t）	台班	625.07	1.044	1.122	1.319
	履带式柴油打桩机（冲击质量2.5t）	台班	765.24	1.044	—	—
	履带式柴油打桩机（冲击质量5t）	台班	1074.71	—	1.122	—
	履带式柴油打桩机（冲击质量7t）	台班	2242.83	—	—	1.319

【解】1）清单量计算。

预制方桩清单量：(8.0+0.3)m×4(根)×30(个)=996m

预制方桩打桩定额量：(8.0+0.3)m×4(根)×30(个)=996m

预制方桩送桩定额量：1.85×4(根)×30(个)=222m

2）综合单价计算。查表4-30、表4-33知：预制钢筋混凝土方桩、送桩帽在定额中表现为未计价材，组价时需要询价获得当地这两种材料的市场价。假设已知预制钢筋混凝土方桩单价为123元/m、送桩帽单价为4.41元/kg。套用定额01030001和01030031，采用列式计算法计算预制方桩综合单价，得

人工费：[(996/100)/996×499.48+(222/100)/996×400.08]元/m=5.89元/m

材料费：[0.01×(17.10+123×101.5)+(222/100)/996×(9.24+4.41×6.952)]元/m=125.10元/m

机械费：[0.01×1324.81+(222/100)/996×1451.48]元/m=16.48元/m

管理费和利润：[(5.89+16.48×8%)×(33%+20%)]元/m=3.82元/m

预制方桩综合单价：(9.00+125.10+16.48+3.82)元/m=154.40元/m

【例4-15】某工程预制方桩设计桩长32m，80根，分四段预制，桩截面规格为400mm×400mm，桩顶标高为-1.3m，招标工程量清单编制见表4-34。假设在当地咨询获得以下未计价材的价格信息：钢筋混凝土方桩价格为132元/m；型钢（综合）价格为5320元/t；送桩帽价格为4.41元/kg。试套用表4-31~表4-33所示单位估价表计算该预制方桩的综合单价。

【解】本例方桩的清单工程量为：32m×80=2560m

打桩定额工程量为：32m×80=2560m

接桩定额工程量为：(3×80)个=240个

送桩定额工程量为：(1.3+0.5)m×80=1.8m×80=144m

综合单价计算过程见表4-35。

表 4-34 分部分项工程量清单

序号	项目编码	项目名称	项目特征	计量单位	工程数量
1	010301001001	预制钢筋混凝土方桩	1. 地层情况：二级土 2. 送桩深度、桩长：1.8m，单桩长 8m 3. 桩截面：400mm×400mm 4. 桩倾斜度：90° 5. 沉桩方式：柴油打桩机打桩 6. 接桩方式：电焊	m	2560

表 4-35 工程量清单综合单价分析表

序号	项目编码	项目名称	计量单位	工程量	清单综合单价组成明细									综合单价/元
					定额编号	定额名称	定额单位	数量	单价/元			合价/元		
									人工费	材料费	机械费	人工费	材料费	机械费	管理费和利润	
1	010301001001	预制钢筋混凝土方桩	m	2560	01030004	打桩	100m	0.01000	554.54	13428.11	1377.30	5.55	134.28	13.77	3.52	182.73
					01030029	接桩	个	0.09375	6.77	157.27	85.22	0.63	14.74	7.99	0.68	
					01030032	送桩	100m	0.00056	477.38	70.50	1907.15	0.27	0.04	1.07	0.19	
					小计							6.45	149.06	22.83	4.39	

注：1. 打桩套用定额 01030004，其中增加未计价材后的材料费为：（30.11+101.5×132）元/100m＝13428.11 元/100m。
2. 接桩套用定额 01030029，其中增加未计价材后的材料费为：（18.95+0.026×5320）元/100m＝157.27 元/100m。
3. 送桩套用定额 01030032，其中增加未计价材后的材料费为：（16.00+12.358×4.41）元/100m＝70.50 元/100m。
4. 打桩相对量为（2560/100）/2560＝0.01000。
5. 接桩相对量为 240/2560＝0.09375。
6. 送桩相对量为（144/100）/2560＝0.00056。

4.2.3 灌注混凝土桩的计算

1. 计算规则

（1）清单规则 混凝土灌注桩清单量计算有三种方法，见表 4-21。

1）以 m 计量，按设计图示尺寸以桩长（包括桩尖）计算。

2）以 m^3 计量，按不同截面在桩上范围内以体积计算。

3）以根计量，按设计图示数量计算。

（2）《基础定额》规则 《基础定额》对定额量的计算规则按成孔方式不同而有所不同，具体为：

1）混凝土桩、砂桩、碎石桩的体积，按设计规定的桩长（包括桩尖，不扣除桩尖虚体积）乘以钢管管箍外径截面面积以 m^3 计算。

2）扩大桩的体积按单桩体积乘以根数计算。

3）打孔后先埋入预制混凝土桩尖，再灌注混凝土者，桩尖按钢筋混凝土章节规定计算体积，灌注按设计桩长（自桩尖顶面至桩顶面高度）乘以钢管管箍外径截面面积以 m^3 计算。

4）钻孔灌注桩，按设计长度（包括桩尖，不扣除桩尖虚体积）增加 0.25m 乘以桩的设计断面面积以 m^3 计算。

(3)《消耗量定额》规则 某省在新编《消耗量定额》中规定：在桩位上先预埋预制混凝土桩尖，再打孔灌注混凝土单打、复打灌注工程量，按设计桩长减去桩尖长度再加 0.5m，乘以设计桩径断面面积以 m^3 计算。复打桩每复打一次，增计预制桩尖一个。预制桩尖另行计算。

2. 计算方法

（1）挖孔桩工程量 挖孔桩的桩身如图 4-11 所示，由圆柱体、圆台、球冠三部分构成。

挖孔桩定额量（含挖孔、混凝土护壁及混凝土桩芯）按实际体积分段计算较合理，其计算公式为

$$V_1 = \pi r^2 h_1 \tag{4-27}$$

$$V_2 = \frac{1}{3}\pi h_2 (r^2 + Rr + R^2) \tag{4-28}$$

$$V_3 = \frac{h_3}{6}\pi \left[\frac{3}{4}(2R)^2 + h_3^2\right] \tag{4-29}$$

$$V_{桩} = V_1 + V_2 + V_3 \tag{4-30}$$

式中 V_1——圆柱体部分体积（m^3）；
V_2——圆台部分体积（m^3）；
V_3——球冠部分体积（m^3）；
π——圆周率，取 3.1416；
r——圆柱部分半径（m）；
h_1——圆柱部分高度（m）；
R——圆台扩大部分半径（m）；
h_2——圆台部分高度（m）；
h_3——球冠部分高度（m）。

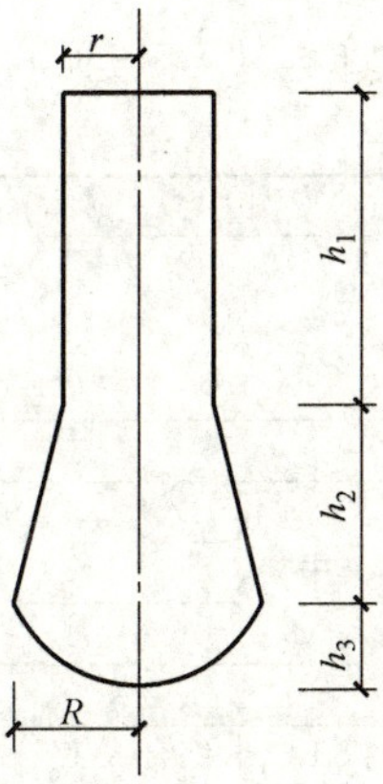

（2）现场打孔灌注桩工程量 包括单桩体积、桩尖工程量，其计算公式如下：

图 4-11 挖孔桩

1）单桩体积的计算公式为

$$V = LF \tag{4-31}$$

式中 V——单桩体积（m^3）；
L——设计桩长（m）；
F——设计桩径断面或钢管管箍外径截面面积（m^2）。

2）灌注桩桩尖如图 4-12 所示。桩尖可按式（4-32）以实体积计算，即

$$V_{尖} = \pi r^2 h_1 + \frac{1}{3}\pi R^2 h_2 = 1.0472(3r^2 h_1 + R^2 h_2) \tag{4-32}$$

式中 $V_{尖}$——单个桩尖体积（m^3）；
π——圆周率，取 3.1416；
r——圆柱部分半径（m）；
h_1——圆柱部分高度（m）；
R——圆锥部分半径（m）；

h_2——圆锥部分高度（m）。

【例 4-16】 某工程人工挖孔灌注混凝土桩如图 4-11 所示，假定各部分设计尺寸分别为：$r=0.8\text{m}$，$R=1.2\text{m}$，$h_1=9.0\text{m}$，$h_2=3.0\text{m}$，$h_3=0.9\text{m}$，共 24 根桩，C20 现浇混凝土灌注护壁与桩芯，试计算该分项工程的综合单价。

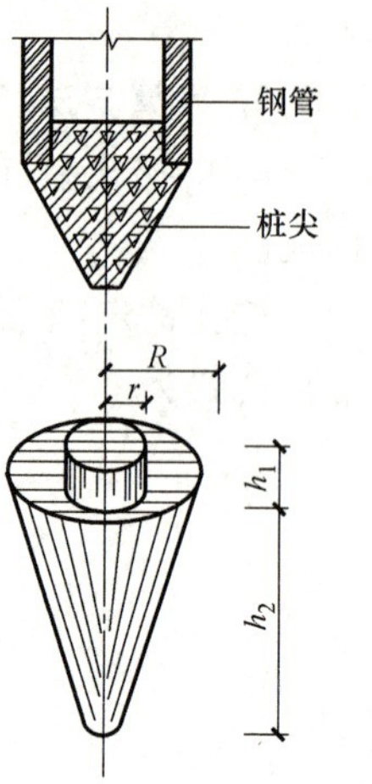

图 4-12　灌注桩桩尖

【解】 1）工程量计算。

清单量按长度计算，为

$$L=(9+3+0.9)\text{m}\times 24=309.6\text{m}$$

定额量：将设计尺寸代入式（4-27）~式（4-30），得

$$V_1=(3.1416\times 0.8^2\times 9.0)\text{m}^3=18.10\text{m}^3$$

$$V_2=\left[\frac{1}{3}\times 3.1416\times 3.0\times(0.8^2+1.2\times 0.8+1.2^2)\right]\text{m}^3=9.55\text{m}^3$$

$$V_3=\frac{0.9}{6}\times 3.1416\times\left[\frac{3}{4}(2\times 1.2)^2+0.9^2\right]\text{m}^3=2.42\text{m}^3$$

$$V_{桩}=(18.10+9.55+2.42)\text{m}^3\times 24=721.68\text{m}^3$$

2）选择计价依据。根据《基础定额》结合当地市场价格确定单位估价表（表 4-36）。

表 4-36　相关项目单位估价表

计量单位：10m^3

定额编号				2-146
项　目				桩径在 1800mm 以内
				挖孔深度（m 以内）
				15
基价/元				8034.35
其中	人工费/元			4874.80
	材料费/元			2862.52
	机械费/元			297.03
名称		单位	单价/元	数量
人工	综合人工	工日	70.00	69.640
材料	C20 现浇混凝土，碎石 20，细砂，P.S42.5	m^3	254.70	2.610
	C20 现浇混凝土，碎石 40，细砂，P.S42.5	m^3	246.90	7.620
	钢模板摊销	kg	2.57	7.670
	安全设施及照明费	元	1.00	50.000
	垂直运输费	元	1.00	70.000
	水	m^3	4.00	8.870
	其他材料费	元	1.00	141.180
机械	滚筒式混凝土搅拌机（电动）（400L）	台班	125.70	0.611
	混凝土振捣器（插入式）	台班	7.89	0.611
	吹风机（能力 4m^3/min）	台班	66.69	3.230

3）综合单价分析。由于项目单一，即套用一个定额项目就可完成该分项工程的人工费、材料费、机械费计算，故本题用列式方法计算综合单价。其中，管理费费率取 33%，利润率取 20%。

套用表 4-36 中定额 2-146 的人工、材料、机械单价，计算如下：

人工费：（721.68/10×4874.80）元=351804.57 元

材料费：（721.68/10×2862.52）元=206582.34 元

机械费：（721.68/10×297.03）元＝21436.06元

管理费、利润：（351804.57+21436.06×8%）元×（33%+20%）=187365.31元

综合单价：（351804.57+206582.34+21436.06+187365.31）元/309.6m＝2478.00元/m

说明：计算中"721.68/10"的意思是将预算工程量缩小1/10，即为72.168个10m³，因为如果不按定额计量单位缩小相应倍数，用预算工程量直接与定额单价或消耗量相乘，就会使计算数据增大10倍，造成预算错误，这是初学者应特别注意的问题。

4.3 砌体及混凝土基础

4.3.1 砌体基础的计算

砌体基础主要是砖基础和毛石基础，毛石基础在多山的地区使用普遍，砖基础在平原地区使用普遍，因为可以就地取材，经济适用。一般砌体基础多做成墙下带形基础。

1. 清单分项及计算规则

《国家计量规范》将砌体基础项目划分为砖基础、石基础2个子项目，其内容见表4-37。

表4-37 砌体基础清单项目及计算规则

项目编码	项目名称	项目特征	计量单位	工程量计算规则	工作内容
010401001	砖基础	1. 砖品种、规格、强度等级 2. 基础类型 3. 砂浆强度等级 4. 防潮层材料种类	m³	按设计图示尺寸以体积计算 包括附墙垛基础宽出部分体积，扣除地梁（圈梁）、构造柱所占体积，不扣除基础大放脚T形接头处的重叠部分及嵌入基础内的钢筋、铁件、管道、基础砂浆防潮层和单个面积≤0.3m²的孔洞所占体积，靠墙暖气沟的挑檐不增加 基础长度：外墙按中心线，内墙按净长线计算	1. 砂浆制作、运输 2. 砌砖 3. 防潮层铺设 4. 材料运输
010403001	石基础	1. 石料种类、规格 2. 基础类型 3. 砂浆强度等级	m³	按设计图示尺寸以体积计算 包括附墙垛基础宽出部分体积，不扣除基础砂浆防潮层及单个面积≤0.3m²的孔洞所占体积，靠墙暖气沟的挑檐不增加体积。基础长度：外墙按中心线，内墙按净长计算	1. 砂浆制作、运输 2. 吊装 3. 砌石 4. 防潮层铺设 5. 材料运输

2. 定额分项及计算规则

（1）定额分项　《基础定额》将砌体基础项目划分为砖基础、毛石基础、粗料石基础3个子项目，另外垫层和防潮层单独列项计算。垫层可划分为若干子项目，最常用的是干铺碎石垫层和混凝土基础垫层2个项目。防潮层可划分为平面防潮和立面防潮等项目。

（2）计算规则

1) 砖基础、毛石基础为同一计算规则，均按体积以m³计算。

基础长度：外墙墙基按中心线长度计算，内墙墙基按内墙基顶净长计算。

基础大放脚T形接头处的重叠部分及嵌入基础的钢筋、铁件、管道、基础砂浆防潮层及单个面积在0.3m²以内的孔洞所占体积不予扣除，靠墙暖气沟的挑檐亦不增加。附墙垛

基础宽出部分体积应并入基础工程量内。

2) 垫层按图示尺寸以实际体积计算。

3) 墙基防潮层，外墙长度按中心线、内墙按净长乘以宽度以 m² 计算。

3. 基础与墙（柱）身的划分

1) 基础与墙（柱）身使用同一种材料时，以设计室内地面（即±0.000）为界（有地下室者，以地下室室内设计地面为界），以下为基础，以上为墙（柱）身。

2) 基础与墙（柱）身使用不同材料时，位于设计室内地面±300mm 以内时，以不同材料为分界线；超过±300mm 时，以设计室内地面为分界线。

3) 砖、石围墙，以设计室外地坪为分界线，以下为基础，以上为墙身。

4. 计算方法

对比清单规则与定额规则，砌体基础工程量计算的规定是大同小异的。砌体所用材料价格相对而言要小，故计算并不追求精确解，主要体现在内外墙墙基交接的 T 形接头处，内墙墙基按内墙基（顶）净长计算（详见图 4-3 中的 $L_{基}$），便会产生与外墙墙基的重叠计算，定额规则规定不予扣除。由于砌体基础多为带形基础，其计算公式可表达为

砌体带形基础工程量 = 计算长度×基础断面面积 - 应扣体积 + 应并入体积

$$V_{石} = L_{中}(或\ L_{基})F_{基} - V_{扣} + V_{并} \tag{4-33}$$

其中

$$L_{基} = 内墙定位轴线长(L_{内中}) - 与内墙墙基相交的外墙基顶内侧宽度$$

【例 4-17】 按图 4-9 所示，计算内外墙毛石基础、砖基础、C10 混凝土垫层工程量，设毛石基础每层高度为 350mm，混凝土垫层厚 100mm。

【解】 1) 毛石基础计算。在【例 4-11】中已求得 $L_{中} = 60.46m$。

则外墙毛石基础断面面积为

$$F_{外} = (1.4 + 1.0 + 0.6)m \times 0.35m = 1.05m^2$$

内墙基础顶面净长线长度为

$$L_{基顶} = 12m - (0.125 + 0.1175)m \times 2 = 11.52m$$

内墙毛石基础断面面积为

$$F_{内} = F_{外} = 1.05m^2$$

毛石基础工程量为

$$V_{石} = L_{中}F_{外} + L_{基顶}F_{内} = (60.46 + 11.52)m \times 1.05m^2 = 75.58m^3$$

2) 砖基础计算。本例中砖基础在毛石基础之上，其高度 $H = (1.6 - 0.35 \times 3)m = 0.55m > 0.3m$，应按独立的砖基础计算。

外墙中心线长度为

$$L_{中} = [(9 + 9 + 12) \times 2 + 0.0575 \times 8]m = 60.46m$$

外墙砖基础断面面积为

$$F_{外} = 0.55m \times 0.365m = 0.20m^2$$

内墙基础顶面净长线（等于内墙净长）长度为

$$L_{内} = (12 - 0.125 \times 2)m = 11.75m$$

内墙砖基础断面面积为

$$F_内 = F_外 = 0.20 \text{m}^2$$

砖基础工程量为

$$V_砖 = L_中 F_外 + L_内 F_内 = [(60.46+11.75) \times 0.20] \text{m}^3 = 14.44 \text{m}^3$$

3) 混凝土垫层计算。混凝土垫层工程量应按实际体积计算，即外墙长度按中心线、内墙长度按垫层净长乘以垫层断面面积以 m³ 计算。

外墙中心线长度为

$$L_中 = [(9+9+12) \times 2 + 0.0575 \times 8] \text{m} = 60.46 \text{m}$$

外墙垫层断面面积为

$$F_外 = [(0.7425+0.8575) \times 0.1] \text{m}^2 = 0.16 \text{m}^2$$

内墙垫层净长线长度为

$$L_垫 = (12-0.7425 \times 2) \text{m} = 10.515 \text{m}$$

内墙垫层断面面积为

$$F_内 = [(0.8+0.8) \times 0.1] \text{m}^2 = 0.16 \text{m}^2$$

垫层工程量为

$$V_垫 = L_中 F_外 + L_垫 F_内 = [(60.46+10.515) \times 0.16] \text{m}^3 = 11.36 \text{m}^3$$

4) 墙基防潮层的计算。一般墙基水平防潮层设置在 ±0.000 以下 60mm 的位置，其工程量按面积计算，即外墙长度按中心线、内墙按净长乘以墙厚以 m² 计算。

外墙中心线长度为

$$L_中 = [(9+9+12) \times 2 + 0.0575 \times 8] \text{m} = 60.46 \text{m}$$

内墙净长线长度为

$$L_内 = [12-0.125 \times 2] \text{m} = 11.75 \text{m}$$

墙厚 $h = 0.365 \text{m}$，则防潮层工程量为

$$S_潮 = [(60.46+11.75) \times 0.365] \text{m}^2 = 26.36 \text{m}^2$$

【例 4-18】 依据【例 4-17】的计算结果编制工程量清单并计算各分项工程的综合单价。

【解】 1) 编制工程量清单，见表 4-38。

表 4-38 砌体基础工程量清单

序号	项目编码	项目名称	项目特征	计量单位	工程数量
1	010401001001	砖基础	1. 砖品种、规格、强度等级:普通黏土砖 2. 基础类型:带形基础 3. 砂浆强度等级:M5 水泥砂浆 4. 防潮层材料种类:1:2 水泥砂浆(加防水粉)	m³	14.44
2	010403001001	石基础	1. 石料种类、规格:平毛石 2. 基础类型:带形基础 3. 砂浆强度等级:M5 水泥砂浆 4. 垫层材料种类:C10 现浇混凝土,碎石 40,P.S32.5	m³	75.58

注：工程量清单中不出现垫层及防潮层的工程量。

2) 选择计价依据。根据《基础定额》结合当地价格确定的单位估价表见表 4-39。

表 4-39 相应项目单位估价表

定额编号	3-1	3-54	8-17	9-127
项目	砖基础	石基础 平毛石	混凝土 基础垫层	防水砂浆 平面
计量单位	10m³	10m³	10m³	100m²
基价/元	3070.83	2170.49	3642.81	1367.62

(续)

定额编号					3-1	3-54	8-17	9-127
其中	人工费/元				852.60	770.70	1346.10	645.40
	材料费/元				2184.40	1365.96	2244.03	692.72
	机械费/元				33.83	33.83	52.68	29.50
	名 称		单位	单价/元	数量			
人工	综合人工		工日	70.00	12.180	11.010	19.230	9.220
材料	水泥砂浆 M5		m^3	202.17	2.490	3.300	—	—
	普通黏土砖		千块	320.00	5.240	—	—	—
	水		m^3	4.00	1.050	0.790	5.000	3.800
	毛石		m^3	62.00	—	11.220	—	—
	C10 现浇混凝土		m^3	201.23	—	—	10.100	—
	木模板		m^3	1200.00	—	—	0.150	—
	其他材料费		元	1.00	—	—	11.610	—
	水泥砂浆（1∶2）		m^3	311.09	—	—	—	2.040
	防水粉		kg	0.78	—	—	—	55.000
机械	灰浆搅拌机（200L）		台班	86.75	0.390	0.390	—	0.340
	混凝土搅拌机（400L）		台班	125.70	—	—	0.380	—
	混凝土振捣器（平板式）		台班	6.83	—	—	0.720	—

3）综合单价分析。其计算结果见表 4-40。

表 4-40　工程量清单综合单价分析表

序号	项目编码	项目名称	计量单位	工程量	清单综合单价组成明细									综合单价/元
					定额编号	定额名称	定额单位	数量	单价/元			合价/元			
									人工费	材料费	机械费	人工费	材料费	机械费	管理费和利润	
1	010401001001	砖基础	m^3	14.44	3-1	砖基础	$10m^3$	0.1000	852.60	2184.40	33.83	85.26	218.44	3.38	45.33	383.72
					9-127	防水砂浆	$100m^2$	0.0183	645.40	692.72	29.50	11.81	12.68	0.54	6.28	
					小计							97.07	231.12	3.92	51.61	
2	010403001001	石基础	m^3	75.58	3-54	石基础	$10m^3$	0.1000	770.70	1365.96	33.83	77.07	136.60	3.38	40.99	323.42
					8-17	基础垫层	$10m^3$	0.0150	1346.10	2244.03	52.68	20.19	33.66	0.79	10.73	
					小计							97.26	170.26	4.17	51.73	

注：1. 砖基础的相对量（14.44/10）/14.44 = 0.100。
   2. 防潮层的相对量：（26.36/100）/14.44 = 0.0183。
   3. 平毛石基础的相对量（75.58/10）/75.58 = 0.100。
   4. 混凝土基础垫层的相对量：（11.36/10）/75.58 = 0.0150。
   5. 管理费费率取 33%，利润率取 20%。

4.3.2　混凝土基础的计算

1. 清单分项及计算规则

《国家计量规范》将混凝土基础项目划分为垫层、带形基础、独立基础、满堂基础、桩承台基础、设备基础 6 个子项目，其内容见表 4-41。

2. 定额分项及计算规则

（1）定额分项　《基础定额》中混凝土基础项目划分为带形基础、独立基础、杯形基础、满堂基础、设备基础、桩承台基础等 55 个子项目，基础垫层单列计算。

（2）计算规则

1) 混凝土基础按图示尺寸实体积以 m³ 计算，不扣除构件内钢筋、预埋件所占体积。

表 4-41 现浇混凝土基础清单项目及计算规则

项目编码	项目名称	项目特征	计量单位	工程量计算规则	工作内容
010501001	垫层	1. 混凝土种类 2. 混凝土强度等级	m³	按设计图示尺寸以体积计算。不扣除伸入承台基础的桩头所占体积	1. 模板及支撑制作、安装、拆除、堆放、运输及清理模内杂物、刷隔离剂等 2. 混凝土制作、运输、浇筑、振捣、养护
010501002	带形基础				
010501003	独立基础				
010501004	满堂基础				
010501005	桩承台基础				
010501006	设备基础	1. 混凝土种类 2. 混凝土强度等级 3. 灌浆材料及其强度等级			

2) 带形混凝土基础，其肋高与肋宽之比在 4∶1 以内的按有肋带形基础计算；超过 4∶1 时，其底板按板式基础计算，以上部分按墙计算，如图 4-13 所示。

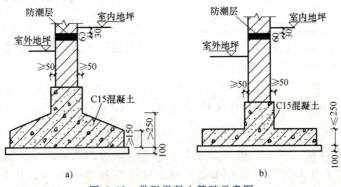

图 4-13 带形混凝土基础示意图
a) 带肋锥形 b) 带肋平板式

3) 箱式满堂基础应分别按无梁式满堂基础、柱、墙、梁、板有关规定计算，套相应定额项目。箱式满堂基础如图 4-14 所示。

4) 设备基础除块体以外，其他类型设备基础分别按基础、梁、柱、板、墙有关规定计算，套相应项目定额。

3. 计算方法

比较清单规则和定额规则，两者对混凝土基础工程量计算的规定是一致的，下面详细介绍常用混凝土基础的计算方法。

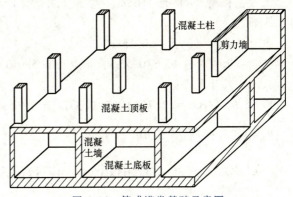

图 4-14 箱式满堂基础示意图

（1）杯形基础 杯形基础如图 4-15 所示，其形体可分解为一个立方体底座，加一个四棱台中台，再加一个立方体上座，扣减一个倒四棱台杯口。

四棱台的计算公式为

$$V = \frac{1}{3}(S_上 + S_下 + \sqrt{S_上 S_下})h \tag{4-34}$$

式中　V——四棱台体积；
　　　$S_上$——四棱台上表面积；
　　　$S_下$——四棱台下底面积；
　　　h——四棱台计算高度。

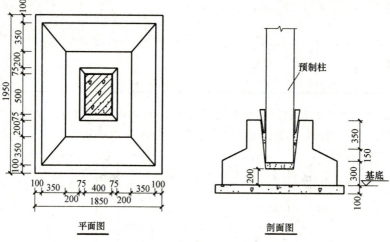

图 4-15　杯形基础示意图

【例 4-19】　某工程做杯形基础（图 4-15）6 个，试求其混凝土工程量。

【解】　由图中条件知，该杯形基础由下到上可以分解为四个部分计算，其中第二和第四部分按四棱台计算，第一和第三部分按立方体计算。

各部分尺寸为：

底座：长度（A）为 1.75m，宽度（B）为 1.65m，面积为 1.75m×1.65m，高度（h_1）为 0.3m。

上台：长度（a）为 1.05m，宽度（b）为 0.95m，面积为 1.05m×0.95m，高度（h_3）为 0.35m。

中台：高度（h_2）为 0.15m。

杯口：上口为 0.65m×0.55m，下口为 0.5m×0.4m，深度（h_4）为 0.6m。

代入公式计算得：

$V_1 = S_1 h_1 = ABh_1 = (1.75 \times 1.65 \times 0.3) \text{m}^3 = 0.866 \text{m}^3$

$V_2 = \frac{1}{3}(S_1 + S_2 + \sqrt{S_1 S_2}) h_2$

$\quad = \left[\frac{1}{3} \times (1.75 \times 1.65 + 1.05 \times 0.95 + \sqrt{1.75 \times 1.65 \times 1.05 \times 1.05}) \times 0.15\right] \text{m}^3$

$\quad = 0.279 \text{m}^3$

$V_3 = S_2 h_3 = abh_3 = 1.05\text{m} \times 0.95\text{m} \times 0.35\text{m} = 0.349 \text{m}^3$

$V_4 = \frac{1}{3}(S_上 + S_下 + \sqrt{S_上 S_下}) h_4$

$\quad = \left[\frac{1}{3} \times (0.65 \times 0.55 + 0.5 \times 0.4 + \sqrt{0.65 \times 0.55 \times 0.5 \times 0.4}) \times 0.6\right] \text{m}^3 = 0.165 \text{m}^3$

$$V=(V_1+V_2+V_3-V_4)n=(0.866+0.279+0.349-0.165)\text{m}^3\times6=7.97\text{m}^3$$

（2）带形基础　带形基础混凝土体积可按计算长度乘以断面面积计算，其计算公式为

$$V=LF \tag{4-35}$$

式中　L——计算长度，外墙按外墙中心线长度、内墙按净长度计算；

F——带形基础断面面积，按图示尺寸计算。

带形基础如图4-16所示，计算时可能有以下三种断面情况：

1）断面为矩形。如图4-16a所示，其断面面积计算公式为

$$F_1=Bh \tag{4-36}$$

式中　B——基底宽度；

h——基础高度。

外墙长取外墙中心线长（$L_{中}$），内墙长取基础底面之间净长度（$L_{基底}$），则外墙带形基础体积为

$$V_{外}=L_{中}F_1=L_{中}Bh \tag{4-37}$$

内墙带形基础体积为

$$V_{内}=L_{基底}F_1=L_{内}Bh \tag{4-38}$$

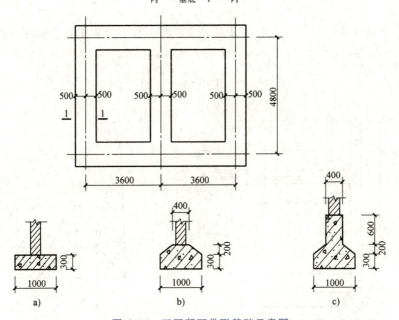

图4-16　不同断面带形基础示意图

a）矩形断面　b）梯形断面　c）带肋梯形断面

2）断面为梯形。如图4-16b所示，其断面面积计算公式为

$$F_2=(B+b)\frac{h_1}{2}+Bh_2 \tag{4-39}$$

式中　h_1——梯形部分高度；

h_2——矩形部分高度；

B——基底宽度；

b——基顶宽度。

外墙长取外墙中心线长（$L_中$），则外墙带形基础体积为

$$V_外 = L_中 F_2 \tag{4-40}$$

内墙带形基础体积应先算净长部分体积，再加两端搭头体积，如图4-17所示。

$$V_内 = L_{基底} F_2 + 2V_{搭1} \tag{4-41}$$

其中

$$V_{搭1} = L_a h_1 \frac{B+2b}{6} \tag{4-42}$$

式中 L_a——内墙在T形搭头处斜面的水平投影长，若内外墙基础断面相同，则

$$L_a = \frac{B-b}{2} \tag{4-43}$$

3) 断面为带肋梯形。如图4-16c及图4-17所示，其断面面积计算公式为

$$F_3 = bH + (B+b)\frac{h_1}{2} + Bh_2 \tag{4-44}$$

式中 H——肋梁高度。

其余符号同上。

外墙长仍取外墙中心线长（$L_中$），则外墙带形基础体积为

$$V_外 = L_中 F_3 \tag{4-45}$$

内墙带形基础体积应按式（4-46）计算，即先算净长部分体积，再加两端搭头体积。

$$V_内 = L_{基底} F_3 + 2V_{搭2} \tag{4-46}$$

其中：

$$V_{搭2} = L_a \left(bH + h_1 \frac{B+2b}{6} \right) \tag{4-47}$$

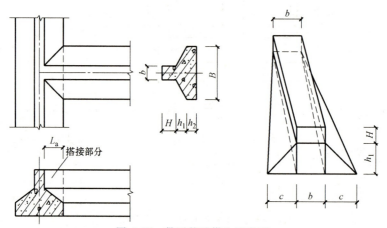

图4-17 带形基础搭头示意图

【例4-20】 计算图4-16所示带形混凝土基础在三种不同断面情况下的工程量。

【解】 1) 矩形断面。

外墙中心线长度为

$$L_中 = (3.6+3.6+4.8)\text{m} \times 2 = 24\text{m}$$

内墙基础之间净长度为

$$L_{基底} = (4.8-0.5 \times 2)\text{m} = 3.8\text{m}$$

基础断面面积为
$$F_1 = (1.0 \times 0.3)\text{m}^2 = 0.30\text{m}^2$$
带形基础工程量为
$$V_1 = [(24+3.8) \times 0.30]\text{m}^3 = 8.34\text{m}^3$$

2) 梯形断面。

外墙中心线长度为
$$L_{中} = 24\text{m}$$
内墙基础之间净长度为
$$L_{基底} = 3.8\text{m}$$
基础断面面积为
$$F_2 = \left[(1.0+0.4) \times \frac{0.2}{2} + 1.0 \times 0.3\right]\text{m}^3 = 0.44\text{m}^3$$
搭头体积为
$$V_{搭1} = \left(\frac{1.0-0.4}{2} \times 0.2 \times \frac{1.0+2\times 0.4}{6}\right)\text{m}^3 = (0.3 \times 0.2 \times 0.3)\text{m}^3 = 0.018\text{m}^3$$
带形基础工程量为
$$V_2 = [(24+3.8) \times 0.44 + 2 \times 0.018]\text{m}^3 = 12.27\text{m}^3$$

3) 带肋梯形断面。

外墙中心线长度为
$$L_{中} = 24\text{m}$$
内墙基础之间净长度为
$$L_{基底} = 3.8\text{m}$$
基础断面面积为
$$F_3 = \left[0.6 \times 0.4 + (1.0+0.4) \times \frac{0.2}{2} + 1.0 \times 0.3\right]\text{m}^3 = 0.68\text{m}^3$$
搭头体积为
$$\begin{aligned}V_{搭} &= \left[\frac{1.0-0.4}{2} \times \left(0.6 \times 0.4 + \frac{1.0+2\times 0.4}{6} \times 0.2\right)\right]\text{m}^3 \\ &= [0.3 \times (0.24 + 0.3 \times 0.2)]\text{m}^3 \\ &= 0.09\text{m}^3\end{aligned}$$
带形基础工程量为
$$V_3 = [(24+3.8) \times 0.68 + 2 \times 0.09]\text{m}^3 = 19.08\text{m}^3$$

【例 4-21】 计算图 4-10 所示承台基础的工程量。

【解】 承台基础工程量为
$$V_{承台} = [1.9 \times 1.9 \times (0.35+0.05) \times 30]\text{m}^3 = 43.32\text{m}^3$$

【例 4-22】 依据【例 4-19】的计算结果,并结合常规做法,编制杯形基础工程量清单并计算其分项工程综合单价。

【解】 1) 编制工程量清单见表 4-42。

2) 选择计价依据。根据某省建筑装饰消耗量定额，结合当地价格确定的单位估价表见表 4-43。

表 4-42 杯形基础工程量清单

序号	项目编码	项目名称	项目特征	计量单位	工程数量
1	010501003001	独立基础	1. 混凝土种类：现浇混凝土 2. 混凝土强度等级：C20 3. 垫层种类：C10 现浇混凝土垫层、碎石 40、P.S32.5，厚 100mm	m^3	7.97

注：工程量清单中不出现垫层工程量。

表 4-43 相关项目单位估价表   计量单位：$10m^3$

定额编号				01050001	01050009
项目				基础垫层	杯形基础
基价/元				992.15	891.74
其中	人工费/元			782.53	671.38
	材料费/元			29.54	48.64
	机械费/元			180.08	171.72
	名称		单位	单价/元	数量	
材料	C10 现浇混凝土	m^3	—	(10.150)	—
	草席	m^2	1.40	1.100	1.300
	水	m^3	5.60	5.000	8.360
	C20 现浇混凝土	m^3	—	—	(10.150)
机械	强制式混凝土搅拌机(500L)	台班	192.49	0.859	0.372
	混凝土振捣器(平板式)	台班	6.83	0.790	—
	混凝土振捣器(插入式)	台班	15.47	—	0.770
	机动翻斗车(装载质量 1t)	台班	150.17	—	0.645

3) 综合单价分析。由于前面没有计算混凝土垫层工程量，现计算如下：

$$V_{垫} = (1.95 \times 1.85 \times 0.1 \times 6) m^3 = 2.16 m^3$$

假设在当地咨询获得以下未计价材的价格信息：

C10 混凝土 280 元/m^3，基础垫层定额 01050001 中增价未计价材后的材料费为

$$(29.54 + 10.150 \times 280) 元/m^3 = 2871.54 元/m^3$$

C20 混凝土 300 元/m^3，杯形基础定额 01050009 中增价未计价材后的材料费为

$$(48.64 + 10.150 \times 300) 元/m^3 = 3093.64 元/m^3$$

综合单价计算见表 4-44。

表 4-44 工程量清单综合单价分析表

序号	项目编码	项目名称	计量单位	工程量	清单综合单价组成明细									综合单价/元
					定额编号	定额名称	定额单位	数量	单价/元			合价/元			
									人工费	材料费	机械费	人工费	材料费	机械费	
1	010501003001	独立基础	m^3	7.97	01050009	杯形基础	$10m^3$	0.1000	671.38	3093.64	171.72	67.14	309.36	17.17	36.31	545.34
					01050001	基础垫层	$10m^3$	0.0271	782.53	2871.54	180.08	21.21	77.82	4.88	11.45	
					小计							88.34	387.18	22.05	47.76	

注：1. 杯形基础的相对量：(7.97/10)/7.97 = 0.100。
2. 垫层的相对量：(2.16/10)/7.97 = 0.0271。
3. 管理费费率取 33%，利润率取 20%。

习题与思考题

1. 按图 4-18 所示条件计算：平整场地、人工挖基础（二类土）、毛石基础、砖基础、基础回填土、墙基防潮层等项目工程量并分析计算挖基础土方、回填土两个分项工程的综合单价。施工方案为：①沟槽采用人工开挖；②内墙槽边不能堆土，采用双轮车场内运土，运距为 100m；③余土采用人装自卸汽车外运 3km。

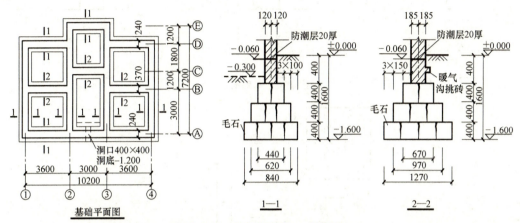

图 4-18 基础平面图、剖面图

2. 按图 4-19 和图 4-20 所示条件计算：平整场地、人工挖基础（二类土）、毛石基础、砖基础、基础回填土、墙基防潮层等项目工程量并分析计算挖基础土方、回填土两个分项工程的综合单价。施工方案为：①沟槽采用人工开挖；②内墙槽边不能堆土，采用双轮车场内运土，运距为 100m；③余土采用人装自卸汽车外运 3km。

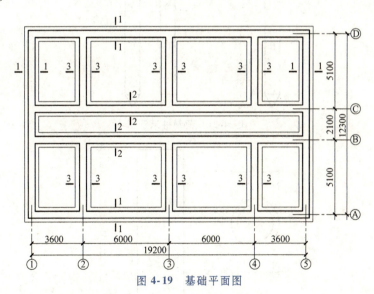

图 4-19 基础平面图

3. 按图 4-21 所示条件计算预制桩相应项目的工程量并分析综合单价。
4. 按图 4-22 所示条件计算混凝土管桩的工程量。
5. 按图 4-23 所示条件计算混凝土杯形基础的工程量。
6. 按图 4-24 所示条件计算混凝土杯形基础的工程量。

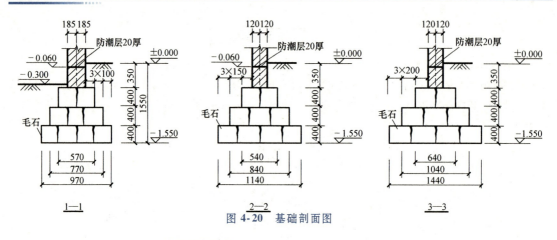

图 4-20 基础剖面图

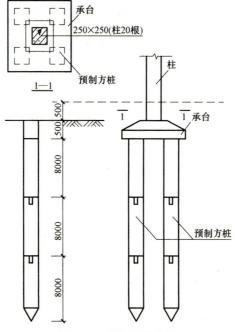

图 4-21 预制桩示意图

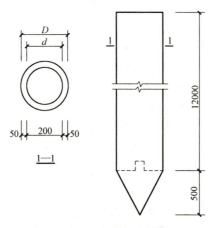

图 4-22 混凝土管桩

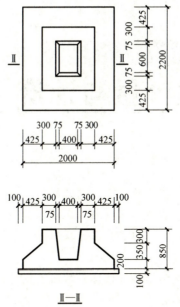

图 4-23 混凝土杯形基础（共 30 个）

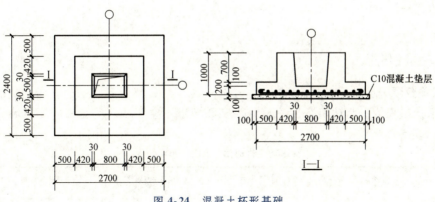

图 4-24 混凝土杯形基础

第 5 章
主体结构工程计量与计价

> **教学要求：**
> - 熟悉砌体工程、混凝土工程清单项目与定额划分的标准。
> - 熟悉砌体工程、混凝土工程清单和定额工程量计算规则。
> - 掌握常用砌体和混凝土构件工程量计算方法。

本章主要介绍构成建筑物主体结构的墙体及混凝土构件,主要是混凝土柱、梁、板、楼梯等分部分项工程计量与计价问题。

5.1 砖墙

5.1.1 项目划分

1. 清单分项

《国家计量规范》将砖墙常用项目分为实心砖墙、空斗墙、空花墙、填充墙等子项目,见表 5-1、表 5-2。

表 5-1 砖砌体(编码：010401)

项目特征	项目名称	项目特征	计量单位	工程量计算规则	工作内容
010401003	实心砖墙	1. 砖品种、规格、强度等级 2. 墙体类型 3. 砂浆强度等级、配合比	m³	按设计图示尺寸以体积计算 扣除门窗、洞口、嵌入墙内的钢筋混凝土柱、梁、圈梁、挑梁、过梁及凹进墙内的壁龛、管槽、暖气槽、消火栓箱所占体积。不扣除梁头、板头、擦头、垫木、木楞头、沿缘木、木砖、门窗走头、砖墙内加固钢筋、木筋、铁件、钢管及单个面积≤0.3m²的孔洞所占体积。突出墙面的腰线、挑檐、压顶、窗台线、虎头砖、门窗套的体积亦不增加。突出墙面的砖垛并入墙体体积内计算 1. 墙长度：外墙按中心线、内墙按净长计算 2. 墙高度： (1)外墙：斜(坡)屋面无檐口天棚者算至屋面板底；有屋架且室内外均有天棚者算至屋架下弦底另加 200mm；无天棚者算至屋架下弦底另加 300mm，出檐宽度超过 600mm 时按实砌高度计算；平屋顶算至钢筋混凝土板底 (2)内墙：位于屋架下弦者,算至屋架下弦底；无屋架者算至天棚底另加 100mm；有钢筋混凝土楼板隔层者算至楼板顶；有框架梁时算至梁底	1. 砂浆制作、运输 2. 砌砖 3. 刮缝 4. 砖压顶砌筑 5. 材料运输
010401004	多孔砖墙				

(续)

项目编码	项目名称	项目特征	计量单位	工程量计算规则	工作内容
010401005	空心砖墙	1. 砖品种、规格、强度等级 2. 墙体类型 3. 砂浆强度等级、配合比	m³	(3)女儿墙:从屋面板上表面算至女儿墙顶面(如有混凝土压顶时算至压顶下表面) (4)内、外山墙:按其平均高度计算 3. 框架间墙:不分内外墙按墙体净尺寸以体积计算 4. 围墙:高度算至压顶上表面(如有混凝土压顶时算至压顶下表面),围墙柱并入围墙体积内	1. 砂浆制作、运输 2. 砌砖 3. 刮缝 4. 砖压顶砌筑 5. 材料运输
010401006	空斗墙			按设计图示尺寸以空斗墙外形体积计算。墙角、内外墙交接处、门窗洞口立边、窗台砖、屋檐处的实砌部分体积并入空斗墙体积内	1. 砂浆制作、运输 2. 砌砖 3. 装填充料 4. 刮缝 5. 材料运输
010401007	空花墙			按设计图示尺寸以空花部分外形体积计算,不扣除空洞部分体积	
010401008	填充墙	1. 砖品种、规格、强度等级 2. 墙体类型 3. 填充材料种类及厚度 4. 砂浆强度等级、配合比		按设计图示尺寸以填充墙外形体积计算	
010401009	实心砖柱	1. 砖品种、规格、强度等级 2. 柱类型 3. 砂浆强度等级、配合比		按设计图示尺寸以体积计算。扣除混凝土及钢筋混凝土梁垫、梁头、板头所占体积	1. 砂浆制作、运输 2. 砌砖 3. 刮缝 4. 材料运输
010401010	多孔砖柱				
010401012	零星砌砖	1. 零星砌砖名称、部位 2. 砖品种、规格、强度等级 3. 砂浆强度等级、配合比	1. m³ 2. m² 3. m 4. 个	1. 以 m³ 计量,按设计图示尺寸截面面积乘以长度计算 2. 以 m² 计量,按设计图示尺寸水平投影面积计算 3. 以 m 计量,按设计图示尺寸长度计算 4. 以个计量,按设计图示数量计算	1. 砂浆制作、运输 2. 砌砖 3. 刮缝 4. 材料运输

表 5-2 砌块砌体(编码:010402)

项目编码	项目名称	项目特征	计量单位	工程量计算规则	工作内容
010402001	砌块墙	1. 砌块品种、规格、强度等级 2. 墙体类型 3. 砂浆强度等级	m³	按设计图示尺寸以体积计算 扣除门窗、洞口、嵌入墙内的钢筋混凝土柱、梁、圈梁、挑梁、过梁及凹进墙内的壁龛、管槽、暖气槽、消火栓箱所占体积,不扣除梁头、板头、檩木、垫木、木楞头、沿缘木、木砖、门窗走头、砖墙内加固钢筋、木筋、铁件、钢管及单个面积≤0.3m² 的孔洞所占体积。突出墙面的腰线、挑檐、压顶、窗台线、虎头砖、门窗套的体积亦不增加,突出墙面的砖垛并入墙体体积内计算 1. 墙长度:外墙按中心线、内墙按净长计算 2. 墙高度: (1)外墙:斜(坡)屋面无檐口天棚者算至屋面板底;有屋架且室内外均有天棚者算至屋架下弦底另加 200mm;无天棚者算至屋架下弦底另加 300mm;出檐宽度超过 600mm 时按实砌高度计算;平屋面算至钢筋混凝土板底	1. 砂浆制作、运输 2. 砌砖、砌块 3. 勾缝 4. 材料运输

(续)

项目编码	项目名称	项目特征	计量单位	工程量计算规则	工作内容
010402001	砌块墙	1. 砌块品种、规格、强度等级 2. 墙体类型 3. 砂浆强度等级	m³	（2）内墙：位于屋架下弦者，算至屋架下弦底；无屋架者算至天棚底另加100mm；有钢筋混凝土楼板隔层者算至楼板顶；有框架梁时算至梁底。 （3）女儿墙：从屋面板上表面算至女儿墙顶面（如有混凝土压顶时算至压顶下表面） （4）内、外山墙：按其平均高度计算 3. 框架间墙：不分内外墙按墙体净尺寸以体积计算 4. 围墙：高度算至压顶上表面（如有混凝土压顶时算至压顶下表面），围墙柱并入围墙体积内	1. 砂浆制作、运输 2. 砌砖、砌块 3. 勾缝 4. 材料运输
010402002	砌块柱			按设计图示尺寸以体积计算 扣除混凝土及钢筋混凝土梁垫、梁头、板头所占体积	

2. 定额分项

《基础定额》将墙体分为单面清水砖墙、混水砖墙、弧形砖墙、多孔砖墙、空花墙、贴砌砖、轻骨料砌块墙、混凝土小型空心砌块墙、围墙、砖墙勾凹缝等种类；单面清水砖墙、混水砖墙又按照墙体厚度的不同细分为1/2砖、3/4砖、1砖、1砖半、2砖及以上等项目；多孔砖墙细分为115mm厚、190mm厚、240mm厚等项目；混凝土小型空心砌块墙细分为90mm厚、190mm厚、240mm厚等项目；加气混凝土砌块墙细分为100mm厚、120mm厚、200mm厚、250mm厚等项目。

砖柱分为清水方砖柱、混水方砖柱、异形砖柱等种类；清水方砖柱、混水方砖柱细分为断面周长1.2m以内、1.8m以内、1.8m以外等项目。

石墙身、石砌挡土墙按石材加工的不同分为乱毛石、平毛石、整毛石、粗料石、细料石等项目；石柱分为粗料石柱、细料石柱等项目；砌石地沟按石材加工的不同分为乱毛石、平毛石、粗料石等项目。

GRC（玻璃纤维增强混凝土）轻质墙按厚度分为60mm厚、90mm厚、120mm厚等项目。

彩钢板分为单层墙板、外墙夹芯板、内墙夹芯板等项目。

5.1.2 计量与计价

1. 墙体工程量的计算

比较而言，墙体工程量计算的"清单规则"和"定额规则"的表述是一致的。

墙体工程量应按墙体垂直面扣除门窗和洞口后的面积乘以墙体计算厚度以 m³ 计算，其计算公式为

$$V_{墙} = (L_{计}H - F_{门窗})\delta + V_{应增} - V_{应扣} \tag{5-1}$$

式中 $V_{墙}$——墙体工程量（m³）；

$L_{计}$——墙体计算长度（m）；

H——墙体计算高度（m）；

$F_{门窗}$——门窗洞口面积（m²）；

δ——墙体计算厚度（m）；

$V_{应增}$——墙体应增加计算的体积（m³）；

$V_{应扣}$——墙体应扣减计算的体积（m³）。

2. 墙体计算长度的确定

1）外墙长度按外墙中心线（$L_{中}$）计算。

2）内墙长度按内墙净长线（$L_{净}$）计算。

3. 墙体计算高度的确定

1）外墙墙身高度：斜（坡）屋面无檐口天棚者算至屋面板底，如图 5-1 所示；有屋架，且室内外均有天棚者，算至屋架下弦底面再加 20cm，如图 5-2 所示；无天棚者算至屋架下弦底面再加 30cm，如图 5-3 所示；出檐宽度超过 60cm 时，应按实砌高度计算；平屋面算至钢筋混凝土板底；有梁时算至梁底。

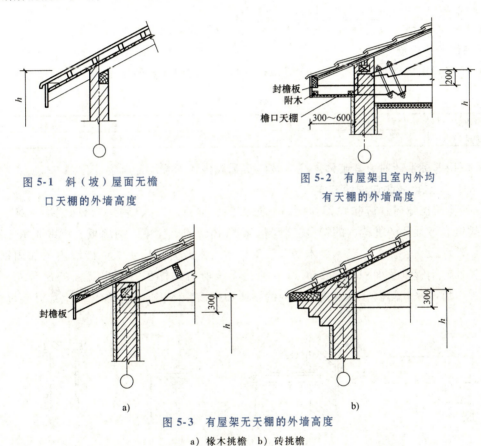

图 5-1 斜（坡）屋面无檐口天棚的外墙高度

图 5-2 有屋架且室内外均有天棚的外墙高度

a) b)

图 5-3 有屋架无天棚的外墙高度

a）椽木挑檐 b）砖挑檐

2）内墙墙身高度：位于屋架下弦者，其高度算至屋架底，如图 5-4 所示；无屋架者算至天棚底面再加 100mm，如图 5-5 所示；有钢筋混凝土楼板隔层者算至板底，如图 5-6 所示。

3）女儿墙的高度：自外墙顶面至图示女儿墙顶面高度，区别不同墙厚并入墙体计算。

4）内、外山墙墙身高度按平均高度计算。

4. 基础与墙身的划分

1）基础与墙身使用同一种材料时，以设计室内地面（即±0.000）为界（有地下室者，

图 5-4 位于屋架下的内墙高度

图 5-5 无屋架的内墙高度

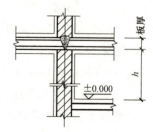
图 5-6 混凝土板下的内墙高度

以地下室室内设计地面为界),以下为基础,以上为墙身。

2)基础与墙身使用不同材料时,位于设计室内地面±300mm以内时,以不同材料为分界线;超过±300mm时,以设计室内地面为分界线。

3)砖、石围墙,以设计室外地坪为分界线,以下为基础,以上为墙身。

5. 砌体计算厚度

1)标准砖规格以 240mm×115mm×53mm 为准,其砌体计算厚度按表 5-3 计算。

表 5-3 标准砖砌体计算厚度 (δ)

墙厚砖数	1/4	1/2	3/4	1	1.5	2	2.5	3
计算厚度/mm	53	115	180	240	365	490	615	740

2)使用非标准砖时,其砌体厚度应按砖实际规格和砂浆设计厚度计算。

6. 砖墙计算中应扣应增的规定

1)计算砖墙体时,应扣除门窗洞口、过人洞、空圈、嵌入墙身的钢筋混凝土柱、梁、圈梁、挑梁、过梁及凹进墙内的壁龛、管槽、暖气槽、消火栓箱、内墙板头所占体积。不扣除梁头、外墙板头、檩头、垫木、木楞头、沿椽木、木砖、门窗走头、砖墙内的加固钢筋、木筋、铁件、钢管以及面积在 0.3m² 以下的孔洞等所占的体积。突出墙面的窗台虎头砖、压顶线、山墙泛水、门窗套及三皮砖以内的腰线和挑檐等体积亦不增加,以上部分零星构件如图 5-7 所示。

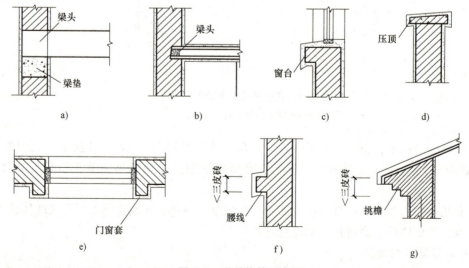

图 5-7 零星构件示意图

2) 砖垛、三皮砖以上的腰线和挑檐等体积，并入墙身体积内计算。

3) 附墙烟囱（包括附墙通风道、垃圾道）按其外形体积计算，并入所依附的墙体积内，不扣除每一个孔洞横截面面积在 $0.1m^2$ 以下的体积，但孔洞内的抹灰工程量亦不增加。

7. 其他计算规定

1) 框架间砌体，分内外墙以框架间的净空面积乘以墙厚计算，框架外表面镶贴砖部分亦并入框架间砌体工程量内计算。

2) 空花墙按空花部分外形体积以 m^3 计算。空花部分不予扣除，其中实体部分以 m^3 另行计算。

3) 多孔砖、混凝土小型空心砌块按图示厚度以 m^3 计算。不扣除其孔、空心部分的体积。

4) 砖围墙按体积计算，砖柱、垛、三皮砖以外的压顶按体积并入墙身体积内计算。

5) 轻骨料混凝土小型空心砌块墙按设计图示尺寸以 m^3 计算。

6) 加气混凝土砌块墙按设计图示尺寸以 m^3 计算，镶嵌砖砌体部分，已含在相应项目内，不另计算。

7) 砖砌台阶（不包括梯带）按水平投影面积（包括最上层踏步边沿加300mm）以 m^2 计算。

8) 厕所蹲台、小便池、水槽、灯箱、垃圾箱、台阶挡墙或梯带、花台、花池、地垄墙（图5-8）及支撑地楞的砖墩、房上烟囱、屋面架空隔热层砖墩、毛石墙的门窗立边、窗台虎头砖等，以及单件体积在 $0.3m^3$ 以内的实砌体积以 m^3 计算，套用零星砌体定额项目。

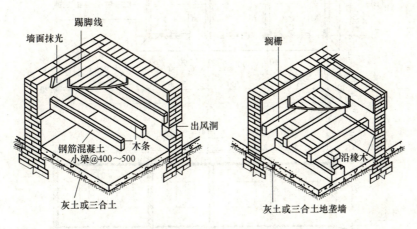

图5-8 地垄墙示意图

9) 砖、毛石砌地沟不分墙基、墙身合并以 m^3 计算。

10) 砌体与混凝土结构结合部分防裂构造（钢丝网片）按设计尺寸以 m^2 计算。

11) 砌筑沟、井、池按砌体设计图示尺寸以 m^3 计算。不扣除单个面积在 $0.3m^2$ 以内的孔洞所占面积。

12) 砖地坪按设计图示主墙间净空面积计算，不扣除独立柱、垛及 $0.3m^2$ 以内孔洞所占面积。

13) 轻质墙板按设计图示尺寸以 m^2 计算。不扣除 $0.3m^2$ 以内孔洞所占面积。

8. 计算方法

在砖墙计算中：

1）梁或圈梁可在墙体计算高度中扣除。
2）柱或构造柱可在墙体计算长度中扣除。
3）当室内设计地面以下砖砌体高度≤300mm，且与±0.000以上墙体为同一种类砂浆砌筑时，可并入墙身计算。

【例 5-1】 某单层建筑物如图 5-9 所示，门窗数据见表 5-4，试根据图示尺寸计算 1 砖内外墙的工程量。图 5-9 中板下设圈梁，圈梁高度（含板厚）为 300mm。

表 5-4 门窗统计表

门窗名称	代号	洞口尺寸/(mm×mm)	数量/樘	单樘面积/m²	合计面积/m²
单扇无亮无砂镶板门	M1	900×2000	4	1.8	7.2
双扇铝合金推拉窗	C1	1500×1800	6	2.7	16.2
双扇铝合金推拉窗	C2	2100×1800	2	3.78	7.56

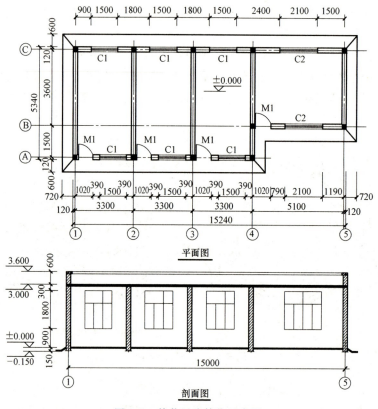

图 5-9 某单层建筑物示意图

【解】 外墙中心线长度为

$$L_{中} = (3.3 \times 3 + 5.1 + 1.5 + 3.6)\text{m} \times 2 = 40.2\text{m}$$

构造柱可在外墙长度中扣除，即

$$L'_{中} = [40.2 - (0.24 + 0.03 \times 2) \times 11]\text{m} = 36.90\text{m}$$

式中　0.03——马牙槎的平均厚度（m）。

内墙净长线长度为
$$L_{净} = [(1.5+3.6)\times 2+3.6-(0.12+0.03)\times 6]\text{m} = 12.90\text{m}$$

外墙高度（扣圈梁）为
$$H_{外} = (0.9+1.8+0.6)\text{m} = 3.3\text{m} \text{ 或}(3.6-0.3)\text{m} = 3.3\text{m}$$

内墙高度（扣圈梁）为
$$H_{内} = (0.9+1.8)\text{m} = 2.7\text{m} \text{ 或}(3.0-0.3)\text{m} = 2.7\text{m}$$

应扣门窗洞口面积，取表5-4中数据相加，得
$$F_{门窗} = (7.2+16.2+7.56)\text{m}^2 = 30.96\text{m}^2$$

墙厚（δ）按表5-3取定为0.24m。

应扣门洞过梁体积为
$$V_{GL} = [(0.9+0.25)\times 0.24\times 0.12\times 4]\text{m}^3 = 0.133\text{m}^3$$

则内外墙体工程量为
$$V_{墙} = (L'_{中}H_{外}+L_{净}H_{内}-F_{门窗})\delta - V_{GL}$$
$$= [(36.90\times 3.3+12.90\times 2.7-30.96)\times 0.24-0.133]\text{m}^3$$
$$= 30.02\text{m}^3$$

【例5-2】 针对【例5-1】的图示内容和计算出的工程量，编制工程量清单并计算该分项工程的综合单价。

【解】 1）依据《国家计量规范》编制工程量清单，见表5-5。

表5-5　分部分项工程量清单

序号	项目编码	项目名称	项目特征	计量单位	工程数量
1	010401003001	实心砖墙	1. 砖品种：MU100 标准砖 2. 墙体类型：1砖混水砖墙 3. 砂浆强度等级：M5 混合砂浆	m³	30.02

2）选择计价依据。某地混水砖墙的单位估价表见表5-6。

表5-6　混水砖墙相关项目单位估价表　　　　　　　计量单位：10m³

定额编号			01040007	01040008	01040009
项目			混水砖墙		
			1/2 砖	3/4 砖	1 砖
基价/元			1208.22	1178.72	952.82
其中	人工费/元		1171.56	1139.62	912.21
	材料费/元		6.33	6.16	5.94
	机械费/元		30.33	32.94	34.67
	名称	单位	单价/元	数量	
材料	标准砖 240mm×115mm×53mm	千块	—	(5.541)	(5.410)	(5.300)
	砌筑混合砂浆 M5	m³	—	—	(2.276)	(2.396)
	砌筑水泥砂浆 M5	m³	—	(2.096)	—	—
	水	m³	5.60	1.130	1.100	1.060
机械	灰浆搅拌机 200L	台班	86.90	0.349	0.379	0.399

3）未计价材价格询价。查当地的"材料价格信息"知：标准砖价格为450元/千块，

M5 砌筑混合砂浆价格为 310 元/m³。

4) 综合单价分析。套用表 5-6 中定额 01040009。由于清单量、定额量相同，且项目组价内容单一，可用列式方法计算如下。

人工费：$[(30.02/10)/30.02 \times 912.21]$ 元/m³ = 91.22 元/m³

材料费：$[0.1 \times (5.94 + 450 \times 5.300 + 310 \times 2.396)]$ 元/m³ = 313.37 元/m³

机械费：(0.1×34.67) 元/m³ = 3.47 元/m³

管理费和利润：$(91.22 + 3.47 \times 8\%)$ 元/m³ $\times (33\% + 20\%)$ = 48.49 元/m³

综合单价：$(91.22 + 313.37 + 3.47 + 48.49)$ 元/m³ = 456.55 元/m³

5.2 混凝土构件

5.2.1 项目划分

1. 清单分项

《国家计量规范》将混凝土构件项目划分为现浇混凝土柱、现浇混凝土梁、现浇混凝土墙、现浇混凝土板、现浇混凝土楼梯、现浇混凝土其他构件及预制混凝土构件等子项目，其内容见表 5-7~表 5-19。

表 5-7 现浇混凝土柱（编码：010502）

项目编码	项目名称	项目特征	计量单位	工程量计算规则	工作内容
010502001	矩形柱	1. 混凝土种类 2. 混凝土强度等级	m³	按设计图示尺寸以体积计算 柱高： 1. 有梁板的柱高，应自柱基上表面（或楼板上表面）至上一层楼板上表面之间的高度计算 2. 无梁板的柱高，应自柱基上表面（或楼板上表面）至柱帽下表面之间的高度计算 3. 框架柱的柱高，应自柱基上表面至柱顶高度计算 4. 构造柱按全高计算，嵌接墙体部分（马牙槎）并入柱身体积 5. 依附柱上的牛腿和升板的柱帽，并入柱身体积计算	1. 模板及支架（撑）制作、安装、拆除、堆放、运输及清理模内杂物、刷隔离剂等 2. 混凝土制作、运输、浇筑、振捣、养护
010502002	构造柱				
010502003	异形柱	1. 柱形状 2. 混凝土种类 3. 混凝土强度等级			

表 5-8 现浇混凝土梁（编码：010503）

项目编码	项目名称	项目特征	计量单位	工程量计算规则	工作内容
010503001	基础梁	1. 混凝土种类 2. 混凝土强度等级	m³	按设计图示尺寸以体积计算。伸入墙内的梁头、梁垫并入梁体积内 梁长： 1. 梁与柱连接时，梁长算至柱侧面 2. 主梁与次梁连接时，次梁长算至主梁侧面	1. 模板及支架（撑）制作、安装、拆除、堆放、运输及清理模内杂物、刷隔离剂等 2. 混凝土制作、运输、浇筑、振捣、养护
010503002	矩形梁				
010503003	异形梁				
010503004	圈梁				
010503005	过梁				
010503006	弧形、拱形梁				

表 5-9　现浇混凝土墙（编码：010504）

项目编码	项目名称	项目特征	计量单位	工程量计算规则	工作内容
010504001	直形墙	1. 混凝土种类 2. 混凝土强度等级	m³	按设计图示尺寸以体积计算 扣除门窗洞口及单个面积>0.3m²的孔洞所占体积,墙垛及突出墙面部分并入墙体体积内计算	1. 模板及支架(撑)制作、安装、拆除、堆放、运输及清理模内杂物、刷隔离剂等 2. 混凝土制作、运输、浇筑、振捣、养护
010504002	弧形墙				
010504003	短肢剪力墙				
010504004	挡土墙				

表 5-10　现浇混凝土板（编码：010505）

项目编码	项目名称	项目特征	计量单位	工程量计算规则	工作内容
010505001	有梁板	1. 混凝土种类 2. 混凝土强度等级	m³	按设计图示尺寸以体积计算,不扣除单个面积≤0.3m²的柱、垛以及孔洞所占体积 压形钢板混凝土楼板扣除构件内压形钢板所占体积 有梁板(包括主、次梁与板)按梁、板体积之和计算,无梁板按板和柱帽体积之和计算,各类板伸入墙内的板头并入板体积内薄壳板的肋、基梁并入薄壳体积内计算	1. 模板及支架(撑)制作、安装、拆除、堆放、运输及清理模内杂物、刷隔离剂等 2. 混凝土制作、运输、浇筑、振捣、养护
010505002	无梁板				
010505003	平板				
010505004	拱板				
010505005	薄壳板				
010505006	栏板				
010505007	天沟(檐沟)、挑檐板			按设计图示尺寸以体积计算	
010505008	雨篷、悬挑板、阳台板			按设计图示尺寸以墙外部分体积计算。包括伸出墙外的牛腿和雨篷反挑檐的体积	
010505009	空心板			按设计图示尺寸以体积计算。空心板(GBF高强薄壁蜂巢芯板等)应扣除空心部分体积	
010505010	其他板			按设计图示尺寸以体积计算	

表 5-11　现浇混凝土楼梯（编码：010506）

项目编码	项目名称	项目特征	计量单位	工程量计算规则	工作内容
010506001	直形楼梯	1. 混凝土种类 2. 混凝土强度等级	1. m² 2. m³	1. 以 m² 计量,按设计图示尺寸以水平投影面积计算。不扣除宽度≤500mm的楼梯井,伸入墙内部分不计算 2. 以 m³ 计量,按设计图示尺寸以体积计算	1. 模板及支架(撑)制作、安装、拆除、堆放、运输及清理模内杂物、刷隔离剂等 2. 混凝土制作、运输、浇筑、振捣、养护
010506002	弧形楼梯				

表 5-12　现浇混凝土其他构件（编码：010507）

项目编码	项目名称	项目特征	计量单位	工程量计算规则	工作内容
010507001	散水、坡道	1. 垫层材料种类、厚度 2. 面层厚度 3. 混凝土种类 4. 混凝土强度等级 5. 变形缝填塞材料种类	m²	按设计图示尺寸以水平投影面积计算。不扣除单个≤0.3m²的孔洞所占面积	1. 地基夯实 2. 铺设垫层 3. 模板及支撑制作、安装、拆除、堆放、运输及清理模内杂物、刷隔离剂等 4. 混凝土制作、运输、浇筑、振捣、养护 5. 变形缝填塞
010507002	室外地坪	1. 地坪厚度 2. 混凝土强度等级			

(续)

项目编码	项目名称	项目特征	计量单位	工程量计算规则	工作内容
010507003	电缆沟、地沟	1. 土壤类别 2. 沟截面净空尺寸 3. 垫层材料种类、厚度 4. 混凝土种类 5. 混凝土强度等级 6. 防护材料种类	m	按设计图示以中心线长度计算	1. 挖填运土石方 2. 铺设垫层 3. 模板及支撑制作、安装、拆除、堆放、运输及清理模内杂物、刷隔离剂等 4. 混凝土制作、运输、浇筑、振捣、养护 5. 刷防护材料
010507004	台阶	1. 踏步高、宽 2. 混凝土种类 3. 混凝土强度等级	1. m² 2. m³	1. 以 m² 计量,按设计图示尺寸以水平投影面积计算 2. 以 m³ 计量,按设计图示尺寸以体积计算	1. 模板及支撑制作、安装、拆除、堆放、运输及清理模内杂物、刷隔离剂等 2. 混凝土制作、运输、浇筑、振捣、养护
010507005	扶手、压顶	1. 断面尺寸 2. 混凝土种类 3. 混凝土强度等级	1. m 2. m³	1. 以 m 计量,按设计图示的中心线长度计算 2. 以 m³ 计量,按设计图示尺寸以体积计算	1. 模板及支撑制作、安装、拆除、堆放、运输及清理模内杂物、刷隔离剂等 2. 混凝土制作、运输、浇筑、振捣、养护
010507006	化粪池、检查井	1. 部位 2. 混凝土强度等级 3. 防水、抗渗要求	1. m³ 2. 座	1. 按设计图示尺寸以体积计算 2. 以座计量,按设计图示数量计算	
010507007	其他构件	1. 构件的类型 2. 构件规格 3. 部位 4. 混凝土种类 5. 混凝土强度等级	m³		

表 5-13 后浇带（编码：010508）

项目编码	项目名称	项目特征	计量单位	工程量计算规则	工作内容
010508001	后浇带	1. 混凝土种类 2. 混凝土强度等级	m³	按设计图示尺寸以体积计算	1. 模板及支架(撑)制作、安装、拆除、堆放、运输及清理模内杂物、刷隔离剂等 2. 混凝土制作、运输、浇筑、振捣、养护及混凝土交接面、钢筋等的清理

表 5-14 预制混凝土柱（编码：010509）

项目编码	项目名称	项目特征	计量单位	工程量计算规则	工作内容
010509001	矩形柱	1. 图代号 2. 单件体积 3. 安装高度 4. 混凝土强度等级 5. 砂浆(细石混凝土)强度等级、配合比	1. m³ 2. 根	1. 以 m³ 计量,按设计图示尺寸以体积计算 2. 以根计量按设计图示尺寸以数量计算	1. 模板及支架(撑)制作、安装、拆除、堆放、运输及清理模内杂物、刷隔离剂等 2. 混凝土制作、运输、浇筑、振捣、养护 3. 构件运输、安装 4. 砂浆制作、运输 5. 接头灌缝、养护
010509002	异形柱				

表 5-15　预制混凝土梁（编码：010510）

项目编码	项目名称	项目特征	计量单位	工程量计算规则	工作内容
010510001	矩形梁	1. 图代号 2. 单件体积 3. 安装高度 4. 混凝土强度等级 5. 砂浆（细石混凝土）强度等级、配合比	1. m³ 2. 根	1. 以 m³ 计量，按设计图示尺寸以体积计算 2. 以根计量，按设计图示尺寸以数量计算	1. 模板制作、安装、拆除、堆放、运输及清理模内杂物、刷隔离剂等 2. 混凝土制作、运输、浇筑、振捣、养护 3. 构件运输、安装 4. 砂浆制作、运输 5. 接头灌缝、养护
010510002	异形梁				
010510003	过梁				
010510004	拱形梁				
010510005	鱼腹式吊车梁				
010510006	其他梁				

表 5-16　预制混凝土屋架（编码：010511）

项目编码	项目名称	项目特征	计量单位	工程量计算规则	工作内容
010511001	折线型	1. 图代号 2. 单件体积 3. 安装高度 4. 混凝土强度等级 5. 砂浆（细石混凝土）强度等级、配合比	1. m³ 2. 榀	1. 以 m³ 计量，按设计图示尺寸以体积计算 2. 以榀计量，按设计图示尺寸以数量计算	1. 模板制作、安装、拆除、堆放、运输及清理模内杂物、刷隔离剂等 2. 混凝土制作、运输、浇筑、振捣、养护 3. 构件运输、安装 4. 砂浆制作、运输 5. 接头灌缝、养护
010511002	组合				
010511003	薄腹				
010511004	门式刚架				
010511005	天窗架				

表 5-17　预制混凝土板（编码：010512）

项目编码	项目名称	项目特征	计量单位	工程量计算规则	工作内容
010512001	平板	1. 图代号 2. 单件体积 3. 安装高度 4. 混凝土强度等级 5. 砂浆（细石混凝土）强度等级、配合比	1. m³ 2. 块	1. 以 m³ 计量，按设计图示尺寸以体积计算。不扣除单个面积≤300mm×300mm 的孔洞所占体积，扣除空心板空洞体积 2. 以块计量，按设计图示尺寸以数量计算	1. 模板制作、安装、拆除、堆放、运输及清理模内杂物、刷隔离剂等 2. 混凝土制作、运输、浇筑、振捣、养护 3. 构件运输、安装 4. 砂浆制作、运输 5. 接头灌缝、养护
010512002	空心板				
010512003	槽形板				
010512004	网架板				
010512005	折线板				
010512006	带肋板				
010512007	大型板				
010512008	沟盖板、井盖板、井圈	1. 单件体积 2. 安装高度 3. 混凝土强度等级 4. 砂浆强度等级、配合比	1. m³ 2. 块（套）	1. 以 m³ 计量，按设计图示尺寸以体积计算 2. 以块计量，按设计图示尺寸以数量计算	

表 5-18　预制混凝土楼梯（编码：010513）

项目编码	项目名称	项目特征	计量单位	工程量计算规则	工作内容
010513001	楼梯	1. 楼梯类型 2. 单件体积 3. 混凝土强度等级 4. 砂浆（细石混凝土）强度等级	1. m³ 2. 段	1. 以 m³ 计量，按设计图示尺寸以体积计算。扣除空心踏步板空洞体积 2. 以段计量，按设计图示尺寸以数量计算	1. 模板制作、安装、拆除、堆放、运输及清理模内杂物、刷隔离剂等 2. 混凝土制作、运输、浇筑、振捣、养护 3. 构件运输、安装 4. 砂浆制作、运输 5. 接头灌缝、养护

表 5-19 其他预制构件（编码：010514）

项目编码	项目名称	项目特征	计量单位	工程量计算规则	工作内容
010514001	垃圾道、通风道、烟道	1. 单件体积 2. 混凝土强度等级 3. 砂浆强度等级	1. m³ 2. m² 3. 根（块、套）	1. 以 m³ 计量，按设计图示尺寸以体积计算。不扣除单个面积 ≤300mm×300mm 的孔洞所占体积，扣除烟道、垃圾道、通风道的孔洞所占体积 2. 以 m² 计量，按设计图示尺寸以面积计算。不扣除单个面积 ≤300mm×300mm 的孔洞所占面积 3. 以根计量，按设计图示尺寸以数量计算	1. 模板制作、安装、拆除、堆放、运输及清理模内杂物、刷隔离剂等 2. 混凝土制作、运输、浇筑、振捣、养护 3. 构件运输、安装 4. 砂浆制作、运输 5. 接头灌缝、养护
010514002	其他构件	1. 单件体积 2. 构件的类型 3. 混凝土强度等级 4. 砂浆强度等级			

2. 定额分项

《基础定额》中的混凝土构件项目划分与清单分项大同小异，但应注意以下的不同点：

1）混凝土柱划分为矩形柱、圆形柱、异形柱、构造柱、升板柱帽、型钢混凝土柱、管桩顶填芯、管内填芯等子项目。

2）矩形柱按截面周长不同细分为 1.2m 以内、1.8m 以内、1.8m 以外 3 个子项目；圆形柱按截面直径不同细分为 0.5m 以内、0.5m 以外 2 个子项目。

3）构造柱适用于在墙体中先砌墙后浇灌混凝土的柱，当构造柱须先浇灌混凝土后砌墙时，应执行相应的柱定额。

4）圈梁与过梁连接者，分别套用圈梁、过梁定额。

5）单梁、连续梁是指不与现浇板构成一体的梁。

6）有梁板中带有弧形梁时，弧形梁算至板底执行弧形梁定额，板执行相应的有梁板定额。

7）有梁（不含圈梁、过梁）式的整体阳台、雨篷，按相应的有梁板定额执行；现浇钢筋混凝土竖向遮阳板按相应的墙体定额执行；水平遮阳板、飘窗执行挑檐天沟定额。

8）平板是指不带梁而由墙（圈梁）或预制梁承重的板。

9）空心板按板厚不同细分为 350mm 以内、350mm 以外 2 个子项目。

10）混凝土墙按厚度不同细分为 100mm 以内、200mm 以内、500mm 以内、500mm 以外 4 个子项目；混凝土墙中的圈梁、过梁及外墙八字脚处的混凝土并入墙内计算，执行相应的墙体定额。

11）混凝土楼梯细分为板式、梁式、旋转式 3 个子项目。

12）零星构件是指单件体积在 0.05m³ 以内未列出定额项目的构件。

13）混凝土泵送分为混凝土输送泵车、混凝土输送泵 2 个子项目。混凝土输送泵又按檐高的不同细分为 40m 以内、60m 以内、80m 以内、100m 以内、120m 以内、140m 以内、160m 以内、180m 以内、200m 以内 9 个子项目。

14）预制混凝土构件运输项目按 1～4 类构件分类，每类构件又按运输运距分为 1km 以内、运距每增 1km，共细分为 8 个子项目。

5.2.2 计算规则

比较而言，混凝土构件工程量计算的清单规则和《全统规则》表述是一致的。一般规定：现浇、预制混凝土除注明者外，均按设计图示尺寸以 m^3 计算，不扣除钢筋、铁件、螺栓所占体积，扣除型钢混凝土中型钢所占体积。以下是对《全统规则》的详细介绍。

1. 现浇混凝土柱

现浇混凝土柱工程量按设计图示截面面积乘以柱高以 m^3 计算，柱高按下列规定确定：

1）有梁板间的柱高，如图 5-10 所示，应自柱基上表面（或楼板上表面）至上一层楼板上表面之间的高度计算。（柱连续不断，穿通有梁板。）

2）无梁板间的柱高，如图 5-11 所示，应自柱基上表面（或楼板上表面）至柱帽下表面之间的高度计算。（柱被无梁板隔断。）

3）框架柱的高度，如图 5-12 所示，应自柱基上表面至柱顶的高度计算。（柱连续不断，穿通梁和板。）

4）构造柱按全高计算，嵌接墙体部分（马牙槎）并入柱身体积，如图 5-13 所示。

5）依附柱上的牛腿，并入柱身体积计算。

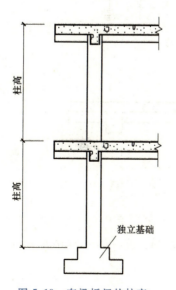

图 5-10 有梁板间的柱高

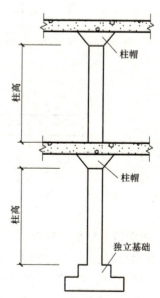

图 5-11 无梁板间的柱高

2. 现浇混凝土梁

现浇混凝土梁按设计图示断面尺寸乘以梁长以 m^3 计算。伸入墙内的梁头、梁垫并入梁体积内计算。梁长按下列规定确定：

1）梁与柱连接时，梁长算至柱侧面，如图 5-14 所示。

2）主梁与次梁连接时，次梁算至主梁侧面，如图 5-15 所示。

3. 现浇混凝土板

现浇混凝土板按设计图示面积乘以板厚以 m^3 计算，不扣除单个面积在 $0.3m^2$ 以内的

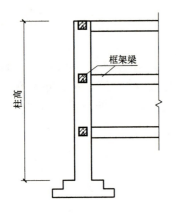

图 5-12 框架柱的高度

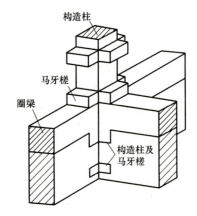

图 5-13 构造柱及马牙槎

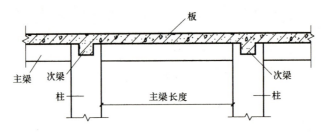

图 5-14 梁与柱连接

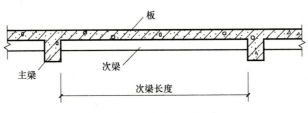

图 5-15 主梁与次梁连接

柱、垛、扣洞所占体积。其中：

1）有梁板（包括主、次梁与板）按梁、板体积之和计算，如图 5-16 所示。

2）无梁板按板与柱帽体积之和计算。

3）平板按设计图示尺寸以体积计算。

4）各类板伸入墙内的板头并入板体积内计算。

4. 现浇混凝土墙

现浇混凝土墙按设计图示尺寸以体积计算，应扣除门窗洞口及 $0.3m^2$ 以外孔洞的体积，墙垛及突出部分并入墙体积内计算。

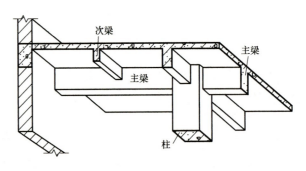

图 5-16 有梁板示意图

5. 现浇混凝土楼梯

现浇混凝土整体楼梯（包括休息平台、平台梁、斜梁及楼梯的连接梁）按水平投影面积计算，不扣除宽度小于500mm的楼梯井，伸入墙内部分不另增加。当整体楼梯与现浇楼板无梯梁连接时，以楼梯的最后一个踏步边缘加300mm为界，如图 5-17 所示。

6. 其他现浇混凝土构件

1）雨篷、悬挑板、阳台板按设计图示尺寸以墙外部分体积计算，包括伸出墙外的牛腿和雨篷反挑檐的体积，如图 5-18 和图 5-19 所示。

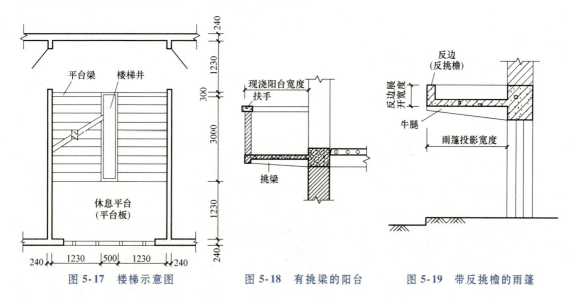

图 5-17 楼梯示意图　　图 5-18 有挑梁的阳台　　图 5-19 带反挑檐的雨篷

现浇雨篷、悬挑板、阳台板、天沟、挑檐板与屋面板、楼板连接时，以外墙外边线或梁外边线为分界线，外墙外边线或梁外边线以外为雨篷、悬挑板、阳台板、天沟、挑檐板。

2）构造柱在增加马牙槎后常用断面形式一般有 4 种，即 L 形转角、T 形接头、十字形交叉和长墙中的一字形，如图 5-20 所示。

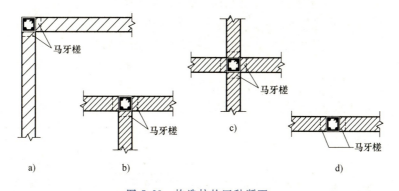

图 5-20 构造柱的四种断面
a）L 形转角　b）T 形接头　c）十字形交叉　d）一字形

构造柱计算的难点在于马牙槎。一般马牙槎垂直面咬接高度为 300mm，间距为 300mm，水平咬接宽度为 60mm，如图 5-21 所示。为方便计算，马牙槎咬接宽度按全高的平均宽度

60mm 的一半 30mm 计算，每个马牙槎咬接面积为柱截面宽度（墙厚）×0.03（m²）。

1 砖墙（24 墙）4 种咬接形式的构造柱计算断面面积见表 5-20。

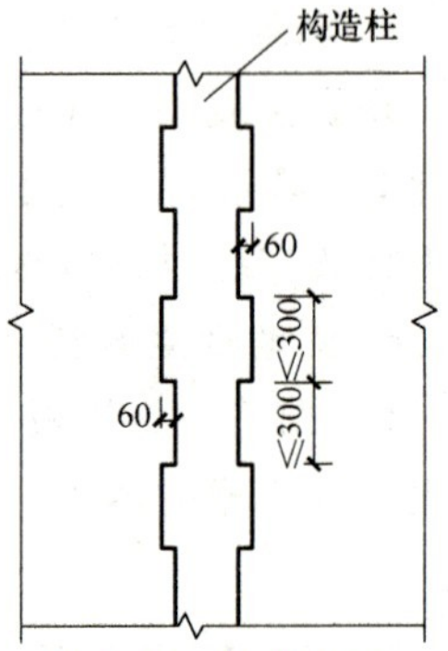

表 5-20 构造柱计算断面面积（F_g）

咬接形式	咬接边数	柱芯部分断面面积	带马牙槎的柱断面面积/m²
一字形	2	0.24m×0.24m = 0.0576m²	0.0720
T 形	3		0.0792
L 形	2		0.0720
十字形	4		0.0864

图 5-21 构造柱马牙槎立面

构造柱混凝土工程量计算公式为

$$V = F_g H \tag{5-2}$$

式中　F_g——构造柱计算断面面积；

　　　H——构造柱全高，等于墙体计算高度。

3）过梁是指嵌入在墙体中门窗洞口上部悬空的梁，长度一般按门窗洞口宽度每边加 250mm 计算，截面宽度与墙厚相同，截面高度当设计图上有规定时按图示尺寸计算，当图上无规定时，嵌入在标准砖墙体中的过梁截面高度可按门窗洞口宽度的 1/10 估算。过梁截面高度参考值见表 5-21。

表 5-21 过梁截面高度参考值

门窗洞口宽度 B/mm	过梁截面高度 h/mm
$B \leq 1200$	120
$1200 < B \leq 1800$	180
$1800 < B \leq 2400$	240

4）混凝土台阶按图示混凝土水平投影面积以 m² 计算，当图示不明确时，以台阶的最后一个踏步边缘加 300mm 计算。架空混凝土台阶按楼梯计算。

5）混凝土栏板、栏杆按包括伸入墙内部分的长度以延长米计算。楼梯的栏板、栏杆长度，当图样无规定时，按水平投影长度乘以系数 1.15 计算。

6）整体屋顶水箱按包括底、壁、盖的混凝土体积以 m³ 计算。

7）池槽、门窗框、混凝土线条、挑檐天沟、压顶按体积以 m³ 计算。

8）板式雨篷伸出墙外部分按水平投影面积以 m² 计算，伸入墙内的梁按相应定额执行。

9）预制镂空花格按洞口面积以 m² 计算。

10）商品混凝土泵送工程量按设计图示尺寸的混凝土体积以 m³ 计算。

5.2.3 计算实例

【例 5-3】 如图 5-9 所示的某单层建筑物，假设图中现浇屋面板（厚 100mm）处设圈梁，圈梁高度（含板厚）为 300mm，其中窗洞上部为过梁。试计算现浇混凝土构造柱、过梁、圈梁、现浇屋面板工程量并按常规施工方法编制工程量清单。

【解】 1）现浇混凝土构造柱计算。该建筑物外墙上共有构造柱 11 根，若考虑有马牙槎，则 L 形有 5 根，T 形有 6 根。设基础顶标高为 -0.3m，构造柱计算高度为

$$H=(0.3+3.3)\text{m}=3.6\text{m}$$

查表5-20中F_g数据，构造柱工程量为

$$V_{柱}=F_g H=[(0.072\times5+0.0792\times6)\times3.6]\text{m}^3=3.00\text{m}^3$$

2）过梁计算。在该单层建筑中有两种过梁，一是与圈梁连接的窗洞上空过梁，截面尺寸同圈梁，过梁长度按窗宽加500mm计算，即

$$V_{窗过}=[(2.1+0.5)\times0.3\times0.24\times2+(1.5+0.5)\times0.3\times0.24\times6]\text{m}^3=1.24\text{m}^3$$

二是门洞上的独立过梁，因门洞宽小于1.2m，参照表5-21，截面高度取0.12m，则

$$V_{门过}=[(0.9+0.25)\times0.24\times0.12\times4]\text{m}^3=0.133\text{m}^3$$

$$V_{过}=V_{窗过}+V_{门过}=(1.24+0.133)\text{m}^3=1.37\text{m}^3$$

3）圈梁计算。圈梁计算时，外墙取中心线长度，内墙取净长线长度，计算出总体积后，扣除窗洞上空过梁，即为圈梁工程量。

$$L_{中}=(3.3\times3+5.1+1.5+3.6)\text{m}\times2=40.2\text{m}$$

$$L_{净}=[(1.5+3.6)\times2+3.6-0.12\times6]\text{m}=13.08\text{m}$$

$$V_{圈}=[(40.2+13.08)\times0.3\times0.24-1.24]\text{m}^3=2.60\text{m}^3$$

4）现浇屋面板计算。现浇屋面板与圈梁连成整体但不能视为有梁板，应分开计算。现浇屋面板执行平板定额，计算得

$$V_{板}=[(3.6+1.5-0.24)\times(3.3-0.24)\times0.1\times3+$$
$$(5.1-0.24)\times(3.6-0.24)\times0.1]\text{m}^3$$
$$=6.09\text{m}^3$$

5）工程量清单编制。依据《国家计量规范》编制工程量清单，见表5-22。

表5-22 分部分项工程量清单

序号	项目编码	项目名称	项目特征	计量单位	工程数量
1	010502002001	构造柱	1. 混凝土种类：商品混凝土 2. 混凝土强度等级：C20	m³	3.00
2	010503004001	圈梁	1. 混凝土种类：商品混凝土 2. 混凝土强度等级：C20	m³	2.60
3	010503005001	过梁	1. 混凝土种类：商品混凝土 2. 混凝土强度等级：C20	m³	1.37
4	010505003001	平板	1. 混凝土种类：商品混凝土 2. 混凝土强度等级：C20	m³	6.09

【例5-4】 按图5-17所示尺寸，计算现浇混凝土楼梯工程量并编制工程量清单。

【解】 楼梯清单规则和定额规则相同，均按水平投影面积计算，不扣除宽度小于500mm的楼梯井，则

$$S=[(1.23+3.0+0.2)\times(1.23+0.5+1.23)]\text{m}=13.11\text{m}^2$$

依据《国家计量规范》编制工程量清单，见表5-23。

表5-23 分部分项工程量清单

序号	项目编码	项目名称	项目特征	计量单位	工程数量
1	010506001001	直形楼梯	1. 混凝土种类：商品混凝土 2. 混凝土强度等级：C20	m²	13.11

【例5-5】 利用【例5-3】得出的结果计算相应分项工程的综合单价。

【解】 1）选择计价依据。根据某地相关定额确定的单位估价表见表5-24。

表5-24 相关项目单位估价表　　　　　　计量单位：10m³

定额编号					01050088	01050096	01050097	01050111
项目					构造柱	圈梁	过梁	平板
基价/元					812.39	1033.12	1253.72	477.74
其中	人工费/元				784.45	932.65	1150.48	359.64
	材料费/元				8.60	81.13	83.90	98.76
	机械费/元				19.34	19.34	19.34	19.34
			单位	单价/元	数量			
材料	（商）混凝土C20		m³	—	(10.150)	(10.150)	(10.150)	(10.150)
	草席		m²	1.40	1.260	13.990	14.130	24.42
	水		m³	5.60	1.220	10.990	11.450	11.53
机械	混凝土振捣器（插入式）		台班	15.47	1.250	1.250	1.250	1.250

2）综合单价分析。若在当地询价知C20商品混凝土单价为275元/m³，则各个定额子项目的材料费计算得：

构造柱：（8.60+275×10.150）m³/10m³ = 2799.85 元/10m³

圈梁：（81.13+275×10.150）m³/10m³ = 2872.38 元/10m³

过梁：（83.90+275×10.150）m³/10m³ = 2875.15 元/10m³

平板：（98.76+275×10.150）m³/10m³ = 2890.01 元/10m³

综合单价计算见表5-25。

表5-25 分部分项工程量清单综合单价分析表

序号	项目编码	项目名称	计量单位	工程量	定额编号	定额名称	定额单位	数量	清单综合单价组成明细						综合单价/元
									单价/元			合价/元			
									人工费	材料费	机械费	人工费	材料费	机械费	管理费和利润	
1	010502002001	构造柱	m³	3.00	01050088	构造柱	10m³	0.10	784.45	2799.85	19.34	78.45	279.99	1.93	41.66	402.02
2	010503004001	圈梁	m³	2.60	01050096	圈梁	10m³	0.10	932.65	2872.38	19.34	93.27	287.24	1.93	49.51	431.95
3	010503005001	过梁	m³	1.37	01050097	过梁	10m³	0.10	1150.48	2875.15	19.34	115.05	287.52	1.93	61.06	465.55
4	010505003001	平板	m³	6.09	01050111	平板	10m³	0.10	359.64	2890.01	19.34	35.96	289.00	1.93	19.14	346.04

注：表中的"数量"是"定额量/清单量"得到的相对量，由于本例中混凝土构件清单量和定额量相同，相除后得1，1除以计量单位的扩大倍数后为0.10。

5.3 钢结构构件

5.3.1 清单分项及规则

1）《国家计量规范》将金属结构工程分为31项，具体分项见表5-26~表5-32。

表 5-26 钢网架（编码：010601）

项目编码	项目名称	项目特征	计量单位	工程量计算规则	工程内容
010601001	钢网架	1. 钢材品种、规格 2. 网架节点形式、连接方式 3. 网架跨度、安装高度 4. 探伤要求 5. 防火要求	t	按设计图示尺寸以质量计算。不扣除孔眼的质量，焊条、铆钉等不另增加质量	1. 拼装 2. 安装 3. 探伤 4. 补刷油漆

表 5-27 钢屋架、钢托架、钢桁架、钢架桥（编码：010602）

项目编码	项目名称	项目特征	计量单位	工程量计算规则	工程内容
010602001	钢屋架	1. 钢材品种、规格 2. 单榀质量 3. 屋架跨度、安装高度 4. 螺栓种类 5. 探伤要求 6. 防火要求	榀 t	1. 以榀计量，按设计图示数量计算 2. 以 t 计量，按设计图示尺寸以质量计算。不扣除孔眼的质量，焊条、铆钉、螺栓等不另增加质量	1. 拼装 2. 安装 3. 探伤 4. 补刷油漆
010602002	钢托架	1. 钢材品种、规格 2. 单榀质量 3. 安装高度 4. 螺栓种类 5. 探伤要求 6. 防火要求	t	按设计图示尺寸以质量计算。不扣除孔眼的质量，焊条、铆钉、螺栓等不另增加质量	
010602003	钢桁架				
010602004	钢架桥	1. 桥类型 2. 钢材品种、规格 3. 单榀质量 4. 安装高度 5. 螺栓种类 6. 探伤要求			

表 5-28 钢柱（编码：010603）

项目编码	项目名称	项目特征	计量单位	工程量计算规则	工程内容
010603001	实腹钢柱	1. 柱类型 2. 钢材品种、规格 3. 单根柱质量 4. 螺栓种类 5. 探伤要求 6. 防火要求	t	按设计图示尺寸以质量计算。不扣除孔眼的质量，焊条、铆钉、螺栓等不另增加质量，依附在钢柱上的牛腿及悬臂梁等并入钢柱工程量内	1. 拼装 2. 安装 3. 探伤 4. 补刷油漆
010603002	空腹钢柱				
010603003	钢管柱	1. 钢材品种、规格 2. 单根柱质量 3. 螺栓种类 4. 探伤要求 5. 防火要求		按设计图示尺寸以质量计算。不扣除孔眼的质量，焊条、铆钉、螺栓等不另增加质量，钢管柱上的节点板、加强环、内衬管、牛腿等并入钢管柱工程量内	

表 5-29 钢梁（编码：010604）

项目编码	项目名称	项目特征	计量单位	工程量计算规则	工程内容
010604001	钢梁	1. 梁类型 2. 钢材品种、规格 3. 单根质量 4. 螺栓种类 5. 安装高度 6. 探伤要求 7. 防火要求	t	按设计图示尺寸以质量计算。不扣除孔眼的质量，焊条、铆钉、螺栓等不另增加质量，制动梁、制动板、制动桁架、车挡并入钢吊车梁工程量内	1. 拼装 2. 安装 3. 探伤 4. 补刷油漆
010604002	钢吊车梁	1. 钢材品种、规格 2. 单根质量 3. 螺栓种类 4. 安装高度 5. 探伤要求 6. 防火要求			

表 5-30 钢板楼板、墙板（编码：010605）

项目编码	项目名称	项目特征	计量单位	工程量计算规则	工程内容
010605001	钢板楼板	1. 钢材品种、规格 2. 钢板厚度 3. 螺栓种类 4. 防火要求	m²	按设计图示尺寸以铺设水平投影面积计算。不扣除单个面积≤0.3m²柱、垛及孔洞所占面积	1. 拼装 2. 安装 3. 探伤 4. 补刷油漆
010605002	钢板墙板	1. 钢材品种、规格 2. 钢板厚度、复合板厚度 3. 螺栓种类 4. 复合板夹芯材料种类、层数、型号、规格 5. 防火要求		按设计图示尺寸以铺挂展开面积计算。不扣除单个面积≤0.3m²的梁、孔洞所占面积，包角、包边、窗台泛水等不另增加面积	

表 5-31 钢构件（编码：010606）

项目编码	项目名称	项目特征	计量单位	工程量计算规则	工程内容
010606001	钢支撑、钢拉条	1. 钢材品种、规格 2. 构件类型 3. 安装高度 4. 螺栓种类 5. 探伤要求 6. 防火要求	t	按设计图示尺寸以质量计算，不扣除孔眼的质量，焊条、铆钉、螺栓等不另增加质量	1. 拼装 2. 安装 3. 探伤 4. 补刷油漆
010606002	钢檩条	1. 钢材品种、规格 2. 构件类型 3. 单根质量 4. 安装高度 5. 螺栓种类 6. 探伤要求 7. 防火要求			
010606003	钢天窗架	1. 钢材品种、规格 2. 单榀质量 3. 安装高度 4. 螺栓种类 5. 探伤要求 6. 防火要求			

（续）

项目编码	项目名称	项目特征	计量单位	工程量计算规则	工程内容
010606004	钢挡风架	1. 钢材品种、规格 2. 单榀质量 3. 螺栓种类 4. 探伤要求 5. 防火要求	t	按设计图示尺寸以质量计算，不扣除孔眼的质量，焊条、铆钉、螺栓等不另增加质量	1. 拼装 2. 安装 3. 探伤 4. 补刷油漆
010606005	钢墙架				
010606006	钢平台	1. 钢材品种、规格 2. 螺栓种类 3. 防火要求			
010606007	钢走道				
010606008	钢梯	1. 钢材品种、规格 2. 钢梯形式 3. 螺栓种类 4. 防火要求			
010606009	钢护栏	1. 钢材品种、规格 2. 防火要求			
010606010	钢漏斗	1. 钢材品种、规格 2. 漏斗、天沟形式 3. 安装高度 4. 探伤要求		按设计图示尺寸以质量计算，不扣除孔眼的质量，焊条、铆钉、螺栓等不另增加质量，依附漏斗或天沟的型钢并入漏斗或天沟工程量内	
010606011	钢板天沟				
010606012	钢支架	1. 钢材品种、规格 2. 安装高度 3. 防火要求		按设计图示尺寸以质量计算，不扣除孔眼的质量，焊条、铆钉、螺栓等不另增加质量	
010606013	零星钢构件	1. 构件名称 2. 钢材品种、规格			

表 5-32 金属制品（编码：010607）

项目编码	项目名称	项目特征	计量单位	工程量计算规则	工程内容
010607001	成品空调金属百页护栏	1. 材料品种、规格 2. 边框材质	m²	按设计图示尺寸以框外围展开面积计算	1. 安装 2. 校正 3. 预埋铁件及安螺栓
010607002	成品栅栏	1. 材料品种、规格 2. 边框及立柱型钢品种、规格			1. 安装 2. 校正 3. 预埋铁件 4. 安螺栓及金属立柱
010607003	成品雨篷	1. 材料品种、规格 2. 雨篷宽度 3. 凉衣杆品种、规格	m m²	1. 以 m 计量，按设计图示接触边以 m 计算 2. 以 m² 计量，按设计图示尺寸以展开面积计算	1. 安装 2. 校正 3. 预埋铁件及安螺栓
010607004	金属网栏	1. 材料品种、规格 2. 边框及立柱型钢品种、规格	m²	按设计图示尺寸以框外围展开面积计算	1. 安装 2. 校正 3. 安螺栓及金属立柱
010607005	砌块墙钢丝网加固	1. 材料品种、规格 2. 加固方式	m²	按设计图示尺寸以面积计算	1. 铺贴 2. 铆固
010607006	后浇带金属网				

2) 其他相关问题应按下列规定处理：

① 型钢混凝土柱、梁浇筑混凝土和钢板楼板上浇筑钢筋混凝土，混凝土和钢筋应按混凝土分部中相关项目编码列项。

② 钢墙架项目包括墙架柱、墙架梁和连接杆件。

③ 加工铁件等小型构件，应按表5-31中零星钢构件项目编码列项。

5.3.2 定额计算规则

1) 金属结构制作按图示钢材尺寸以t计算，不扣除孔眼、切边的质量，焊条、铆钉、螺栓等不另增加质量。在计算不规则或多边形钢板质量时均以其外接矩形面积乘以厚度乘以单位理论质量计算。

2) 实腹柱、吊车梁、H型钢按图示尺寸以质量计算。

3) 制动梁的制作工程量包括制动梁、制动桁架、制动板质量；墙架的制作工程量包括墙架柱、墙架梁及连接柱杆质量；钢柱制作工程量包括依附于柱上的牛腿及悬臂梁质量。

4) 轨道制作工程量，只计算轨道本身质量，不包括轨道垫板、压板、斜垫、夹板及连接角钢等质量。

5) 钢漏斗制作工程量，矩形按图示分片，圆形按图示展开尺寸，并依钢板宽度分段计算，每段均以其上口长度（圆形以分段展开上口长度）与钢板宽度，按矩形计算，依附漏斗的型钢并入漏斗质量内计算。

6) 钢构件运输及安装按构件设计图示尺寸以t计算，所需螺栓、电焊条等质量不另计算。

5.3.3 构件运输及安装

1. 金属构件运输

按3类金属构件列项，每类又按运输距离1km、3km、5km、10km、15km、20km以内等分成6个距离段。金属构件分类见表5-33。

表5-33 金属构件分类表

类别	项目
1	钢柱、屋架、托架梁、防风桁架
2	吊车梁、制动梁、型钢檩条、钢支撑、上下挡、钢拉杆、拦杆、盖板、垃圾出灰口、倒灰门、箅子、爬梯、零星构件平台、操作台、走道休息台、扶梯、钢吊车梯台、烟囱紧固箍
3	墙架、挡风架、天窗架、组合檩条、轻钢屋架、滚动支架、悬挂支架、管道支架

2. 金属结构构件安装

金属结构构件安装包括：钢柱安装；钢吊车梁安装；钢屋架拼装；钢屋架安装；钢网架拼装、安装；钢天窗架拼装、安装；钢托架梁安装；钢桁架安装；钢檩条安装；钢屋架支撑、柱间支撑安装；钢平台、操作台、扶梯安装。

3. 定额应用

1) 定额未包括金属构件拼装和安装所需的连接螺栓。

2) 钢屋架单榀质量在1t以下者，按轻钢屋架定额计算。

3) 钢柱、钢屋架、天窗架安装定额中,不包括拼装工序,如需拼装时,按拼装定额项目计算。

4) 凡"单位"一栏中注有"%"者,均指该项费用占本项定额总价的百分数。

5) 金属构件安装均不包括为安装工程所搭设的临时性脚手架,若发生应另按有关规定计算。

6) 定额中的塔式起重机台班均已包括在垂直运输机械费定额中。

7) 单层房屋盖系统构件必须在跨外安装时,按相应构件安装定额的人工、机械乘以系数 1.18。用塔式起重机、卷扬机时,不乘此系数。

8) 定额综合工日不包括机械驾驶人工工日。

9) 钢柱安装在混凝土柱上,其人工、机械乘以系数 1.43。

10) 钢构件的安装螺栓均为普通螺栓,当使用其他螺栓时,应按有关规定进行调整。

11) 预制混凝土构件、钢构件,当需跨外安装时,其人工、机械乘以系数 1.18。

5.3.4 计算实例

【例 5-6】 按图 5-22 所示,计算柱间钢支撑工程量。已知:角钢L75mm×50mm×6mm 每米理论质量为 5.68kg/m,钢材理论质量为 7850kg/m³。

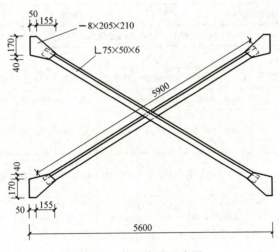

图 5-22 柱间支撑示意图

【解】 角钢质量:$(5.9 \times 2 \times 5.68)$kg = 67.02kg

钢板面积:$[(0.05+0.155) \times (0.17+0.04) \times 4]$m² = 0.1772m²

钢板质量:$(0.1772 \times 0.008 \times 7850)$kg = 10.81kg

或者,按图中引出线标明的(-8mm×205mm×210mm),也就是钢板厚8mm,外接最小的矩形面积为205mm×210mm,则多边形钢板的质量为

$(0.008 \times 0.205 \times 0.210 \times 4 \times 7850)$kg = 10.81kg

柱间钢支撑工程量:$(67.02+10.81)$kg = 77.83kg

【例 5-7】 【例 5-6】中的钢支撑按常规施工方法编制工程量清单见表 5-34,试计算其

综合单价。

表 5-34 分部分项工程量清单

序号	项目编码	项目名称	项目特征	计量单位	工程数量
1	010606001001	钢支撑	工厂制作；运输距离 5km；刷调和漆二道。	t	0.078

【解】 1) 查用某省计价定额相关单位估价表，见表 5-35。

表 5-35 钢结构工程单位估价表   计量单位：t

定额编号		01060014	01070017	01070191	02060223
项目		柱间钢支撑（制作）	Ⅱ类构件运输（5km 以内）	柱间支撑安装（单重 0.3 以内）	其他金属面油漆（调和漆二道）
基价/元		6952.54	433.49	1406.10	181.16
其中	人工费/元	830.50	66.00	454.00	90.00
	材料费/元	5154.93	58.26	343.01	91.16
	机械费/元	967.11	309.23	609.09	0.00

2) 综合单位计算见表 5-36。

表 5-36 工程量清单综合单价分析表

项目编码		010606001001		项目名称		钢支撑		计量单位		t	
清单综合单价组成明细											
定额编号	定额名称	定额单位	数量	单价/元			合价/元				
				人工费	材料费	机械费	人工费	材料费	机械费	管理费	利润	风险费
01060014	柱间钢支撑	t	1.000	830.50	5154.93	967.11	830.50	5154.93	967.11	299.60	166.1	
01070017	Ⅱ类构件运输（5km 以内）	t	1.000	66.00	58.26	309.23	66.00	58.26	309.23	29.94	18.15	
01070191	柱间支撑安装（单重 0.3 以内）	t	1.000	454.00	343.01	609.09	454.00	343.01	609.09	165.90	100.55	
02060223	其他金属面油漆（调和漆二道）	t	1.000	90.00	91.16	0.00	90.00	91.16	0.00	29.70	18.00	
		小计					1440.50	5647.36	1885.43	525.14	302.80	
人工单价	50.00 元/工日		清单项目综合单价/(元/t)				9801.23					

注：1. 柱间钢支撑、构件运输、柱间支撑安装的相对量：0.078/0.078 = 1.000。
2. 金属面油漆的相对量：(0.078×1.00)/0.078 = 1.000。

习题与思考题

1. 根据图 5-23、图 5-24 所示，计算 1 砖厚内外墙的工程量。图中：M1 尺寸为 900mm×2100mm，M2 尺寸为 1500mm×2700mm，M3 尺寸为 3000mm×3000mm，C1 尺寸为 1800mm×1800mm，C2 尺寸为 1500mm×1800mm。钢筋混凝土预制过梁断面为 240mm×180mm。每层设圈梁断面为 240mm×300mm，M3 上圈梁高增大为 600mm。±0.000m 以下为混凝土基础，楼板、楼梯均为现浇混凝土。

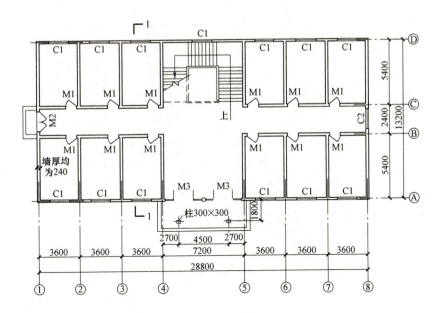

图 5-23 一层平面图

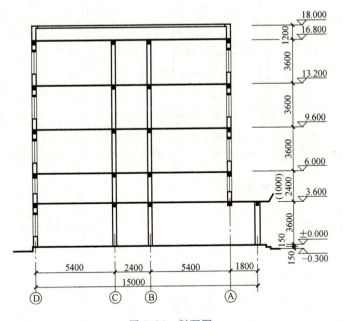

图 5-24 剖面图

2. 按图 5-25 所示计算砖柱的工程量。

3. 根据图 5-26、图 5-27 所示计算 1 砖半厚内外墙的工程量。图中：M1 尺寸为 1500mm×2400mm，M2 尺寸为 900mm×2100mm，C1 尺寸为 1800mm×1500mm，C2 尺寸为 1800mm×600mm。KJ1：柱尺寸为 400mm×400mm，梁尺寸为 400mm×600mm。

4. 按图 5-28、图 5-29、图 5-30 所示条件尽可能多地列项计算本章所讨论过的工程量。（图中：M1 尺寸为 1500mm×2400mm；M2 尺寸为 900mm×2100mm；C1 尺寸为 1500mm×1500mm）

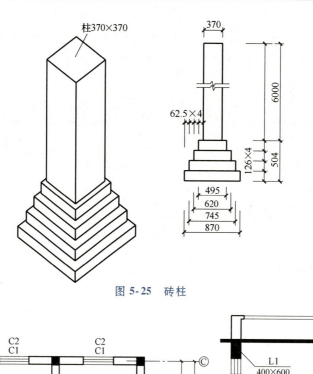

图 5-25 砖柱

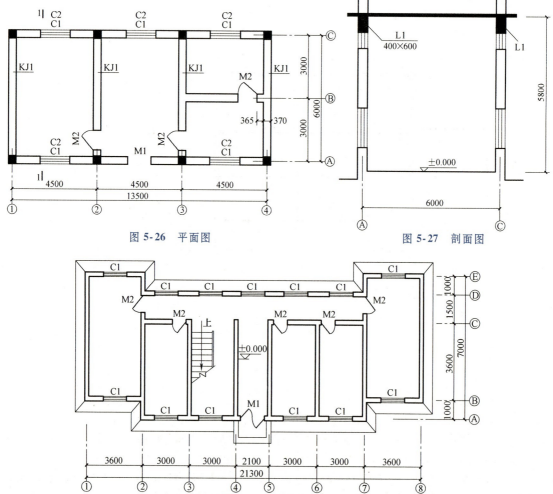

图 5-26 平面图

图 5-27 剖面图

图 5-28 一层平面图

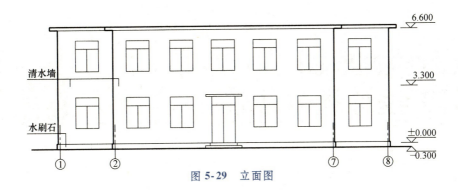

图 5-29 立面图

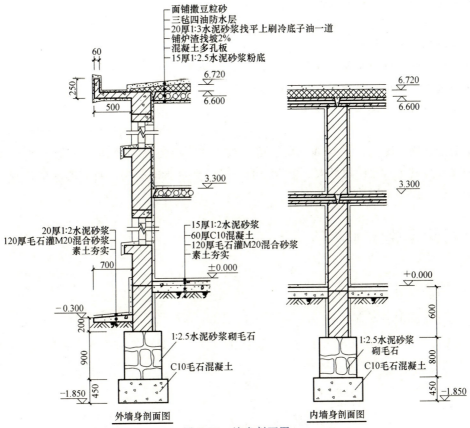

图 5-30 墙身剖面图

第6章 钢筋工程计量与计价

> **教学要求**：
> - 熟悉钢筋基本知识。
> - 熟悉钢筋工程的清单分项和定额分项的划分标准。
> - 了解钢筋一般构造。
> - 掌握各种构件中钢筋工程量的计算方法。
> - 熟悉平法制图规则和钢筋构造规定。
> - 掌握框架梁平法工程量计算方法。

钢筋是钢筋混凝土构件（如基础、梁、板、柱、剪力墙和楼梯）中的重要组成材料，同时钢筋又是建筑工程中用量大、单价高的一种必不可少的材料，对它的准确计量与计价，对合理、有效控制工程造价意义重大。

6.1 钢筋计量与计价

6.1.1 钢筋基本知识

1. 构件中的钢筋分类

1) 受力筋。受力筋又称为主筋，配置在梁、柱、板等构件的受弯、受拉、偏心受压或受拉区以承受拉力，如图6-1所示。

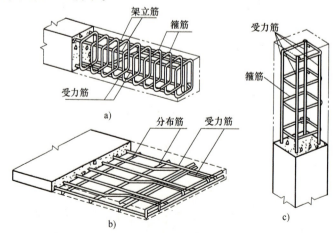

图6-1 构件中钢筋分类示意图

2）架立筋。架立筋又称为构造筋，一般不需要计算而按构造要求配置，如2Φ12，用来固定箍筋以形成钢筋骨架，一般配置在梁上部或悬挑梁的下部，如图6-1a所示。

3）箍筋。箍筋形状如同一个箍，在梁和柱中使用，它一方面起着抵抗剪切力的作用，另一方面起固定受力筋和架立筋位置的作用。它垂直于受力筋和架立筋设置，在梁中与受力筋、架立筋组成钢筋骨架，在柱中与受力筋组成钢筋骨架，如图6-1a、c所示。

4）分布筋。分布筋在板中垂直于受力筋布置，以固定受力钢筋位置并传递内力。它能将构件所受的外力分布于较广的范围，以改善受力情况，如图6-1b所示。

5）附加钢筋。附加钢筋是指因构件几何形状或受力情况变化而增加的钢筋，如吊筋、鸭筋等，如图6-2所示。

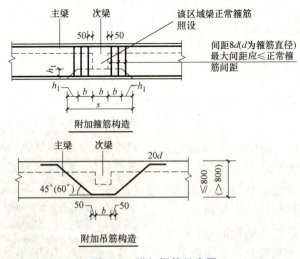

图6-2 附加钢筋示意图

2. 钢筋的混凝土保护层

钢筋在混凝土中应有一定厚度的混凝土将其包住，以防止钢筋锈蚀，钢筋外皮至最近的混凝土表面之间的混凝土层称为钢筋的混凝土保护层。一般构件钢筋的混凝土保护层厚度见表6-1。

表6-1 一般构件钢筋的混凝土保护层厚度（c值） （单位：mm）

环境类别		板、墙	梁、柱
一		15	20
二	a	20	25
	b	25	35
三	a	30	40
	b	40	50

注：1. 此表出自《混凝土结构施工图平面整体表示方法制图规则和构造详图（11G101-1）》，适用于使用年限为50年的混凝土结构。
 2. 构件中受力筋的保护层厚度不应小于钢筋的公称直径。
 3. 使用年限为100年的混凝土结构，一类环境中，最外层钢筋的保护层厚度不应小于表中数值的1.4倍；二、三类环境中，应采取专门的有效措施。
 4. 混凝土强度等级不大于C25时，表中保护层厚度数值应增加5。
 5. 基础底面钢筋的保护层厚度，有混凝土垫层时应从垫层顶面算起，且不应小于40mm。

混凝土结构的环境类别见表6-2。

表 6-2 混凝土结构的环境类别

环境类别	条件
一	1）室内干燥环境 2）无侵蚀性静水浸没环境
二 a	1）室内潮湿环境（指构件表面经常处于结露或湿润状态的环境） 2）非严寒和非寒冷地区的露天环境 3）非严寒和非寒冷地区与无侵蚀性的水或土壤直接接触的环境 4）严寒和寒冷地区的冰冻线以下与无侵蚀性的水或土壤直接接触的环境
二 b	1）干湿交替环境 2）水位频繁变动环境 3）严寒和寒冷地区的露天环境 4）严寒和寒冷地区的冰冻线以上与无侵蚀性的水或土壤直接接触的环境
三 a	1）严寒和寒冷地区冬季水位变动区环境 2）受除冰影响环境 3）海风环境
三 b	1）盐渍土环境 2）受除冰作用环境 3）海岸环境

3. 钢筋的弯钩

1）绑扎骨架的受力筋应在末端做弯钩，但是下列钢筋可以不做弯钩：

① 螺纹、人字纹等带肋钢筋（图 6-3）。
② 焊接骨架和焊接网中的光圆钢筋。
③ 绑扎骨架中受压的光圆钢筋。
④ 梁、柱中的附加钢筋及梁的架立筋。
⑤ 板的分布筋。

2）钢筋弯钩的形式如图 6-4 所示。

图 6-3 带肋钢筋示意图

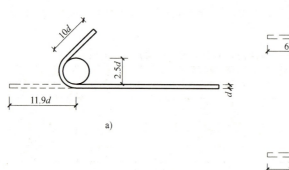

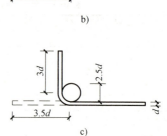

图 6-4 钢筋弯钩形式示意图
a）135°斜弯钩　b）180°半圆弯钩　c）90°直弯钩

① 斜弯钩，如图 6-4a 所示。
② 带有平直部分的半圆弯钩，如图 6-4b 所示。
③ 直弯钩，如图 6-4c 所示。

预算中计算钢筋的工程量时,弯钩的长度可不扣加工时钢筋的延伸率。常用的弯钩计算长度见表 6-3(表中 d 为钢筋直径)。

表 6-3 常用的弯钩计算长度

弯 钩 角 度		180°	90°	135°
增加长度	HPB 钢筋(光圆钢筋)	6.25d	3.5d	11.9d

注:箍筋弯钩的平直部分,一般结构不小于箍筋直径的 5 倍;有抗震要求的结构,不应小于箍筋直径的 10 倍。

4. 弯起钢筋的斜长增加值（ΔL）

弯起钢筋的常用弯起角度有 30°、45°、60° 三种,其斜长增加值是指斜长与水平投影长度之间的差值（ΔL）,如图 6-5 所示。

弯起钢筋的斜长增加值（ΔL）,可按弯起角度、弯起钢筋净高 h_0（h_0 = 构件断面高度 − 两端保护层厚度）计算。其计算结果见表 6-4。

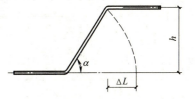

图 6-5 弯起钢筋的斜长增加值示意图

表 6-4 弯起钢筋斜长增加值的计算

α	S	L	ΔL
30°	2.00h_0	1.73h_0	0.27h_0
45°	1.41h_0	1.00h_0	0.41h_0
60°	1.15h_0	0.58h_0	0.57h_0

注:梁高 $h \geq 0.8$m 时,用 60°;梁高 $h < 0.8$m 时,用 45°,板用 30°。$\Delta L = S - L$。

5. 钢筋加长连接

一般钢筋出厂时,为了便于运输,除小直径的盘圆钢筋外,直条钢筋每根长度多为 9m 定尺。在实际使用中,有时要求成型钢筋总长超过原材料长度,有时为了节约材料,需利用被剪断的剩余短料接长使用,这样就有了钢筋的连接接头。钢筋加长连接有如下方法:

1) 焊接连接。钢筋的连接最好采用焊接,因为采用焊接受力可靠,便于布置钢筋,并且可以减少钢筋加工量和节约钢筋。

2) 绑扎连接。它是在钢筋搭接部分的中心和两端共三处用钢丝绑扎,绑扎连接操作方便,但不结实,因此搭接要长一些,要多消耗钢材,所以除非没有焊接设备或操作条件不许可,一般不采用绑扎连接。绑扎连接使用条件有一定的限制,即搭接处要可靠,必须有足够的搭接长度（L_d）。钢筋最小搭接长度应符合表 6-5 的规定。

表 6-5 钢筋最小搭接长度（L_d）

钢筋最小搭接长度 \ 钢筋强度等级 \ 钢筋种类		C15	C20～C25	C30～C35	≥C40
光圆钢筋	HPB235 级	45d	35d	30d	25d
带肋钢筋	HRB335 级	55d	45d	35d	30d
	HRB400 级、RRB400 级	—	55d	40d	35d

注:1. 两根直径不同钢筋的搭接长度,以较细钢筋的直径计算。
  2. 当纵向受拉钢筋搭接接头面积百分率大于 25%,但不大于 50% 时,其最小搭接长度应按本表数值乘以系数 1.2 取用;当接头面积百分率大于 50% 时,应按本表数值乘以系数 1.35 取用。
  3. 当带肋钢筋的直径大于 25mm 时,其最小搭接长度应再乘以系数 1.1 取用。
  4. 在任何情况下,受拉钢筋的搭接长度不应小于 300mm。
  5. 本书未提到的内容以相关规范为准。

3）钢筋加长连接除焊接连接和绑扎连接外，还有锥螺纹连接、直螺纹连接、冷挤压连接等连接方式。

6. 钢筋的单位理论质量

钢筋的单位理论质量是指每米长钢筋的理论质量，见表6-6。

表6-6 钢筋的单位理论质量

钢筋直径/mm	截面面积/mm²	单位理论质量/(kg/m)	钢筋直径/mm	截面面积/mm²	单位理论质量/(kg/m)
5	19.63	0.154	18	254.50	2.000
6	28.27	0.222	20	314.20	2.470
6.5	33.18	0.260	22	380.10	2.980
8	50.27	0.395	25	490.90	3.850
10	78.54	0.617	28	615.80	4.830
12	113.10	0.888	30	706.90	5.550
14	153.90	1.210	32	804.20	6.310
16	201.10	1.580	38	1134.00	8.900
17	227.00	1.780	40	1257.00	9.870

6.1.2 钢筋分项及计算规则

1. 清单分项及计算规则

《国家计量规范》将钢筋工程常用项目分为现浇构件钢筋、预制构件钢筋等子项目，见表6-7。

表6-7 钢筋工程清单项目及计算规则

项目编码	项目名称	项目特征	计量单位	工程量计算规则	工作内容
010515001	现浇构件钢筋	钢筋种类、规格	t	按设计图示钢筋（网）长度（面积）乘单位理论质量计算	1. 钢筋（网、笼）制作、运输 2. 钢筋（网、笼）安装 3. 焊接（绑扎）
010515002	预制构件钢筋				
010515003	钢筋网片				
010515004	钢筋笼				
010515005	先张法预应力钢筋	1. 钢筋种类、规格 2. 锚具种类		按设计图示钢筋长度乘单位理论质量计算	1. 钢筋制作、运输 2. 钢筋张拉
010515006	后张法预应力钢筋	（略）		（略）	（略）
010515007	预应力钢丝				
010515008	预应力钢绞线				
010515009	支撑钢筋（铁马）	1. 钢筋种类 2. 规格		按钢筋长度乘单位理论质量计算	钢筋制作、焊接、安装
010515010	声测管	1. 材质 2. 规格型号		按设计图示尺寸以质量计算	1. 检测管截断、封头 2. 套管制作、焊接 3. 定位、固定
010516001	螺栓	1. 螺栓种类 2. 规格		按设计图示尺寸以质量计算	1. 螺栓、铁件制作、运输 2. 螺栓、铁件安装
010516002	预埋铁件	1. 钢材种类 2. 规格 3. 铁件尺寸			
010516003	机械连接	1. 连接方式 2. 螺纹套筒种类 3. 规格	个	按数量计算	1. 钢筋套丝 2. 套筒连接

2. 定额分项及计算规则

（1）定额项目划分　定额将钢筋工程做如下的项目划分。

1）现浇构件钢筋制作安装项目细分为圆钢筋 ϕ10mm 以内、圆钢筋 ϕ10mm 以外、带肋钢筋 ϕ10mm 以内、带肋钢 ϕ10mm 以外 4 个子项目。

2）单列砖砌体加固钢筋项目。

3）预制构件钢筋制作安装项目细分为冷拔丝 ϕ5mm 以内、圆钢 ϕ10mm 以内、圆钢 ϕ10mm 以外、带肋钢 ϕ10mm 以内、带肋钢 ϕ10mm 以外 5 个子项目。

4）先张法预应力构件钢筋制作安装项目细分为钢绞线、钢筋 ϕ10mm 以内、带肋钢 ϕ10mm 以外 3 个子项目。

5）后张法预应力构件钢筋制作安装项目细分为带肋钢 ϕ10mm 以外、无粘接钢丝束、有粘接钢绞线、预应力钢绞线 4 个子项目。

6）预埋铁件细分为预埋铁件制作安装、运输 1km 以内、运输每增 1km、预埋铁件安装 4 个子项目。

7）单列预制构件钢筋网片制作安装项目。

8）钢筋接头细分为电渣压力焊接头 ϕ16mm 以内、ϕ16mm 以外；锥螺纹钢筋接头 ϕ20mm 以内、ϕ30mm 以内、ϕ40mm 以内；气压力焊接头 ϕ25mm 以内、ϕ32mm 以内；直螺纹钢筋接头 ϕ20mm 以内、ϕ30mm 以内、ϕ40mm 以内；冷挤压接头 ϕ20mm 以内、ϕ30mm 以内、ϕ40mm 以内 13 个子项目。

9）半成品钢筋运输细分为人装人卸载重汽车运输运距 1km 以内、运距每增 1km 2 个子项目。

（2）定额工程量计算规则

1）钢筋工程量应区别现浇、预制构件，预应力，钢种和规格，按图示尺寸（设计长度）乘以钢筋的线密度（单位理论质量）以 t 计算。

2）现浇钢筋混凝土中用于固定钢筋位置的支撑钢筋、双层钢筋用的"铁马"、伸出构件外的锚固钢筋按相应项目的钢筋工程量计算。如果设计未明确，结算时按现场签证数量计算。

3）钢筋的电渣压力焊接头、锥螺纹接头、直螺纹接头、冷挤压接头、气压力焊接头以个计算。

6.1.3　钢筋计量方法

1. 钢筋工程量计算

钢筋工程量计算的基本表达式为

$$钢筋工程量(G) = 钢筋图示长度 \times 钢筋单位理论质量 \tag{6-1}$$

其中，钢筋单位理论质量可按表 6-6 查用，在手中无表可查时，也可以用以下简便公式计算

$$钢筋单位理论质量(\text{kg/m}) = 0.617d^2 \tag{6-2}$$

式中　d——钢筋直径（cm）；

0.617——计算系数。

【例 6-1】　求 ϕ12mm 钢筋单位理论质量。

【解】　取 d 值为 1.2cm，代入式（6-2），得

$$(0.617 \times 1.2^2)\text{kg/m} = 0.888\text{kg/m}$$

由于钢筋单位理论质量很容易确定，因而计算钢筋图示长度就变成了钢筋工程量计算的主要问题。本节以下的内容，主要讨论钢筋长度如何计算。工程预算中计算钢筋工程量的目

2. 一般直筋的长度计算

一般直筋如图 6-6 所示,其计算公式为

直筋长度 = 构件长度 - 两端保护层厚度 + 弯钩长度 + 其他增长值

即:

$$A = L - 2c + 2 \times 6.25d + L_{增} \tag{6-3}$$

式中 A——直筋长度;

L——构件长度;

c——混凝土保护层厚度,无特别规定时可按表 6-1 取用;

2×6.25——180°弯钩计算长度,为计算方便,也可直接表达为 $12.5d$;

$L_{增}$——其他增长值,如图 6-6 中的下弯长度。

图 6-6 直筋示意图

3. 弯起钢筋的长度计算

弯起钢筋俗称元宝筋。计算时先将弯起钢筋投影成水平直筋,再加上弯起部分斜长增加值。计算公式为

弯起钢筋长度 = 构件长度 - 两端保护层厚度 + 弯钩长度 + 斜长增加值 + 其他增长值

即:

$$B = L_{构} - 2c + 12.5d + \Delta L + L_{增} \tag{6-4}$$

式中 B——弯起钢筋长度;

ΔL——斜长增加值,按表 6-4 计算。

其余符号同上。

4. 箍筋的长度计算

箍筋一般按一定间距设置,如表达为 Φ6@200 或其他。箍筋长度计算时应先算出单支箍筋长度,再乘以支数,最后求得箍筋总长度。其计算公式为

箍筋长度 = 单支箍筋长度 × 支数 (6-5)

(1) 单支箍筋的长度计算 单支箍筋的长度根据构件断面及箍筋配置情况的不同可有以下五种情形,并可推导出对应的简便计算方法(读者可据此方法举一反三)。

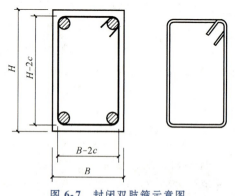

图 6-7 封闭双肢箍示意图

1) 方形或矩形断面配置的封闭双肢箍,如图 6-7 所示。

封闭双肢箍的单支箍筋的长度计算时应扣除混凝土保护层厚度,并增加两个 135°弯钩

长度。其计算公式(按外皮计算)为
$$L=2(B+H)-8c+2\times11.9d \quad (6\text{-}6)$$
式中　L——单支箍筋的长度；

　　　$2(B+H)$——构件断面周长；

　　　　　c——混凝土保护层厚度；

　　　　　d——箍筋直径；

　　　$11.9d$——135°弯钩的长度。

2)拉筋,又称S形箍或一字箍,如图6-8所示。

图6-8　拉筋示意图

拉筋单支长度按构件断面宽度扣除保护层厚度,加两个135°弯钩长度计算。其长度计算公式为
$$L=B-2c+2\times11.9d \quad (6\text{-}7)$$
式中　L——拉筋单支长度；

　　　B——构件断面宽度；

　　　c——混凝土保护层厚度；

　　　d——拉筋直径；

　　$2\times11.9d$——两个135°弯钩的长度。

3)矩形断面的梁、柱配置的四肢箍,如图6-9所示。

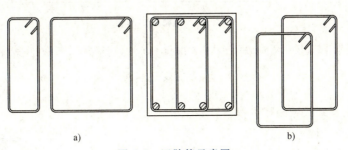

图6-9　四肢箍示意图

① 图6-9a所示为两个相套的箍筋,一个是环周边的封闭双肢箍,按式(6-6)计算。另一个套箍的宽度相当于1/3的构件断面宽度,高度可按构件断面高度减去两个混凝土保护层厚度计算,其计算公式为
$$L=2\times\frac{1}{3}B+2(H-2c)+2\times11.9d \quad (6\text{-}8)$$

② 图6-9b所示为两个相同的箍筋,宽度相当于2/3的构件断面宽度,高度可按构件断面高度减去两个混凝土保护层厚度计算。其计算公式为
$$L=2\times\frac{2}{3}B+2(H-2c)+2\times11.9d \quad (6\text{-}9)$$

套箍和拉筋的应用如图 6-10 所示。

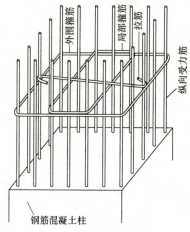

图 6-10 套箍和拉筋应用示意图

4) 螺旋箍,如图 6-11 所示。

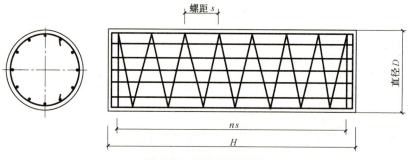

图 6-11 螺旋箍示意图

螺旋箍是连续不断的,可按以下公式一次计算出螺旋箍的总长度。其计算公式为

$$L=\frac{H}{s}\sqrt{s^2+(D-2c)^2\pi^2} \qquad (6\text{-}10)$$

式中 H——需配置螺旋箍的构件高度或长度;
   s——螺旋箍螺距;
   D——需配置螺旋箍的构件断面直径;
   c——混凝土保护层厚度;
   π——圆周率,取 3.1416。

5) 圆形箍,如图 6-12 所示。圆形箍长度应按箍筋外皮圆周长,加钢筋搭接长度,再加两个 135°弯钩长度计算。其长度计算公式为

$$L=(D-2c)\pi+L_\text{d}+2\times 11.9d \qquad (6\text{-}11)$$

式中 L——圆形箍单支长度;
   D——构件断面直径;
   c——混凝土保护层厚度;

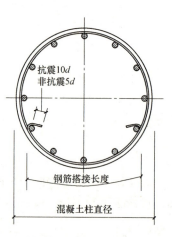

图 6-12 圆形箍示意图

π——圆周率，取 3.1416；
L_d——钢筋搭接长度；
d——圆形箍筋直径。

【例 6-2】 如图 6-13 所示，试计算钢筋混凝土梁内箍筋的单支长度（室内干燥环境，箍筋为Φ6）。

【解】 查表 6-1 知，混凝土保护层厚度 $c = 20$mm。

① 号箍筋按式（6-6）计算，得

$$L = 2(B+H) - 8c + 2 \times 11.9d$$
$$= [2 \times (0.4+0.6) - 8 \times 0.02 + 2 \times 11.9 \times 0.006]\text{m}$$
$$= 1.98\text{m}$$

② 号箍筋按式（6-8）计算，得

$$L = 2 \times \frac{1}{3}B + 2(H-2c) + 2 \times 11.9d$$
$$= [2 \times \frac{1}{3} \times 0.4 + 2 \times (0.6 - 2 \times 0.02) + 2 \times 11.9 \times 0.006]\text{m}$$
$$= 1.53\text{m}$$

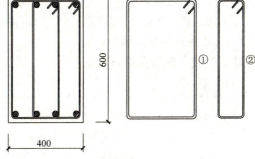

图 6-13 箍筋示意图

(2) 箍筋支数计算 箍筋支数可划分为以下两种情况计算：

1) 一般的简支梁，箍筋可布至梁端，但应扣减梁端保护层，其计算公式为

$$支数 = \frac{L-2c}{s} + 1 \qquad (6-12)$$

式中 L——梁的构件长度；
c——混凝土保护层厚度；
s——箍筋间距；
1——排列的箍筋最后加 1 支。

2) 与柱整浇的框架梁，箍筋可布至支座边 50mm 处，无柱支座中可设 1 支箍筋，如图 6-14 所示。其计算公式为

$$支数 = \frac{L_{净} - 2 \times 0.05}{s} + 1 \qquad (6-13)$$

式中 $L_{净}$——梁的净跨长度，即支座间净长度。
其余符号同上。

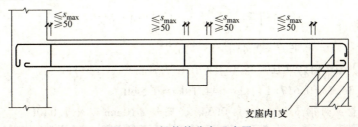

图 6-14 梁箍筋分布示意图

6.1.4 简单构件钢筋的计算

本节所讨论的简单构件是指简支梁、平板、独立基础、带形基础等。先学会这些构件中钢筋的计算,有助于了解结构设计图是如何表达钢筋配置的,也可为进一步学习平法图集的钢筋计量奠定基础。

钢筋计算时最好分钢种、规格,并按编号顺序进行计算。若图上未编号,可自行按受力筋、架立筋、箍筋和分布筋的顺序,并按钢筋直径大小顺序编号,最后按定额分项分别汇总。

1. 独立基础底板钢筋的计算

独立基础底板均在双向配置受力筋,钢筋单支长度可按式(6-3)计算,钢筋支数可按式(6-12)计算。

【例6-3】 如图6-15所示,试计算现浇混凝土杯形基础底板配筋工程量(共24个)。

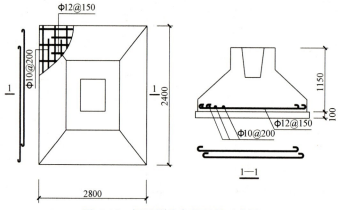

图6-15 杯形基础底板配筋示意图

【解】 查表6-1可知,有垫层的基础混凝土保护层厚度取40mm。

① 号筋φ12@150(沿长边方向)。

$$单支长度 = (2.8 - 2 \times 0.04 + 12.5 \times 0.012)m = 2.87m$$

$$支数 = \left(\frac{2.4 - 2 \times 0.04}{0.15} + 1\right)支 = 16.47支 \approx 17支$$

$$总长度 = 2.87m \times 17 = 48.79m$$

查表6-6知,φ12钢筋单位理论质量为0.888kg/m

钢筋质量 = (48.79×0.888×24)kg = 1040kg = 1.040t

② 号筋φ10@200(沿短边方向)。

$$单支长度 = (2.4 - 2 \times 0.04 + 12.5 \times 0.010)m = 2.45m$$

$$支数 = \left(\frac{2.8 - 2 \times 0.04}{0.2} + 1\right)支 = 14.6支 \approx 15支$$

$$总长度 = 2.45m \times 15 = 36.75m$$

查表6-6知,φ10钢筋单位理论质量为0.617kg/m

钢筋质量 = (36.75×0.617×24)kg = 544.19kg = 0.544t

钢筋汇总质量:圆钢φ10mm以内0.544t,圆钢φ10mm以外1.040t。

2. 带形基础底板钢筋的计算

带形基础底板一般在短边方向配置受力筋，长边方向配置分布筋。在外墙转角及内外墙交接处，由于受力筋已双向配置（也会有其他配置方式），则不再配置分布筋，也就是说，分布筋在布置至外墙转角及内外墙交接处时只要与受力筋搭接即可，其道理同下一小节平板负筋构造，如图 6-16 所示。

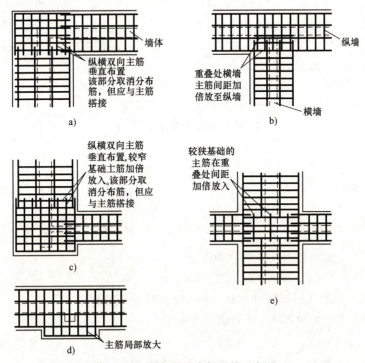

图 6-16 带形基础底板配筋示意图

注：分布筋在搭接处的搭接长度约为 300mm。

带形基础底板受力筋单支长度可按式（6-3）计算，支数可按式（6-12）计算。分布筋支数可按式（6-12）计算，而长度要考虑与受力筋的有效搭接。由于受力筋长度在按基底宽度计算时扣减了保护层厚度，因此分布筋计算长度为

$$A = L_{基} + 2(c + L_d) \quad (6-14)$$

式中　A——分布筋分段计算长度；

　　　$L_{基}$——相邻两基础底边之间的净长度；

　　　c——保护层厚度；

　　　L_d——钢筋最小搭接长度，按表 6-5 取用。

【例 6-4】　按图 6-17 所示计算现浇带形混凝土基础底板配筋工程量，假设本例设计要求受力筋在内外墙交接处均布到边，混凝土强度等级为 C25，钢筋采用 HRB335 级。

【解】　查表 6-1 可知，有垫层的基础混凝土保护层厚度取 40mm。查表 6-5 可知，L_d 应为 $45d$。

① 号筋为受力筋，Φ12@200（沿短边方向布置）。

单支长度 = (1.2 − 2×0.04 + 12.5×0.012)m = 1.27m

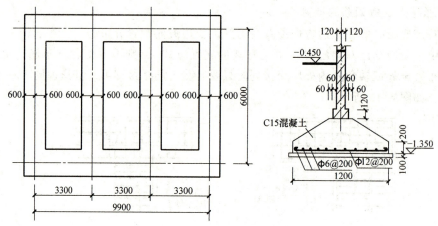

图 6-17 带形基础配筋示意图

支数：

$$纵向支数 = \left[\left(\frac{9.9+0.6\times2-2\times0.04}{0.2}+1\right)\times2\right]支 = (57\times2)支 = 114支$$

$$横向支数 = \left[\left(\frac{6.0+0.6\times2-2\times0.04}{0.2}+1\right)\times4\right]支 = (37\times4)支 = 148支$$

总支数 = (114+148)支 = 262 支

总长度 = 1.27m×262 = 332.74m

钢筋质量 = (332.74×0.888)kg = 295.47kg ≈ 0.30t

② 号筋为分布筋，Φ6@200（沿长边方向布置）。

分段长度：

纵向：[3.3-1.2+2×(0.04+45×0.006)]m = 2.72m

横向：[6.0-1.2+2×(0.04+45×0.006)]m = 5.42m

$$每段支数 = \left(\frac{1.2-2\times0.04}{0.2}+1\right)支 = 7支$$

总长度 = (2.72×7×6+5.42×7×4)m = 266m

钢筋质量 = (266×0.222)kg = 59.05kg ≈ 0.059t

钢筋汇总质量：带肋钢筋 ϕ10mm 以内 0.059t，带肋钢筋 ϕ10mm 以外 0.300t。

3. 平板钢筋的计算

现浇平板多使用在砖混结构建筑中，如卫生间的现浇楼板，其四周支撑在砖墙上。板底双向配筋，板四周上部配置负弯矩筋，水平段从墙边伸入板内长度约为板净跨距的1/7长。负弯矩筋应按构造要求配置分布筋，一般不在图上画出。负弯矩筋及分布筋布置如图 6-18 所示。

1）板底双向配筋单支长度可按式（6-3）计算，支数可按式（6-12）计算。

2）负弯矩筋支数按式（6-12）计算，其长度计算公式为

$$B = L_{净} + \delta - c + 2(h-2c) \tag{6-15}$$

式中 B——负弯矩筋计算长度；

$L_{净}$——负弯矩筋水平段从墙边伸入板内长度；

δ——支承板的砖墙厚度；

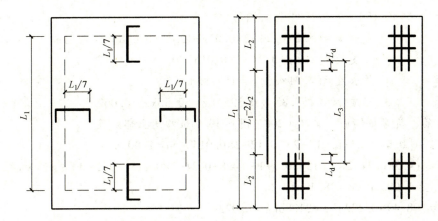

图 6-18 负弯矩筋及分布筋布置示意图

c——板的保护层厚度；

h——板厚。

3) 分布筋长度计算公式为

$$L_3 = L_1 - 2L_2 + 2L_d \tag{6-16}$$

式中 L_3——分布筋长度；

L_1——板的长度；

L_2——负弯矩筋水平段长度，含到板边扣除的保护层厚度；

L_d——钢筋最小搭接长度，按表 6-5 取用。

4) 分布筋支数计算公式为

$$支数 = \frac{L_2}{@} + 1 \tag{6-17}$$

式中 L_2——负弯矩筋水平段长度；

@——分布筋间距。

【例 6-5】 如图 6-19 所示，试计算现浇 C25 混凝土平板双向板钢筋工程量（带钩为圆钢）。墙厚为 240mm，板厚为 120mm，负弯矩筋应按构造要求配置Φ6@250 的分布筋。

【解】 查表 6-1 可知，保护层厚度取 15mm；查表 6-5 可知，L_d 应为 $35d$。

① 号筋配Φ8@150（图 6-19 中水平向钢筋）

单支长度 = $(4.8 + 0.24 - 2 \times 0.015 + 12.5 \times 0.008)$m = 5.11m

支数 = $[(4.2+0.24-2\times0.015)/0.15+1]$支
≈ 31 支

总长度 = 5.11m×31 = 158.41m

质量 = (158.41×0.395)kg = 62.57kg
≈ 0.063t

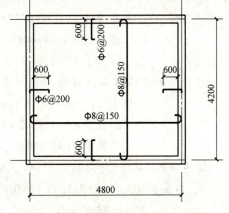

图 6-19 双向板配筋示意图

② 号筋配Φ8@150（图6-19中竖向钢筋）

$$单支长度 = (4.2+0.24-2\times0.015+12.5\times0.008)m = 4.51m$$
$$支数 = [(4.8+0.24-2\times0.015)/0.15+1]支 = 35支$$
$$总长度 = (4.51\times35)m = 157.85m$$
$$质量 = (157.85\times0.395)kg = 62.35kg \approx 0.062t$$

③ 号筋，负弯矩钢筋　配Φ6@200（图6-19中板四周上部配置）

单支长度 = $[0.6+0.24-0.015+2\times(0.12-2\times0.015)]m = 1.005m$

支数 = $[(4.2+0.24-2\times0.015)/0.2+1+(4.8+0.24-2\times0.015)/0.2+1]支\times2 = 98支$

总长度 = $1.005m\times98 = 98.49m$

质量 = $(98.49\times0.222)kg = 21.86kg \approx 0.022t$

④ 号筋，负弯矩钢筋的分布筋，配Φ6@250（图6-19中未画出）。

$$单支长度：纵向：(4.2-0.24-2\times0.6+2\times35\times0.006)m = 3.18m$$
$$横向：(4.8-0.24-2\times0.6+2\times35\times0.006)m = 3.78m$$
$$每段支数 = [(0.24-0.015+0.6)/0.25+1]支 = 5支$$
$$总长度 = (3.18+3.78)m\times5\times2 = 69.6m$$
$$质量 = (69.6\times0.222)kg = 15.45kg = 0.015t$$

钢筋工程量汇总：圆钢Φ10mm以内，(0.063+0.062+0.022+0.015)t = 0.162t

4. 简支梁钢筋的计算

现浇简支梁多使用在砖混结构中，以砖柱或砖墙为支撑，梁端部不出现或出现较小的负弯矩，受力筋配置在梁下，梁上部配置架立筋，箍筋平均分布，无加密区。

简支梁钢筋计算是最简单的一种，最能体现钢筋一般计量方法，是初学者学习掌握钢筋计量的切入点。

【例6-6】 如图6-20所示，试计算C25现浇混凝土简支梁钢筋工程量。

【解】 查表6-1可知，保护层厚度取20mm（室内正常环境）。计算中若图上受力筋画有弯钩，可判断为圆钢，以下同。

① 号筋配2Φ20（梁下部受力筋，圆钢）

$$单支长度 = (6.0+0.12\times2-2\times0.02+12.5\times0.02)m = 6.45m$$
$$总长度 = 6.45m\times2 = 12.90m$$
$$质量 = (12.90\times2.47)kg = 31.87kg \approx 0.032t$$

② 号筋配2Φ10（梁上部架立筋，圆钢）

$$单支长度 = (6.0+0.12\times2-2\times0.02+12.5\times0.01)m = 6.33m$$
$$总长度 = 6.33m\times2 = 12.66m$$
$$质量 = (12.66\times0.617)kg = 7.81kg \approx 0.008t$$

③ 号筋配1Φ20（弯起筋，圆钢）。梁高$H = 500mm$，起弯$45°$，$\Delta L = 0.414h_0$。

单支长度 = $[6.0+0.12\times2-2\times0.02+2\times0.414\times(0.5-2\times0.03)+12.5\times0.02]m$
　　　　 = $6.83m$

质量 = $(6.83\times2.47)kg = 16.87kg = 0.017t$

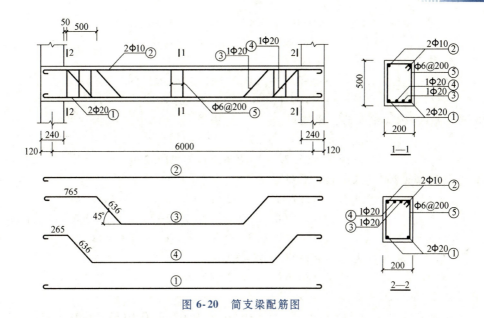

图 6-20 简支梁配筋图

④号筋配 1Φ20（弯起筋），尽管起弯点与③号筋不一样，但计算长度相同。

$$质量 = (6.83 \times 2.47) \text{kg} = 16.87 \text{kg} \approx 0.017\text{t}$$

⑤号筋配 Φ6@200（双肢箍，圆钢）

$$单支长度 = [(0.2+0.5) \times 2 - 8 \times 0.02 + 2 \times 11.9 \times 0.006] \text{m} = 1.38\text{m}$$

$$支数 = [(6.0+0.24-2\times0.02)/0.2+1] 支 = 32 支$$

$$总长度 = 1.39\text{m} \times 32 = 44.48\text{m}$$

$$质量 = (44.48 \times 0.222) \text{kg} = 9.87 \text{kg} = 0.01\text{t}$$

钢筋汇总质量：圆钢 ϕ10mm 以内（0.008+0.01）t=0.018t，圆钢 ϕ10mm 以外（0.032+0.017+0.017）t=0.066t

【例 6-7】 如图 6-21 所示，试计算 C25 现浇混凝土花篮梁钢筋工程量。

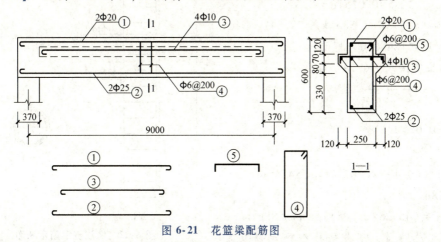

图 6-21 花篮梁配筋图

【解】 查表 6-1 可知，梁保护层厚度取 20mm，板保护层厚度取 15mm。

①号筋配 2Φ20（架立筋，圆钢）

单支长度=(9.0+0.37-2×0.02+12.5×0.02)m=9.58m

质量=(9.58×2×2.47)kg=47.33kg

② 号筋配 2Φ25（受力筋，圆钢）

单支长度=(9.0+0.37-2×0.02+12.5×0.025)m=9.64m

质量=(9.64×2×3.85)kg=74.23kg

③ 号筋配 4Φ10（架立筋，圆钢）

单支长度=(9.0-0.37-2×0.02+12.5×0.010)m=8.72m

质量=(8.72×4×0.617)kg=21.52kg

④ 号筋配 Φ6@200（双肢箍，圆钢）

单支长度=2(B+H)-8c+2×11.9d

=[2×(0.25+0.6)-8×0.02+2×11.9×0.006]m=1.68m

支数=[(9.0+0.37-2×0.02)/0.2+1]支=48支

总长度=1.68m×48=80.64m

质量=80.64×0.222=17.90kg

⑤ 号筋配 Φ6@200（圆钢）

单支长度=[0.12×2+0.25-2×0.015+2×(0.07-2×0.015)]m=0.54m

支数=$\left(\dfrac{9.0-0.37-2×0.015}{0.2}+1\right)$支=44支

总长度=0.54m×44=23.76m

质量=(23.76×0.222)kg=5.27kg

钢筋汇总质量：圆钢 φ10mm 以内（21.52+17.90+5.27）kg=44.69kg=0.045t，圆钢 φ10mm 以外（47.33+74.23）kg=121.56kg=0.122t

【例 6-8】 如图 6-22 所示，试计算 C30 现浇混凝土灌注桩钢筋工程量。

【解】 查表 6-1 可知，灌注桩处于室外潮湿环境，保护层厚度比照柱取 25mm 计算。

① 号筋配 6Φ16（受力筋）

单支长度=(8.0+0.25-2×0.025+12.5×0.016)m=8.39m

质量=(8.39×6×1.58)kg=79.54kg

② 号筋配 Φ8@200（螺旋箍筋）

单支长度按式（6-10）计算得

$$L=\dfrac{H}{s}\sqrt{s^2+(D-2c)^2\pi^2}$$

$$=\dfrac{8.0-0.025}{0.2}×\sqrt{0.2^2+(0.4-2×0.025)^2×3.1416^2}\,\text{m}$$

=45.28m

质量=(45.28×0.395)kg=17.88kg

钢筋汇总质量：不分规格套用钢筋笼定额（79.54+17.88）kg=97.42kg

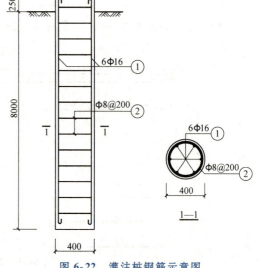

图 6-22 灌注桩钢筋示意图

6.1.5 钢筋工程计价

从《国家计量规范》可知，钢筋工程应按现浇混凝土钢筋、预制构件钢筋分项计价，其中应包含钢筋制作、运输、安装的费用。从前面几章的介绍中可知，无论何种工程项目要计价，均须有合适的预算定额及其基础上产生的单位估价表。表 6-8 所示是基于《基础定额》产生的为工程预算编制的单位估价表，可供教学使用。

表 6-8 钢筋工程单位估价表   计量单位：t

定额编号				2-183	4-202	4-203	4-204
项目				灌注桩	现浇构件		
				钢筋笼	圆钢		带肋钢
				制作	φ10mm 以内	φ10mm 以外	
基价/元				6913.71	6570.82	5895.86	6020.20
其中		人工费/元		835.80	1323.00	501.90	513.10
		材料费/元		5424.82	5203.34	5286.12	5386.59
		机械费/元		653.09	44.48	107.84	120.51
	名 称	单位	单价/元	消 耗 量			
人工	综合人工	工日	70.00	11.940	18.900	7.170	7.330
材料	钢筋 φ10mm 以内	t	5000.00	0.162	1.020	—	—
	钢筋 φ10mm 以外	t	5100.00	0.888	—	1.020	—
	带肋钢筋 φ10mm 以外	t	5200.00	—	—	—	1.020
	铁丝 22#	kg	8.30	—	12.450	2.290	2.520
	电焊条	kg	7.10	9.120	—	9.120	8.640
	水	m³	3.00	—	—	0.120	0.110
	其他材料费	元	1.00	21.290	—	—	—
机械	电动卷扬机单筒慢速牵引力 50kN	台班	105.50	—	0.347	0.146	0.163
	钢筋切断机 φ40mm 以内	台班	38.61	0.117	0.090	0.097	
	钢筋弯曲机 φ40mm 以内	台班	24.45	—	0.137	0.206	0.207
	直流电焊机 32kW	台班	167.54	—	0.422	0.472	
	对焊机（容量 75kV·A）	台班	183.66	1.260	—	0.072	0.084
	交流弧焊机（容量 42kV·A）	台班	180.65	2.240	—	—	—
	其他机械费	元	1.00	17.020	—	—	—

【例 6-9】 利用【例 6-3】~【例 6-7】计算出的工程量，计算钢筋分项工程的综合单价。

【解】 1) 将【例 6-3】~【例 6-7】的计算数据汇总于表 6-9 中。

表 6-9 钢筋工程量汇总表   计量单位：t

数据来源	【例 6-3】	【例 6-4】	【例 6-5】	【例 6-6】	【例 6-7】	合计
圆钢 φ10mm 内	0.544	0.059	0.161	0.018	0.045	0.827
圆钢 φ10mm 外	1.040	0.300	—	0.066	0.121	1.527

2) 编制钢筋工程分项工程量清单，见表 6-10。

表 6-10 钢筋工程分项工程量清单

序号	项目编码	项目名称	项目特征	计量单位	工程数量
1	010515001001	现浇混凝土钢筋	1. 钢筋种类：圆钢 2. 规格：φ10mm 以内	t	0.827
2	010515001002	现浇混凝土钢筋	1. 钢筋种类：圆钢 2. 规格：φ10mm 以外	t	1.527

3) 综合单价计算。套用表 6-8 单价，列式计算综合单价如下：

圆钢 ϕ10mm 以内，套用定额 4-202 计算，得：

人工费 = (0.827/0.827×1323.00)元/t = 1323.00元/t

材料费 = (0.827/0.827×5203.34)元/t = 5203.34元/t

机械费 = (0.827/0.827×44.48)元/t = 44.48元/t

管理费和利润 = (1323.00+44.48×8%)元/t×(33%+20%) = 703.08元/t

综合单价 = (1323.00+5203.34+44.48+703.08)元/t = 7273.90元/t

圆钢 ϕ10mm 以外，套用定额 4-203 计算，得：

人工费 = (1.527/1.527×501.90)元/t = 501.90元/t

材料费 = (1.527/1.527×5286.12)元/t = 5286.12元/t

机械费 = (1.527/1.527×107.84)元/t = 107.84元/t

管理费和利润 = (501.90+107.84×8%)元/t×(33%+20%) = 270.58元/t

综合单价 = (501.90+5286.12+107.84+270.58)元/t = 6166.44元/t

表格计算见表 6-11。

表 6-11 工程量清单综合单价分析

序号	项目编码	项目名称	计量单位	工程量	定额编号	定额名称	定额单位	数量	单价/元 人工费	单价/元 材料费	单价/元 机械费	合价/元 人工费	合价/元 材料费	合价/元 机械费	管理费和利润	综合单价/元
1	010515001001	现浇混凝土钢筋	t	0.827	4-202	圆钢ϕ10mm以内	t	1.00	1323.00	5203.34	44.48	1323.00	5203.34	44.48	703.08	7273.90
2	010515001002	现浇混凝土钢筋	t	1.527	4-203	圆钢ϕ10mm以外	t	1.00	501.90	5286.12	107.84	501.90	5286.12	107.84	270.58	6166.44

注：管理费费率取 33%，利润率取 20%。

6.2 平法钢筋计量

6.2.1 概述

平法是"混凝土结构施工图平面整体表示方法"的简称。平法自 1996 年推出以来，历经十余年的不断创新与改进，现已形成国家建筑标准设计图集 11G101 系列。

平法的表达形式，概括来讲，就是把结构构件的尺寸和配筋等，按照平面整体表示方法制图规则，整体直接地表达在各类构件的结构平面布置图上，再与标准构造图相配合，构成一套新型完整的结构设计图示方法。它改变了传统的将构件从结构平面布置图中索引出来，再逐个绘制配筋详图的烦琐方法。可以这样说，不懂平法，看不懂平法所表达的意思，就无法顺利完成钢筋工程量的计算。

平法系列图集的适用范围如下：
1) 11G101-1 适用于现浇混凝土框架、剪力墙、梁、板。
2) 11G101-2 适用于现浇混凝土板式楼梯。
3) 11G101-3 适用于独立基础、带形基础、筏形基础和桩基承台。

学习平法及其钢筋工程量计算，关键是掌握平法的整体表示方法与标准构造，并与传统的配筋图法建立联系，举一反三，多看多练。平法钢筋工程量计算方法与前一节有很大的不同，读者需要从观念上进行改变。因篇幅受限，本书只能以框架梁为例进行介绍，建议读者根据平法系列图集进一步学习。

6.2.2 平法图示与构造

1. 梁钢筋平法图示

梁内配筋的平法表达，采用平面注写式和截面注写式，以平面注写式为主。

（1）平面注写式要点　平面注定式的要点如下：

1) 在平面布置图中，将梁与柱、墙、板一起用适当比例绘制。
2) 分别在不同编号的梁中各选择一根梁，在其上直接注写几何尺寸和配筋的具体数值。
3) 平面注写包括集中标注与原位标注，集中标注表达梁的通用数值，原位标注表达梁的特殊数值，如图 6-23 所示。施工时，原位标注优先于集中标注。

以图 6-23 中 KL1 为例：引出线注明的是集中标注；KL1 是框架梁 1 的代号，"（2）"表示梁为两跨；300×550 表示梁截面的宽和高；Φ10@100/200（2）表示箍筋为圆钢，直径为10mm，加密区间距为100mm，非加密区间距为200mm，两肢箍；4Φ25 为梁上部贯通筋；7Φ25 2/5 为梁下部钢筋，分两排布置时上排 2 支，下排 5 支。原位标注在梁边，注在上面为梁上配筋，注在下面为梁下配筋。如图 6-23 中支座附近注明的 8Φ25 4/4 为梁上配筋，第一排 4 支，含贯通筋在内，第二排 4 支。N4Φ10 为在梁中部配置的抗扭钢筋，其中开头的字母"N"代表抗扭，若以"G"开头则为构造钢筋。

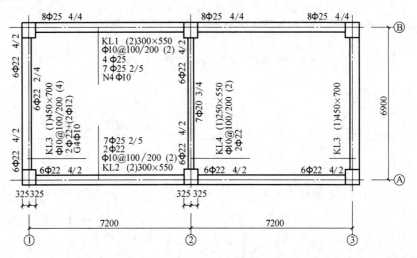

图 6-23　梁的平面注写示意图

（2）截面注写式要点 截面注写式要点如下：

1）分别在不同编号的梁中各选择一根梁，在用剖面符号引出的截面配筋图上注写截面尺寸与配筋具体数值，如图 6-24 所示。

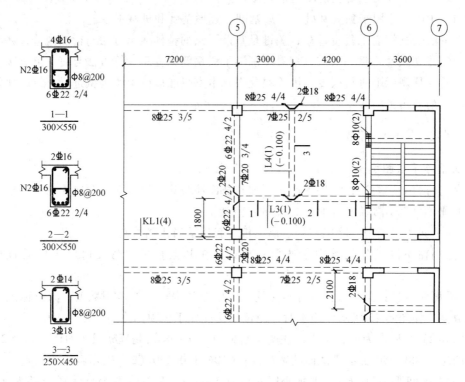

图 6-24 梁的截面注写示意图

2）截面注写式既可单独使用，也可与平面注写式结合使用。

2. 梁钢筋平法构造

（1）**梁纵筋构造** 梁纵筋构造如图 6-25 所示。

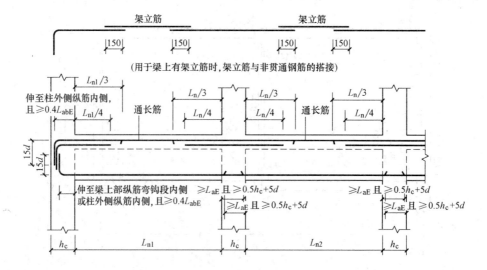

图 6-25 梁纵筋构造示意图

从图 6-25 中看出如下构造特点：梁下部受力钢筋只在跨间布置，两端伸入支座计锚固长度，进入端支座弯锚，进入中间支座直锚；梁上部有贯通筋沿梁全长布置，至少 2 根，位置靠梁截面的上部角边，是形成钢筋骨架的支撑点，在梁两边端部向下弯锚；端支座上部加转角筋，进入支座弯锚，出支座第一排为净跨长的 1/3，第二排为净跨长的 1/4；中支座上部加直筋，出支座为净跨长的 1/3 或 1/4。

与前一节所不同的是，本节钢筋计算要引入"锚固长度"的概念，在图中代号为 L_{aE} 或 L_a。锚固长度与支座有关，"有支座才有锚固"，因而必须清楚谁是谁的"支座"。在框架结构中，基础为柱的支座，柱为梁的支座，梁为板的支座，这与力的传递路径是一致的。为使钢筋能在支座处受拉时不被拔出和滑动，就需要在钢筋进入支座后有足够长的锚固长度。锚固长度取值见表 6-12～表 6-14。

表 6-12 抗震设计时受拉钢筋基本锚固长度 L_{abE}

钢筋种类	抗震等级	混凝土强度等级								
		C20	C25	C30	C35	C40	C45	C50	C55	≥C60
HPB300	一、二级	$45d$	$39d$	$35d$	$32d$	$29d$	$28d$	$26d$	$25d$	$24d$
	三级	$41d$	$36d$	$32d$	$29d$	$26d$	$25d$	$24d$	$23d$	$22d$
	四级、非抗震	$39d$	$34d$	$30d$	$28d$	$25d$	$24d$	$23d$	$22d$	$21d$
HRB335 HRBF335	一、二级	$44d$	$38d$	$33d$	$31d$	$29d$	$26d$	$25d$	$24d$	$24d$
	三级	$40d$	$35d$	$31d$	$28d$	$26d$	$24d$	$23d$	$22d$	$22d$
	四级、非抗震	$38d$	$33d$	$29d$	$27d$	$25d$	$23d$	$22d$	$21d$	$21d$
HRB400 HRBF400 RRB400	一、二级	—	$46d$	$40d$	$37d$	$33d$	$32d$	$31d$	$30d$	$29d$
	三级	—	$42d$	$37d$	$34d$	$30d$	$29d$	$28d$	$27d$	$26d$
	四级、非抗震	—	$40d$	$35d$	$32d$	$29d$	$28d$	$27d$	$26d$	$25d$
HRB500 HRBF500	一、二级	—	$55d$	$49d$	$45d$	$41d$	$39d$	$37d$	$36d$	$35d$
	三级	—	$50d$	$45d$	$41d$	$38d$	$36d$	$34d$	$33d$	$32d$
	四级、非抗震	—	$48d$	$43d$	$39d$	$36d$	$34d$	$32d$	$31d$	$30d$

注：d 为钢筋直径，下同。

表 6-13 受拉钢筋抗震锚固长度 L_{aE}（一）

钢筋种类	抗震等级	混凝土强度等级							
		C20	C25		C30		C35		C40	
		$d≤25$	$d≤25$	$d>25$	$d≤25$	$d>25$	$d≤25$	$d>25$	$d≤25$	$d>25$
HPB300	一、二级	$45d$	$39d$	—	$35d$	—	$32d$	—	$29d$	—
	三级	$41d$	$36d$	—	$32d$	—	$29d$	—	$26d$	—
HRB335 HRBF335	一、二级	$44d$	$38d$	—	$33d$	—	$31d$	—	$29d$	—
	三级	$40d$	$35d$	—	$30d$	—	$28d$	—	$26d$	—
HRB400 HRBF400	一、二级	—	$46d$	$51d$	$40d$	$45d$	$37d$	$40d$	$33d$	$37d$
	三级	—	$42d$	$46d$	$37d$	$41d$	$34d$	$37d$	$30d$	$34d$
HRB500 HRBF500	一、二级	—	$55d$	$61d$	$49d$	$54d$	$45d$	$49d$	$41d$	$46d$
	三级	—	$50d$	$56d$	$45d$	$49d$	$41d$	$45d$	$38d$	$42d$

表 6-14 受拉钢筋抗震锚固长度 L_{aE}（二）

钢筋种类	抗震等级	混凝土强度等级							
		C45		C50		C55		C60	
		$d \leq 25$	$d > 25$	$d \leq 25$	$d > 25$	$d \leq 25$	$d > 25$	$d \leq 25$	$d > 25$
HPB300	一、二级	$28d$	—	$26d$	—	$25d$	—	$24d$	—
	三级	$25d$	—	$24d$	—	$23d$	—	$22d$	—
HRB335 HRBF335	一、二级	$26d$	—	$25d$	—	$24d$	—	$24d$	—
	三级	$24d$	—	$23d$	—	$22d$	—	$22d$	—
HRB400 HRBF400	一、二级	$32d$	$36d$	$31d$	$35d$	$30d$	$33d$	$29d$	$32d$
	三级	$29d$	$33d$	$28d$	$32d$	$27d$	$30d$	$26d$	$39d$
HRB500 HRBF500	一、二级	$39d$	$43d$	$37d$	$40d$	$36d$	$39d$	$35d$	$38d$
	三级	$36d$	$39d$	$34d$	$37d$	$33d$	$36d$	$32d$	$35d$

注：受拉钢筋的锚固长度计算值不应小于 200mm。

（2）框架梁箍筋构造　箍筋构造如图 6-26 所示。

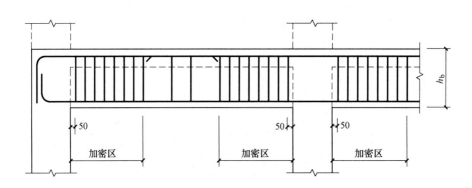

图 6-26　箍筋构造示意图

从图 6-26 中可以看到箍筋构造特点：由于是框架梁，箍筋自支座边 50mm 开始布置，靠支座一侧有一段加密区，加密区宽度既要不小于 2 倍或 1.5 倍的梁高（h_b），又要不小于 500mm，两者比较取大值，中间部分按正常间距布筋。

（3）非框架梁钢筋构造　非框架梁钢筋构造如图 6-27 所示。

（4）附加钢筋构造　当主梁上支撑有次梁时，主梁附加钢筋构造如图 6-28 所示。

（5）悬挑梁构造　悬挑梁构造如图 6-29 所示。

悬挑梁上部钢筋应从跨内钢筋延伸过来，但第一排在端部弯折方式不一样，至少两根角筋（一般是贯通筋）到顶弯锚 $\geq 12d$，其余的下弯至梁下；第二排出挑长度为 $0.75L$；跨内下部纵筋进入支座应弯锚；悬挑梁下部钢筋作为构造筋，进入支座 $12d$；悬挑梁箍筋加密布置。

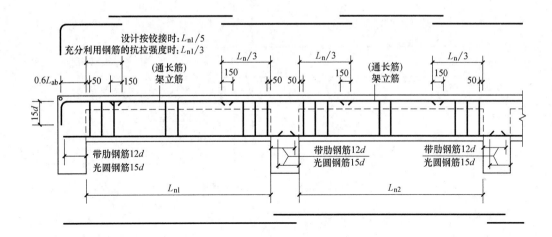

图 6-27 非框架梁钢筋构造示意图

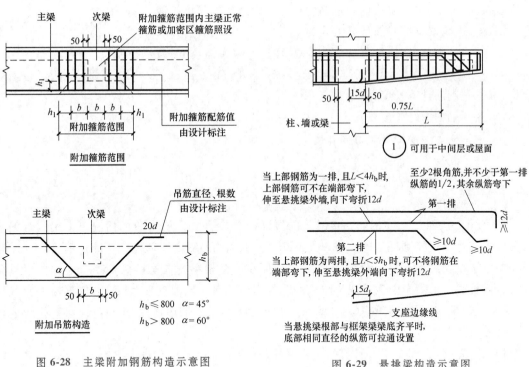

图 6-28 主梁附加钢筋构造示意图

图 6-29 悬挑梁构造示意图

6.2.3 平法钢筋计算方法

从以上构造可知,平法中钢筋布置的控制点与前一节内容有很大的不同,"净跨+锚固"是其钢筋计算的要诀。下面按不同位置的钢筋构造特点介绍钢筋工程量的计算方法。

1. 边跨梁下部纵筋计算

边跨梁是指一端为端支座,另一端为中间支座的梁。边跨梁下部纵筋如图 6-30 所示。

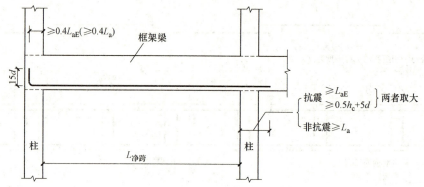

图 6-30　边跨梁下部纵筋示意图

从图 6-30 中可以看出其构造特点是：钢筋在跨间部分以梁净跨为控制点；中间支座伸入长度应为 L_{aE} 且不小于 0.5 倍柱截面边长（h_c）加 5 倍钢筋直径，两者取大值；端支座处入支座弯锚（直锚需要较大的柱断面），其水平直段长度应 $\geq 0.4L_{aE}$，再加弯转 15d。在这其中，水平段长度 $0.4L_{aE}$ 是最小值，而到支座边减保护层厚度是最大值，取大值是钢筋预算的常规做法，这当中忽略了柱内钢筋的存在，因此弯锚长度应取 $h_c-c+15d$。

因此，边跨梁下部纵筋计算公式为

钢筋计算长度 = 梁的净跨长度 + 弯锚长度 + 直锚长度

$$L = L_{净跨} + (h_c - c + 15d) + L_{aE} \tag{6-18}$$

式中　L——钢筋计算长度；

$L_{净跨}$——梁的净跨长度；

h_c——柱截面沿框架梁方向宽度；

c——混凝土柱保护层厚度；

d——梁的钢筋直径；

L_{aE}——锚固长度。

【讨论】　按照"同向钢筋不接触"的原则，在柱内受力筋占边的情况下，梁内纵筋进入柱中弯锚是不可能到柱边的。现以图 6-23 为例，讨论 KL2 下部 Φ25（带肋钢筋）在①轴支座中水平段长度的计算。图 6-23 中，柱截面在沿框架梁方向宽度为 650mm。梁的设计条件为二级抗震，混凝土强度等级为 C30，L_{aE} 取 33d，保护层厚度取 30mm（箍筋在外直径为 10mm，按表 6-1 取保护层厚度为 20mm，则受力筋的保护层厚度为 30mm），水平段长度可能有三种算法：

1）按最小值，即 $0.4L_{aE}$ 计算得：水平段长度 = (0.4×33×25)mm = 330mm。

2）按最大值，即到柱边扣保护层厚度计算得：水平段长度 = (650-30)mm = 620mm，最大值与最小值两者差值 = (620-330)mm = 290mm，也就是说，在柱的范围内，梁筋弯起有 290mm 的空间范围。

3）若按照"同向钢筋不接触"的原则，设柱内受力筋直径为 32mm，钢筋间留距 30mm，这时，水平段长度 = (650-30-32-30)mm = 558mm，与 $0.4L_{aE}$ 的差值 = (558-330)mm = 228mm。

可见，若取第三种算法，则最小值与之相差 228mm；最大值与之相差 62mm。

2. 中跨梁下部纵筋的计算

中跨梁是指两端均为中间支座的梁。中跨梁下部纵筋如图 6-31 所示。

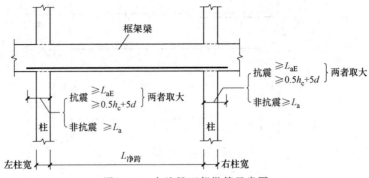

图 6-31 中跨梁下部纵筋示意图

其计算公式为

$$L = L_{净跨} + 2L_{aE} \tag{6-19}$$

式中 L——钢筋计算长度；

$L_{净跨}$——梁的净跨长度；

L_{aE}——锚固长度。

3. 梁上部贯通筋的计算

梁上部贯通筋如图 6-32 所示。

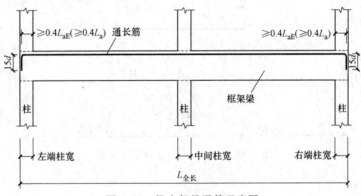

图 6-32 梁上部贯通筋示意图

其计算公式为

钢筋计算长度 = 梁的全长 - 两端柱保护层厚度 + 两端15d

$$L = L_{全长} - 2c + 2 \times 15d \tag{6-20}$$

式中 L——钢筋计算长度；

$L_{全长}$——梁的全长。

其余符号含义同前。

4. 端支座梁上部转角筋的计算

端支座梁上部转角筋如图 6-33 所示。

其计算公式为

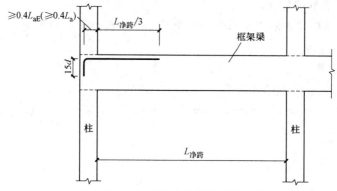

图 6-33 端支座梁上部转角筋示意图

$$L = \frac{L_{净跨}}{3} + (h_c - c + 15d) \tag{6-21}$$

式中　L——钢筋计算长度；

　　$L_{净跨}$——梁的净跨长度，第一排取 1/3，第二排取 1/4。

　　其余符号含义同前。

5. 中间支座上部直筋计算

中间支座上部直筋如图 6-34 所示。

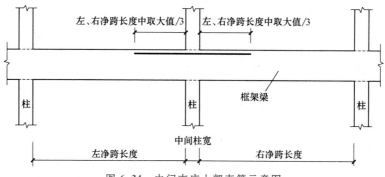

图 6-34 中间支座上部直筋示意图

其计算公式为

$$L = 2 \times \frac{L_{净跨}}{3} + hc \tag{6-22}$$

式中　L——钢筋计算长度；

　　$L_{净跨}$——梁的净跨长度，取左右两跨较大者，第一排取 1/3，第二排取 1/4。

　　其余符号含义同前。

6. 箍筋计算

箍筋单支长度按式（6-6）计算，支数计算公式为

$$支数 = \frac{L_{净跨} - 2B_{jm}}{@} + \left(\frac{B_{jm} - 0.05}{s}\right) \times 2 + 1 \tag{6-23}$$

式中　$L_{净跨}$——梁的净跨长度；

B_{jm}——加密区宽度，取 2 倍（或 1.5 倍）梁高或 500mm 中较大值；

@——非加密间距；

s——加密间距；

0.05——梁中两端最边的箍筋距支座边长（m）。

7. 梁中构造筋计算

以 G 开头的构造筋，其进入支座的锚固长度取 15d，长度计算公式为

$$L = L_{净跨} + 2 \times 15d \tag{6-24}$$

式中 L——钢筋计算长度；

$L_{净跨}$——梁的净跨长度。

【例 6-10】 试计算图 6-35 所示框架梁 KL1（2）的钢筋工程量，一级抗震要求，C25 混凝土。

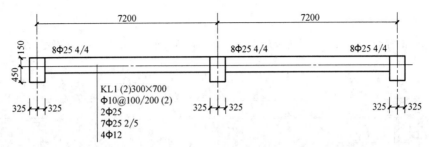

图 6-35 KL1 示意图

【解】 根据题给条件查表 6-13，L_{aE} 取 38d（纵向钢筋一般为带肋钢筋）。查表 6-1，c 取 20mm。

1) 上部贯通钢筋：2Φ25（带肋钢筋）。

单支长度 =（7.2×2+0.325×2−2×0.02+2×15×0.025）m = 15.76m

质量 =（15.76×2×3.85）kg = 121.35kg

2) 边跨下纵筋：7Φ25（带肋钢筋）2/5，两跨对称共 14Φ25。

单支长度 = [7.2−0.325×2+（0.325×2−0.02+15×0.025）+38×0.025] m = 8.51m

质量 =（8.51×14×3.85）kg = 458.69kg

3) 梁中构造筋：4Φ12（圆钢），两跨对称共 8Φ12。

单支长度 =（7.2−0.325×2+2×15×0.012+12.5×0.012）m = 7.06m

质量 =（7.06×8×0.888）kg = 50.15kg

4) 端支座转角筋：8Φ25（带肋钢筋）4/4，扣贯通筋后为 2/4，对称加倍。

第一排长度 = $\left[\dfrac{7.2-0.325\times 2}{3}+(0.325\times 2-0.02+15\times 0.025)\right]$ m = 3.18m

第二排长度 = $\left[\dfrac{7.2-0.325\times 2}{4}+(0.325\times 2-0.02+15\times 0.025)\right]$ m = 2.65m

质量 = [（3.18×4+2.65×8）×3.85] kg = 130.59kg

5) 中支座直筋：8Φ25（带肋钢筋）4/4，扣贯通筋后为 2/4。

第一排长度 = $\left(\dfrac{7.2-0.325\times 2}{3}\times 2+0.325\times 2\right)$ m = 5.02m

$$\text{第一排长度} = \left(\frac{7.2-0.325\times 2}{4}\times 2 + 0.325\times 2\right)\text{m} = 3.93\text{m}$$

$$\text{质量} = [(5.02\times 2 + 3.93\times 4)\times 3.85]\text{kg} = 99.18\text{kg}$$

6) 箍筋：Φ10@100/200（2）（圆钢），两跨对称加倍。

$$\text{单支长度} = [(0.3+0.7)\times 2 - 8\times 0.02 + 2\times 11.9\times 0.01]\text{m} = 2.08\text{m}$$

$$\text{支数} = \left(\frac{7.2-0.325\times 2 - 2\times 1.4}{0.2} + \frac{1.4-0.05}{0.1}\times 2 + 1\right)\text{支} = 47\text{支}$$

$$\text{质量} = (2.08\times 47\times 2\times 0.617)\text{kg} = 120.64\text{kg}$$

汇总质量：圆钢 ϕ10mm 以内 120.64kg，圆钢 ϕ10mm 以外 50.15kg。

带肋钢筋（121.35+458.69+130.59+99.18）kg = 809.81kg

6.2.4 柱平法图示、构造与计算

1. 柱平法钢筋图示

柱内配筋的平法表达，采用列表注写式（图6-36）和截面注写式（图6-37）。

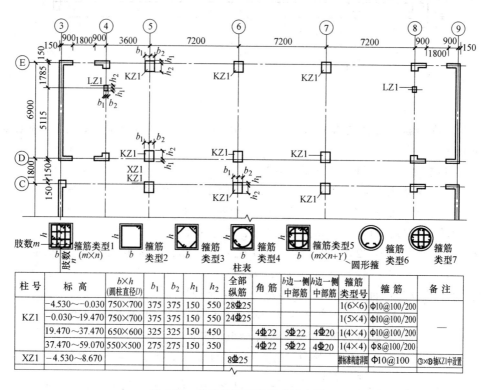

图 6-36 柱平法列表注写式示意图

2. 柱平法钢筋构造

（1）柱内纵筋构造 柱内纵筋构造如图6-38所示。

（2）柱内箍筋构造 柱内箍筋构造如图6-39所示。

（3）柱内基础插筋构造 柱内基础插筋构造如图6-40所示。

（4）中柱顶钢筋构造 中柱顶钢筋构造如图6-41所示。

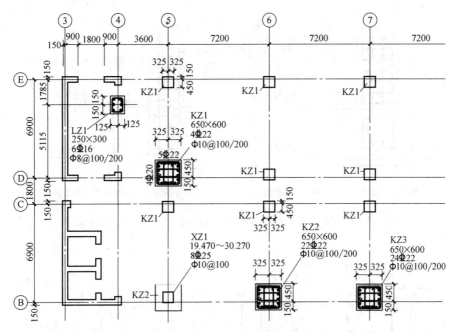

图 6-37 柱平法截面注写式示意图

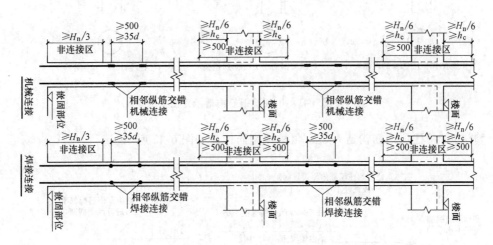

图 6-38 柱内纵筋构造示意图

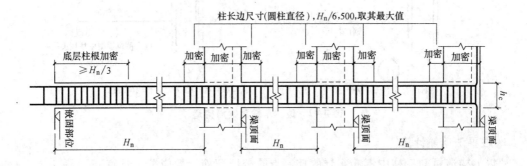

图 6-39 柱内箍筋构造示意图

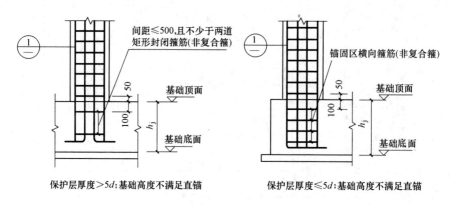

图 6-40 柱内基础插筋构造示意图（图中折弯水平段长 150mm）

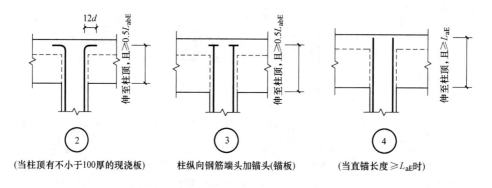

图 6-41 中柱顶钢筋构造示意图

（5）边、角柱顶钢筋构造 边、角柱顶钢筋构造如图 6-42 所示。

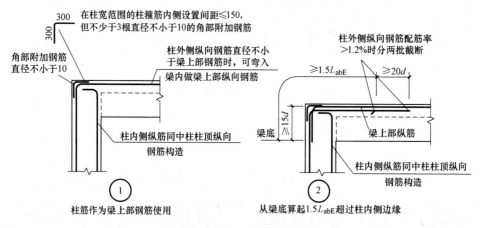

图 6-42 边、角柱顶钢筋构造

3. 柱平法钢筋计算

从以上构造可知，柱中钢筋布置的控制点是分层配筋，故应分层计算。

1) 以首层配筋按基础插筋构造计算基础插筋工程量，并应考虑按两批次断开。

2）首层配筋按首层纵筋连接构造计算钢筋工程量，并应考虑按两批次断开，同时应计算接头个数。

3）中间层配筋按中间层纵筋连接构造计算钢筋工程量，并应考虑按两批次断开，同时应计算接头个数。

4）顶层配筋按顶层纵筋连接构造计算钢筋工程量至WKL底，并应考虑按两批次断开，同时应计算接头个数。

5）顶层配筋进入柱顶或WKL应区别角柱、边柱、中柱不同构造计算钢筋工程量。

6）当柱每层配筋相同时，可从基底直接算至WKL底，再考虑区别角柱、边柱、中柱不同构造计算钢筋工程量。每层均应计算接头个数。

【例6-11】 如图6-43所示，试计算KZ1配筋工程量。图中KL和WKL高600mm，基础高800mm，三级抗震，C30混凝土，纵筋采用HRB400，箍筋采用HPB300，纵筋要求采用机械连接。

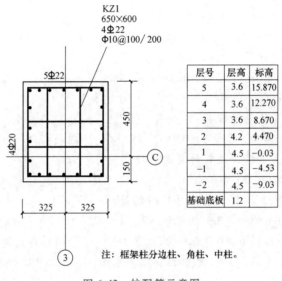

图6-43 柱配筋示意图

【解】 本例纵筋配置为角筋4Φ22，B边一侧双面共10Φ22，H边一侧双面共8Φ20，截面配筋共22根纵筋。该柱为7层，每层均配置相同的纵筋，故可简化计算。根据题给条件查表6-12，L_{abE}取37d。柱保护层厚度取20mm，基础保护层厚度取40mm。

（1）纵筋接头 （22×7）个 = 154个

（2）纵筋长度 根据图6-38、图6-40所示要求，长度计算与钢筋直径无关，则：

1）自基底（加弯折水平段，扣除基础保护层厚度40mm）算至WKL底的纵筋每根长度为

（1.2+4.5×3+4.2+3.6×3-0.04-0.6）m = 29.06m

2）进入WKL后弯折锚入柱端或WKL的纵筋长度应根据构造要求区分中柱、角柱或边柱计算，结果均不同。

① 根据图6-41中当柱顶有不小于100mm厚的现浇板时，采用图中②号大样构造，满足梁高600mm≥$0.5L_{abE}$ = (0.5×37×25)mm = 462.5mm的必要条件，故22根纵筋按梁高-保护层厚度+12d计算，则

8Φ20长度：[（0.600-0.020+12×0.020）×8]m = 6.56m

14Φ22 长度：$[(0.600-0.020+12\times0.022)\times14]$m = 11.816m

② 根据图 6-42 中②号大样构造，当该柱为角柱时，由于本例外侧纵向钢筋为 8Φ22+4Φ20，纵向钢筋配筋率为 $(8\times380.10+4\times314.20)/(650\times600)=1.11\%<1.20\%$，故外侧纵向钢筋只需按第一批截断计算其长度（注：钢筋截面面积可查表 6-6）。

外侧按第一批截断计算长度为 $1.5L_{abE}$，取 $1.5\times37d$。

8Φ22 长度：$[(1.5\times37\times0.022)\times8]$m = 9.768m

4Φ20 长度：$[(1.5\times37\times0.020)\times4]$m = 4.440m

内侧纵筋按梁高-保护层厚度+12d 计算，则

6Φ22 长度：$[(0.600-0.020+12\times0.022)\times6]$m = 5.064m

4Φ20 长度：$[(0.600-0.020+12\times0.020)\times4]$m = 3.376m

③ 根据图 6-42 中②号大样构造，当该柱为边柱时，由于本例外侧纵向钢筋为 5Φ22 或 4Φ20，纵向钢筋配筋率为 $(5\times380.10)/(650\times600)=0.487\%<1.20\%$，故外侧纵向钢筋只需按第一批截断计算其长度。

5Φ22 长度：$[(1.5\times37\times0.022)\times5]$m = 6.105m

4Φ20 长度：$[(1.5\times37\times0.020)\times4]$m = 4.440m

内侧纵筋按梁高-保护层厚度+12d 计算。

(3) 箍筋长度　从图 6-43 可知，该柱截面 $B=(325+325)$mm = 650mm，$H=(150+450)$mm = 600mm。箍筋有以下三种情形：

1) 按截面最大计算的封闭箍筋：

单支长度 = $[(0.65+0.6)\times2-8\times0.020+2\times11.9\times0.010]$m = 2.578m

2) 按 B 边一侧为 1/2 的 B 边宽计算的封闭箍筋：

单支长度 = $[1/2\times0.65\times2+(0.6-0.020)\times2+11.9\times0.010\times2]$m = 2.048m

3) 按 H 边一侧为 1/5 的 H 边宽计算的封闭箍筋：

单支长度 = $[1/5\times0.6\times2+(0.65-0.020)\times2+11.9\times0.010\times2]$m = 1.738m

(4) 箍筋支数　根据图 6-39 构造，上述三种情形的封闭箍筋均有以下计算相同的支数。而在平法中查到，当有多层地下室时，基础顶面、每层梁上下的加密区段应满足柱长边尺寸或 $H_n/6$ 或 500mm 的最大值，该柱的 $H_n/6$ 值为：

-2 层：$[(4.5-0.6+1.2-0.8)/6]$m = 0.717m，取 717mm。

-1 层和 1 层：$[(4.5-0.6)/6]$m = 0.65m，取 650mm。

2 层：$[(4.2-0.6)/6]$m = 0.6m，取 650mm。

3~5 层：$[(3.6-0.6)/6]$m = 0.5m，取 650mm。

根据图 6-40 构造，基础内加两道箍筋。

箍筋支数 = $[2+(0.717-0.05)/0.1+(4.5-0.6+1.2-0.8-0.717\times2)/0.2+$
　　　　　　$(0.717+0.6+0.65)/0.1+(4.5-0.65\times2)/0.2+$
　　　　　　$(0.65+0.6+0.65)/0.1+(4.5-0.65\times2)/0.2+$
　　　　　　$(0.65+0.6+0.65)/0.1+(4.2-0.65\times2)/0.2+$
　　　　　　$(0.65+0.6+0.65)/0.1+(3.6-0.65\times2)/0.2+$
　　　　　　$(0.65+0.6+0.65)/0.1+(3.6-0.65\times2)/0.2+$
　　　　　　$(0.65+0.6+0.65)/0.1+(3.6-0.65\times2)/0.2+(0.65+0.6-0.2)/0.1+1]$支
　　　　　＝230.17 支 ≈ 231 支

6.2.5 楼梯平法图示、构造与计算

1. 楼梯平法图示

楼梯平法图示如图 6-44 所示（AT 型只是楼梯中的一种，其他详见平法图集）。

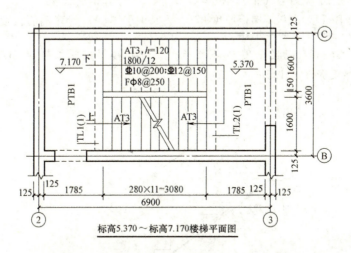

图 6-44 楼梯平法图示

2. 楼梯平法配筋构造

楼梯平法配筋构造如图 6-45 所示（AT 型只是楼梯中的一种，其他详见平法图集）。

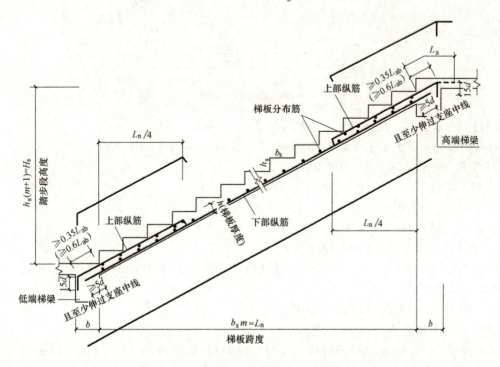

图 6-45 AT 型楼梯平法配筋构造

3. 楼梯平法钢筋计算

根据以上构造,楼梯平法钢筋计算归纳如下:
1) 凡有水平标注尺寸的,均可用水平标注尺寸乘以斜长比计算钢筋长度。
2) 板底钢筋进入支座(梁),上下端均按 $\geqslant 5d$,且至少伸过支座中线计算。
3) 上下端负筋进入支座(梁),按 $\geqslant 0.6L_{ab}+15d$ 计算钢筋长度。
4) 负筋直角弯折段可按(梯板厚度 -2 个板保护层厚度)计算钢筋长度。

【例 6-12】 某楼梯配筋图如图 6-46 所示,试计算楼梯钢筋工程量。C25 混凝土,钢筋采用 HRB335,梯段宽度为 1.5m。

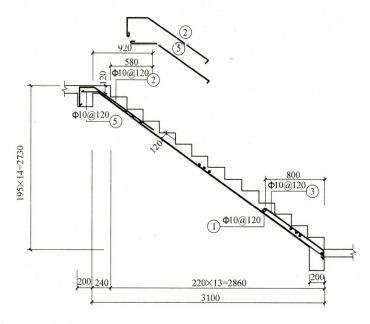

图 6-46 某楼梯配筋图

【解】 查表 6-12,L_{ab} 取 $33d$,保护层厚度取 15mm。

斜长比计算。图中楼梯踏步 $b=220$mm,$h=195$mm,斜长比为 1.336。

① 号筋,梯板底纵筋 (Φ10@120)

单支长度 $=[(3.1-0.2)\times 1.336+0.2/2\times 2]$m $=4.074$m

支数 $=[(1.5-0.015\times 2)/0.12+1]$ 支 $=14$ 支

质量 $=(4.074\times 14\times 0.617)$kg $=35.19$kg

② 号筋,上端负筋 (Φ10@120)

单支长度 $=[0.92\times 1.336+0.6\times 33\times 0.010+15\times 0.010+(0.12-0.015\times 2)]$m $=1.667$m

支数 $=14$ 支

质量 $=(1.667\times 14\times 0.617)$kg $=14.40$kg

③ 号筋,下端负筋 (Φ10@120)

单支长度 $=[(0.8-0.2)\times 1.336+0.6\times 33\times 0.010+15\times 0.010+(0.12-0.015\times 2)]$m $=1.24$m

支数 $=14$ 支

质量 $=(1.24\times 14\times 0.617)$kg $=10.71$kg

④号筋，图中未标注，可按Φ8@250（HPB）计算。

单支长度=(1.5-0.015×2)m=1.47m

支数=[(3.1-0.2-0.05×2)×1.336/0.25+1+(0.92-0.05)×1.336/0.25+1+

(0.8-0.2-0.05)×1.336/0.25+1]支=26支

质量=(1.47×26×0.395)kg=15.1kg

习题与思考题

1. 计算图 6-47 所示钢筋工程量。
2. 计算图 6-48 所示钢筋工程量。
3. 计算图 6-49 所示钢筋工程量。
4. 计算图 6-50、图 6-51 所示钢筋工程量。

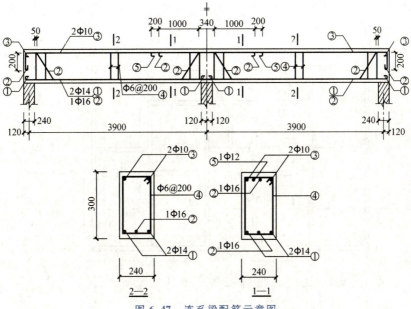

图 6-47 连系梁配筋示意图

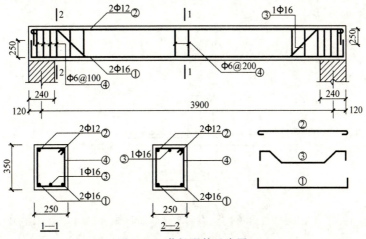

图 6-48 单梁配筋示意图

图 6-49 平板配筋示意图

图 6-50 有梁式基础平面图

1—1

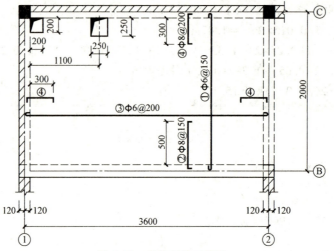

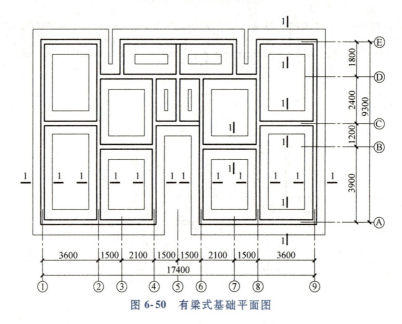

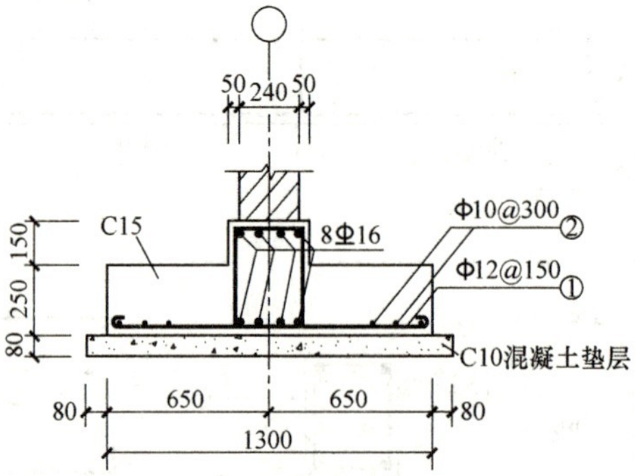

图 6-51 有梁式基础配筋图

5. 计算图 6-52 所示钢筋工程量。

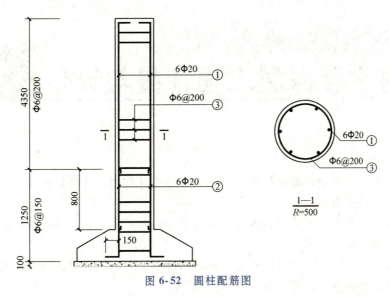

图 6-52 圆柱配筋图

第7章 屋面防水及保温工程计量与计价

> **教学要求：**
> - 熟悉屋面及其防水、屋面排水管、楼地面防水及防潮、变形缝处理、屋面保温等项目清单分项的划分标准。
> - 掌握屋面及其防水、屋面排水管、楼地面防水及防潮、变形缝处理、屋面保温等项目的工程量计算规则。
> - 掌握屋面及其防水、屋面排水管、楼地面防水及防潮、变形缝处理、屋面保温等项目的综合单价分析计算方法。

本章主要讨论屋面及其防水、屋面排水管、楼地面防水及防潮、变形缝处理、屋面保温等工程的计量与计价。

7.1 屋面及防水工程

7.1.1 基本问题

1. 清单分项

《国家计量规范》将屋面及防水工程划分为瓦、型材屋面，屋面防水及其他，墙面防水、防潮，楼（地）面防水、防潮等项目。

1）具体分项见表 7-1~表 7-3。

表 7-1 瓦、型材屋面（编码：010901）

项目编码	项目名称	项目特征	计量单位	工程量计算规则	工作内容
010901001	瓦屋面	1. 瓦品种、规格 2. 粘结层砂浆的配合比	m²	按设计图示尺寸以斜面积计算 不扣除房上烟囱、风帽底座、风道、小气窗、斜沟等所占面积。小气窗的出檐部分不增加面积	1. 砂浆制作、运输、摊铺、养护 2. 安瓦、做瓦脊
010901002	型材屋面	1. 型材品种、规格 2. 金属檩条材料品种、规格 3. 接缝、嵌缝材料种类			1. 檩条制作、运输、安装 2. 屋面型材安装 3. 接缝、嵌缝
010901003	阳光板屋面	1. 阳光板品种、规格 2. 骨架材料品种、规格 3. 接缝、嵌缝材料种类 4. 油漆品种、刷漆遍数		按设计图示尺寸以斜面积计算 不扣除屋面面积≤0.3m²孔洞所占面积	1. 骨架制作、运输、安装、刷防护材料、油漆 2. 阳光板安装 3. 接缝、嵌缝

（续）

项目编码	项目名称	项目特征	计量单位	工程量计算规则	工作内容
010901004	玻璃钢屋面	1. 玻璃钢品种、规格 2. 骨架材料品种、规格 3. 玻璃钢固定方式 4. 接缝、嵌缝材料种类 5. 油漆品种、刷漆遍数	m²	按设计图示尺寸以斜面积计算 不扣除屋面面积≤0.3m²孔洞所占面积	1. 骨架制作、运输、安装、刷防护材料、油漆 2. 玻璃钢制作、安装 3. 接缝、嵌缝
010901005	膜结构屋面	1. 膜布品种、规格 2. 支柱（网架）钢材品种、规格 3. 钢丝绳品种、规格 4. 锚固基座做法 5. 油漆品种、刷漆遍数		按设计图示尺寸以需要覆盖的水平投影面积计算	1. 膜布热压胶接 2. 支柱（网架）制作、安装 3. 膜布安装 4. 穿钢丝绳、锚头锚固 5. 锚固基座、挖土、回填 6. 刷防护材料、油漆

表7-2 屋面防水及其他（编码：010902）

项目编码	项目名称	项目特征	计量单位	工程量计算规则	工作内容
010902001	屋面卷材防水	1. 卷材品种、规格、厚度 2. 防水层数 3. 防水层做法	m²	按设计图示尺寸以面积计算 1. 斜屋顶（不包括平屋顶找坡）按斜面积计算，平屋顶按水平投影面积计算 2. 不扣除房上烟囱、风帽底座、风道、屋面小气窗和斜沟所占面积 3. 屋面的女儿墙、伸缩缝和天窗等处的弯起部分，并入屋面工程量内	1. 基层处理 2. 刷底油 3. 铺油毡卷材、接缝
010902002	屋面涂膜防水	1. 防水膜品种 2. 涂膜厚度、遍数 3. 增强材料种类			1. 基层处理 2. 刷基层处理剂 3. 铺布、刷涂防水层
010902003	屋面刚性层	1. 刚性层厚度 2. 混凝土种类 3. 混凝土强度等级 4. 嵌缝材料种类 5. 钢筋规格、型号		按设计图示尺寸以面积计算。不扣除房上烟囱、风帽底座、风道等所占面积	1. 基层处理 2. 混凝土制作、运输、铺筑、养护 3. 钢筋制作安装
010902004	屋面排水管	1. 排水管品种、规格 2. 雨水斗、山墙出水口品种、规格 3. 接缝、嵌缝材料种类 4. 油漆品种、刷漆遍数	m	按设计图示尺寸以长度计算。如设计未标注尺寸，以檐口至设计室外散水上表面垂直距离计算	1. 排水管及配件安装、固定 2. 雨水斗、山墙出水口、雨水篦子安装 3. 接缝、嵌缝 4. 刷漆
010902005	屋面排（透）气管	1. 排（透）气管品种、规格 2. 接缝、嵌缝材料种类 3. 油漆品种、刷漆遍数		按设计图示尺寸以长度计算	1. 排（透）气管及配件安装、固定 2. 铁件制作、安装 3. 接缝、嵌缝 4. 刷漆
010902006	屋面（廊、阳台）泄（吐）水管	1. 吐水管品种、规格 2. 接缝、嵌缝材料种类 3. 吐水管长度 4. 油漆品种、刷漆遍数	根（个）	按设计图示数量计算	1. 水管及配件安装、固定 2. 接缝、嵌缝 3. 刷漆
010902007	屋面天沟、檐沟	1. 材料品种、规格 2. 接缝、嵌缝材料种类	m²	按设计图示尺寸以展开面积计算	1. 天沟材料铺设 2. 天沟配件安装 3. 接缝、嵌缝 4. 刷防护材料

(续)

项目编码	项目名称	项目特征	计量单位	工程量计算规则	工作内容
010902008	屋面变形缝	1. 嵌缝材料种类 2. 止水带材料种类 3. 盖缝材料 4. 防护材料种类	m	按设计图示尺寸以长度计算	1. 清缝 2. 填塞防水材料 3. 止水带安装 4. 盖缝制作、安装 5. 刷防护材料

表 7-3 墙面防水、防潮（编码：010903）

项目编码	项目名称	项目特征	计量单位	工程量计算规则	工作内容
010903001	墙面卷材防水	1. 卷材品种、规格、厚度 2. 防水层数 3. 防水层做法	m^2	按设计图示尺寸以面积计算	1. 基层处理 2. 刷粘结剂 3. 铺防水卷材 4. 接缝、嵌缝
010903002	墙面涂膜防水	1. 防水膜品种 2. 涂膜厚度、遍数 3. 增强材料种类	m^2	按设计图示尺寸以面积计算	1. 基层处理 2. 刷基层处理剂 3. 铺布、喷涂防水层
010903003	墙面砂浆防水（防潮）	1. 防水层做法 2. 砂浆厚度、配合比 3. 钢丝网规格	m^2	按设计图示尺寸以面积计算	1. 基层处理 2. 挂钢丝网片 3. 设置分格缝 4. 砂浆制作、运输、摊铺、养护
010903004	墙面变形缝	1. 嵌缝材料种类 2. 止水带材料种类 3. 盖缝材料 4. 防护材料种类	m	按设计图示以长度计算	1. 清缝 2. 填塞防水材料 3. 止水带安装 4. 盖缝制作、安装 5. 刷防护材料

2）清单的适用范围。屋面工程主要包括瓦屋面、型材屋面、卷材屋面、涂料屋面、铁皮（金属压型板）屋面、屋面排水等。防水工程适用于楼地面、墙基、墙身、构筑物、水池、水塔及室内厕所、浴室的防水，建筑物±0.000以下的防水。防潮工程按防水相应项目计算。变形缝项目是指建筑物和构筑物变形缝的填缝、盖缝和止水等，按变形缝部位和材料分项。

目前，屋面防水和地下室防水在设计和施工上受到极大重视。国家标准规定了屋面防水等级，按不同等级进行防水设防。许多类别的建筑物，如高层建筑要求二道或多道防水设防（一种防水材料能够独立成为防水层的称为一道），因此，在工程计价中应列出项目，按相应计算规则计算工程量。

2. 定额分项

定额将屋面及防水工程按工程部位划分为屋面工程、防水工程、变形缝三个部分。各部分又按使用的材料品种划分子项目，其分类见表 7-4。

表 7-4 定额项目分类表

类别	按类型分类	按材料分类	包括的主要项目
屋面	瓦屋面		水泥瓦、黏土瓦、小青瓦、石棉瓦、金属压型板
	卷材屋面	油毡屋面	石油沥青玛蹄脂
		高分子卷材	三元乙丙橡胶、再生橡胶、氯丁橡胶、氯化聚乙烯-橡胶、氯磺化聚乙烯、防水柔毡、SBC120 复合卷材
	涂膜屋面		塑料油膏贴玻璃纤维布、聚氯脂涂膜、掺无机盐防水剂
	屋面排水		铁皮件、铸铁管件、玻璃钢管件

(续)

类别	按类型分类	按材料分类	包括的主要项目
防水	卷材防水	油毡卷材	玛蹄脂
		高分子卷材	氯化聚乙烯-橡胶、三元乙丙橡胶、再生橡胶
	涂膜防水		苯乙烯、塑料油膏、石油沥青、防水砂浆
变形缝	填缝		油浸麻丝、玛蹄脂
	盖缝		木质、铁皮

1）彩色水泥瓦屋面细分为木挂瓦条挂瓦、钢挂瓦条挂瓦、砂浆卧瓦、瓦屋脊4个子项目。

2）小青瓦屋面按规格是8寸瓦或6寸瓦，铺设方式是冷摊瓦和砂浆卧瓦，搭接方式是搭七露三还是二筒三板，小青瓦屋脊、勾头、滴水细分为13个子项目。

3）合成树脂瓦屋面细分为木挂瓦条挂瓦、钢挂瓦条挂瓦2个子项目。

4）彩色沥青瓦屋面单列1个子项目。

5）玻璃钢波纹瓦屋面单列1个子项目。

6）平铁皮屋面细分为单咬口、双咬口2个子项目。

7）彩钢板屋面细分为波纹瓦屋面、夹心板屋面2个子项目。

8）采光屋面细分为波纹瓦屋面、阳光板屋面2个子项目。

9）膜结构屋面细分为骨架支撑式、支撑拉索式2个子项目。

10）屋面防水隔气层细分为氯丁胶乳沥青二遍、水乳型橡胶沥青一布二涂2个子项目。

11）屋面防水隔离层细分为无纺聚酯纤维布、满铺聚乙烯膜一层、PE膜3个子项目。

12）刚性防水屋面细分为平面防水砂浆、立面防水砂浆、40mm厚现浇细石混凝土、每增减10mm厚现浇细石混凝土、40mm厚商品细石混凝土、每增减10mm厚商品细石混凝土6个子项目。

13）石油沥青玛蹄脂防水卷材屋面细分为一毡二油、二毡三油、二毡三油一砂、卷材每增减一毡一油、干铺油毡一层5个子项目。

14）高聚物改性沥青防水卷材屋面细分为满铺、空铺、点铺、条铺、热熔单层、热熔每增一层、屋面分格缝点粘300mm宽7个子项目。

15）自黏性改性沥青防水卷材屋面单列1个子项目。

16）合成高分子防水卷材屋面按满铺、空铺、点铺、条铺四种方式和材料品种的不同细分为三元乙丙橡胶冷贴、再生橡胶卷材冷贴、氯丁橡胶卷材冷贴、氯化聚乙烯-橡胶共混卷材冷贴、氯碘化聚乙烯卷材冷贴、聚氯乙烯卷材防水、SBC120复合卷材冷贴等22个子项目。

17）涂膜防水按聚氨酯防水涂膜、丙烯酸酯防水涂膜、聚合物水泥（JS）防水涂料3种材料，又按1.5mm厚和每增减厚度0.5mm细分为6个子项目；水泥基渗透结晶型涂料按二遍和增减一遍细分为2个子项目；水溶型改性沥青防水涂料按二布六涂、每增减一布二涂细分为2个子项目；JS涂膜一布二涂高分子防水涂料单列1个子项目。

18）铸铁排水管、铸铁雨水口、铸铁水斗按直径100mm和150mm细分为6个子项目。铸铁弯头（含箅子板）单列1个子项目。

19）塑料排水管、塑料水斗按直径110mm和160mm细分为6个子项目。塑料弯头单列1个子项目。

20）不锈钢排水管、不锈钢水斗各单列1个子项目。

21）虹吸式排水管、虹吸式水斗按直径110mm和125mm细分为4个子项目。

22）屋面排（透）气管按塑料管或钢管、上人或不上人细分为4个子项目。

23）出入孔盖板按做法不同细分为4个子项目。

24）屋面泛水、天沟按不同材料细分为5个子项目。

25）墙面、楼地面和地下室防水按防水砂浆、玛蹄脂卷材、高聚物改性沥青防水卷材、自黏性改性沥青防水卷材、三元乙丙橡胶冷贴、再生橡胶卷材冷贴、氯丁橡胶卷材冷贴、氯化聚乙烯-橡胶共混卷材冷贴、氯碘化聚乙烯卷材冷贴、聚氯乙烯卷材防水、SBC120复合卷材冷贴、聚氨酯防水、丙烯酸酯防水、JS防水复合涂料、水泥基渗透结晶型涂料、刷冷底子油、石油沥青、石油沥青玛蹄脂、玛蹄脂玻璃纤维布、沥青玻璃布、水溶型再生胶沥青聚酯布、溶剂型再生胶沥青聚酯布、水溶型阳离子氯丁胶乳化沥青聚酯布等材料的不同细分子项目。

26）变形缝填缝按材料的不同细分为平面油浸麻丝、立面油浸麻丝、油浸木丝板、玛蹄脂、平面石灰麻刀、立面石灰麻刀、建筑油膏、沥青砂浆、屋面分格缝、聚苯乙烯泡沫塑料板、聚氨酯密封膏、聚氯乙烯胶泥12个子项目。

27）外墙变形缝盖缝按镀锌钢板、铝板并按厚度的不同细分为4个子项目。

28）内墙变形缝盖缝按木板、镀锌钢板、铝板细分为3个子项目。

29）天棚变形缝盖缝按木板、镀锌钢板、铝板细分为3个子项目。

30）楼面、屋面变形缝盖缝按钢板、花纹硬橡胶细分为4个子项目。

31）建筑油膏玻璃布盖缝按一布二油、每增一布一油细分为2个子项目。

32）止水带按材料不同细分为预埋式的橡胶止水带、塑料止水带、紫铜板止水带、钢板止水带，氯丁橡胶皮止水带、透水膨胀止水带、可卸式的柔性止水带、金属止水带，后浇带中的外贴式止水带、外贴式+遇水膨胀止水带、内埋式止水带14个子项目。

33）通风箅子细分为预制钢筋混凝土箅子、铸铁箅子、不锈钢箅子、聚氯乙烯塑料箅子4个子项目。

3. 卷材的几种铺贴方法

1）满铺法。满铺法又称实铺法，是在油毡下满涂胶粘剂，使卷材与基层的整个接触面积用胶粘剂粘结在一起。

2）空铺法。空铺法是指卷材与基层之间只在四周一定宽度范围内实施粘贴，其余部分则不粘贴，使第一层油毡与基层之间存在空隙。

3）点铺法。点铺法是指卷材与基层之间只实施点的粘结，要求粘结点应多于5个点/m^2，每点面积应达到100mm×100mm，粘结总面积要达到接触面的6%。

4）条铺法。条铺法是指卷材与基层之间只做条带粘结，但要求粘结总面积不应小于整个接触面的25%。

5）冷贴法。冷贴法是指将胶粘剂直接涂刷在基层表面或卷材粘结面上，使卷材与基层实施粘结，而不需要热施工的铺贴方法。

7.1.2 工程量计算规则

1. 屋面工程

（1）清单规则

1) 瓦、型材屋面按设计图示尺寸以斜面积计算，不扣除房上烟囱，风帽底座、风道、屋面小气窗、斜沟等所占面积，小气窗出檐部分不增加面积。

2) 膜结构屋面按设计图示尺寸以需要覆盖的水平投影面积计算。

3) 屋面卷材防水、屋面涂膜防水按设计图示尺寸以水平面积（或斜面积）计算，不扣除房上烟囱，风帽底座、风道、屋面小气窗、斜沟等所占面积，屋面的女儿墙、伸缩缝和天窗等处的弯起部分，并入屋面工程量内。

4) 屋面刚性防水按设计图示尺寸以面积计算，不扣除房上烟囱，风帽底座、风道等所占面积。

5) 屋面排水管按设计图示尺寸以长度计算。

6) 屋面天沟、檐沟按设计图示尺寸以面积计算。铁皮和卷材天沟按展开面积计算。

（2）定额规则

1) 瓦屋面、型材屋面按设计图示尺寸斜面积以 m^2 计算，也可以按屋面水平投影面积乘以屋面延尺系数（表7-5），以 m^2 计算。不扣除房上烟囱、风帽底座、风道、屋面小气窗、斜沟等所占面积，屋面小气窗的出檐部分不增加面积。坡屋面如图 7-1 所示。屋面挑出墙外的尺寸，按设计规定计算，设计无规定时，彩色水泥瓦、小青瓦（含筒板瓦、琉璃瓦）按水平尺寸加 70mm 计算。

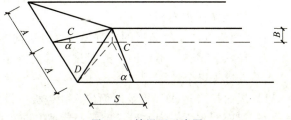

图 7-1 坡屋面示意图

表 7-5 屋面坡度系数表

坡度 B(A=1)	坡度 B/2A	坡度角度 α	延尺系数 C(A=1)	偶延尺系数 C(A=1)
1	1/2	45°	1.4142	1.7321
0.75		36°52′	1.2500	1.6008
0.7		35°	1.2207	1.5779
0.666	1/3	33°40′	1.2015	1.5620
0.65		33°01′	1.1926	1.5564
0.6		30°58′	1.1662	1.5362
0.577		30°	1.1547	1.5270
0.55		28°49′	1.1413	1.5170
0.5	1/4	26°34′	1.1180	1.5000
0.45		24°14′	1.0966	1.4839
0.4	1/5	21°48′	1.0770	1.4697
0.35		19°17′	1.0594	1.4569
0.30		16°42′	1.0440	1.4457
0.25		14°02′	1.0308	1.4362
0.20	1/10	11°19′	1.0198	1.4283
0.15		8°32′	1.0112	1.4221
0.125		7°8′	1.0078	1.4191
0.100	1/20	5°42′	1.0050	1.4177
0.083		4°45′	1.0035	1.4166
0.066	1/30	3°49′	1.0022	1.4157

2) 计算瓦屋面时应扣除勾头、滴水所占面积。8寸瓦扣0.23m宽，6寸瓦扣0.175m宽，长度按勾头、滴水设计长度计算。勾头、滴水另行计算。

3) 勾头、滴水按设计图示尺寸以延长米计算。

4) 采光屋面按设计图示尺寸斜面积以 m^2 计算，也可以按均屋面水平投影面积乘以屋面延尺系数以 m^2 计算，不扣除屋面面积小于或等于 $0.3m^2$ 孔洞所占面积。

5) 膜结构屋面按设计图示尺寸覆盖的水平投影面积以 m^2 计算。

6) 卷材斜屋面按其设计图示尺寸以 m^2 计算，也可以按均屋面水平投影面积乘以屋面延尺系数以 m^2 计算；卷材平屋面按水平投影面积以 m^2 计算。不扣除房上烟囱、风帽底座、风道、屋面小气窗和斜沟所占的面积，屋面的女儿墙、伸缩缝和天窗等处的弯起部分，按图示尺寸并入屋面工程量计算，当图样无规定时，伸缩缝、女儿墙的弯起部分可按250mm计算，天窗弯起部分可按500mm计算。

7) 涂膜屋面的工程量计算同卷材屋面。

8) 屋面刚性防水按其设计图示尺寸以 m^2 计算，不扣除房上烟囱、风帽底座及单孔小于 $0.3m^2$ 的孔洞所占面积。

9) 屋面隔气层、隔离层的工程量计算方法同卷材屋面以 m^2 计算。

10) 铸铁、塑料、不锈钢、虹吸排水管区别不同直径按图示尺寸以延长米计算，雨水口、水斗、弯头以个计算。

11) 屋面排（透）气管及屋面出入孔盖板按设计图示数量以套计算。

12) 屋面泛水、天沟按设计图示尺寸展开面积以 m^2 计算。

2. 防水工程

（1）清单规则

1) 墙、地面防水按设计图示尺寸以面积计算。地面防水按主墙间净空面积计算。应扣除突出地面的构筑物、设备基础等所占面积，不扣除间壁墙及单个面积在 $0.3m^2$ 以内的柱、垛、烟囱和孔洞所占面积。墙基防水外墙按中心线长度、内墙按净长乘以宽度计算。

2) 变形缝按设计图示尺寸以长度计算。

（2）定额规则

1) 建筑物地面防水、防潮层，按主墙间净空面积以 m^2 计算，扣除大于 $0.3m^2$ 的突出地面的构筑物、设备基础等所占面积，不扣除柱、垛、间隔墙、烟囱以及 $0.3m^2$ 以内孔洞所占面积。与墙面连接处高度在500mm以内者按展开面积计算，并入平面工程量内；超过500mm时，均按立面防水层计算。

2) 建筑物墙基、墙身防水、防潮层按设计图示尺寸以面积计算。外墙按中心线长度、内墙按净长线长度乘以宽度以 m^2 计算。墙与墙交接处、墙与构件交接处的面积不扣除，应扣除 $0.3m^2$ 以上孔洞所占面积。

3) 地下室满堂基础的防水、防潮层，按设计图示尺寸以面积计算，即按梁、板、坑（沟）、槽等的展开面积计算，不扣除 $0.3m^2$ 以内的孔洞面积。平面与立面交接处的防水层，高度在500mm以内者按展开面积计算，并入平面工程量内；其上卷高度超过500mm时，均按立面防水层计算。

4) 变形缝按设计图示尺寸以延长米计算。

5) 后浇带防水按设计图示尺寸以 m^2 计算。

6) 通风箅子按设计图示尺寸以 m^2 计算。

7.1.3 计算实例

【例7-1】 已知屋面坡度的高跨比 $B/2A=1/3$，$\alpha=33°40'$，试计算图7-2所示四坡水瓦屋面的工程量。

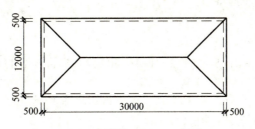

图7-2 四坡水瓦屋面示意图

【解】 查表7-5可知，屋面延尺系数 $C=1.2015$，则：
$$S=[(30+0.5\times2)\times(12+0.5\times2)\times1.2015]m^2=484.21m^2$$

【例7-2】 试计算图7-3所示卷材屋面工程量。女儿墙与楼梯间出屋面墙交接处，卷材弯起高度取250mm。

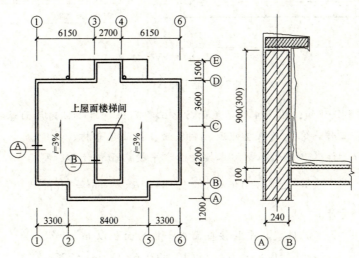

图7-3 卷材屋面示意图

【解】 该屋面为平屋面，工程量按水平投影面积计算，弯起部分并入屋面工程量内。
1) 屋面水平投影面积为
$$\begin{aligned}S_1&=[(3.3\times2+8.4-0.24)\times(4.2+3.6-0.24)+(8.4-0.24)\times1.2+\\&\quad(2.7-0.24)\times1.5-(4.2+0.24)\times(2.7+0.24)]m^2\\&=(14.76\times7.56+8.16\times1.2+2.46\times1.5-4.44\times2.94)m^2\\&=112.01m^2\end{aligned}$$

2) 屋面弯起部分面积为
$$\begin{aligned}S_2&=\{[(3.3+8.4+3.3-0.24)\times2+(1.2+4.2+3.6+1.5-0.24)\times2]\times0.25+\\&\quad(4.2+0.24+2.7+0.24)\times2\times0.25\}m^2\end{aligned}$$

$= (12.51+3.69)m^2$

$= 16.20m^2$

3) 楼梯间屋面水平及弯起部分面积为

$S_3 = [(4.2-0.24)\times(2.7-0.24)+(4.2-0.24+2.7-0.24)\times2\times0.25]m^2$

$= (9.74+3.21)m^2$

$= 12.95m^2$

4) 屋面卷材工程量为

$S = S_1+S_2+S_3 = (112.01+16.20+12.95)m^2 = 141.16m^2$

【例 7-3】 某屋面设计如图 7-4 所示，试根据图示条件计算屋面防水相应项目工程量，编制工程量清单并计算综合单价。

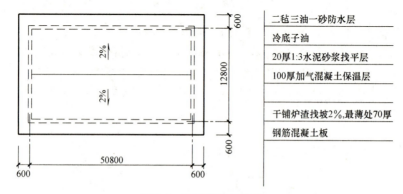

图 7-4 屋面做法示意图

【解】 查表 7-2 可知，图 7-4 所示屋面防水工程列出清单项目为屋面卷材防水，清单编码为 010902001，工作内容包括基层处理、刷底油、铺油毡卷材、接缝。

1) 清单工程量计算。屋面卷材防水按屋面水平投影面积计算，得

$S_{清} = [(50.8+0.6\times2)\times(12.8+0.6\times2)]m^2 = 728m^2$

2) 定额工程量计算。

① 20mm 厚 1∶3 水泥砂浆找平层按屋面水平投影面积以 m^2 计算，为

$S_{找} = [(50.8+0.6\times2)\times(12.8+0.6\times2)]m^2 = 728m^2$

② 二毡三油一砂防水层按屋面水平投影面积以 m^2 计算，为

$S_{卷} = [(50.8+0.6\times2)\times(12.8+0.6\times2)]m^2 = 728m^2$

3) 编制工程量清单，见表 7-6。

表 7-6 分部分项工程量清单

序号	项目编码	项目名称	项目特征	计量单位	工程数量
1	010902001001	屋面卷材防水	1. 卷材品种、规格：石油沥青玛蹄脂 2. 防水层数：一层 3. 防水层做法：二毡三油一砂 4. 找平层厚度、材料：20mm，1∶3 水泥砂浆	m^2	728

4) 套用某省计价定额中的相应项目单位估价表，见表 7-7、表 7-8。

表 7-7 某省单位估价表相应项目节录（一）　　　　　计量单位：100m²

定额编号				01080041	01080042	01080043	01080044
项目				石油沥青玛蹄脂卷材屋面			
				一毡二油	二毡三油	二毡三油一砂	增减一毡一油
基价/元				1526.68	2438.73	2562.54	838.57
其中	人工费/元			266.38	515.51	550.65	159.7
	材料费/元			1260.3	1923.22	2011.89	678.87
	机械费/元			—	—	—	—
	名称	单位	单价/元	数量			
材料	石油沥青玛蹄脂	m³	—	（0.460）	（0.610）	（0.690）	（0.150）
	圆钢 HPB300φ10mm 以内	t	—	（0.005）	（0.005）	（0.005）	—
	石油沥青油毡	m²	5.60	124.170	237.940	237.940	113.770
	冷底子油 3:7	kg	8.77	49.000	49.000	49.000	—
	圆钉（综合）	kg	5.41	0.280	0.280	0.280	—
	木柴	kg	0.65	205.700	245.400	301.180	—
	绿豆砂	m³	100.80	—	—	0.520	—

表 7-8 某省单位估价表相应项目节录（二）　　　　　计量单位：100m²

定额编号				01090018	01090019	01090020
项目				水泥砂浆找平层		每增减 5mm
				填充材料上	硬基层上	
				厚 20mm		
基价/元				495.49	569.88	103.21
其中	人工费/元			455.46	501.46	95.82
	材料费/元			3.36	39.13	—
	机械费/元			36.67	29.29	7.39
	名称	单位	单价/元	数量		
材料	水泥砂浆	m³	—	（2.530）	（2.020）	（0.510）
	素水泥浆	m³	357.66	—	0.100	—
	水	m³	5.60	0.600	0.600	—
机械	灰浆搅拌机 200L	台班	86.90	0.422	0.337	0.085

5）屋面卷材防水分项工程的综合单价计算见表 7-9。

表 7-9 工程量清单综合单价分析

序号	项目编码	项目名称	计量单位	工程量	定额编号	定额名称	定额单位	数量	单价/元			合价/元				综合单价/元
									人工费	材料费	机械费	人工费	材料费	机械费	管理费和利润	
1	010902001001	屋面卷材防水	m²	728	01080043	二毡三油一砂	100m²	0.0100	550.65	3550.24	—	5.51	35.50	—	2.92	58.56
					01090019	硬基层上找平层	100m²	0.0100	501.46	665.33	29.29	5.01	6.65	0.29	2.67	
						小计						10.52	42.16	0.29	5.59	

注：1. 二毡三油一砂的相对量：（728/100）/728 = 0.0100。
2. 水泥砂浆找平层的相对量：（728/100）/728 = 0.0100。
3. 若 HPB300φ10mm 以内圆钢单价为 4070 元/t，石油沥青玛蹄脂单价为 2200 元/m³，则二毡三油一砂的材料费单价为（2011.89+2200×0.690+4070.00×0.005）元/100m² = 3550.24 元/100m²。
4. 若 1:3 水泥砂浆单价为 310 元/m³，则找平层的材料费单价为（39.13+310×2.020）m³/100m² = 665.33 元/100m²。
5. 管理费费率取 33%，利润率取 20%。

7.2 屋面保温工程

7.2.1 基本问题

保温隔热适用于中温、低温及恒温要求的工业厂（库）房和一般建筑物的保温隔热工程。按照不同部位，保温隔热划分为屋面、天棚、墙体、楼地面和其他部位的保温隔热工程。保温隔热使用的材料有珍珠岩、聚苯乙烯塑料板、沥青软木、加气混凝土块、玻璃棉、矿渣棉、松散稻草等。材料同样是区分各部位保温隔热预算分项的依据。不另计算的只包括保温隔热材料的铺贴，不包括隔气防潮、保护墙和墙砖等。

限于篇幅，本书仅讨论屋面保温工程。

1. 清单分项

《国家计量规范》将保温隔热工程划分为保温隔热屋面、保温隔热天棚等项目。保温隔热屋面项目见表 7-10。

表 7-10 隔热、保温（编码：011001）

项目编码	项目名称	项目特征	计量单位	工程量计算规则	工 作 内 容
011001001	保温隔热屋面	1. 保温隔热材料品种、规格、厚度 2. 隔气层品种、厚度 3. 粘结材料种类、做法 4. 防护材料种类、做法	m²	按设计图示尺寸以面积计算。扣除面积>0.3m²孔洞所占面积	1. 基层清理 2. 刷粘结材料 3. 铺粘保温层 4. 铺、刷（喷）防护材料

2. 定额分项

定额将屋面保温隔热工程划分为以下项目：

1）聚苯板细分为干铺和粘贴 2 个子项目。
2）硬泡聚氨酯保温细分为厚度 50mm 以内和厚度每增加 5mm 2 个子项目。
3）沥青棉毡细分为沥青玻璃棉毡和沥青矿渣棉毡 2 个子项目。
4）现浇材料屋面保温隔热层细分为现浇泡沫混凝土、现浇水泥蛭石、现浇水泥珍珠岩、现场搅拌加气混凝土、商品加气混凝土、炉渣混凝土、陶粒混凝土、水泥石灰炉渣 8 个子项目。
5）预制材料屋面保温隔热层细分为泡沫混凝土块、水泥蛭石块、沥青珍珠岩块 3 个子项目。
6）干铺材料屋面保温隔热层细分为干铺蛭石、干铺珍珠岩、铺细砂 3 个子项目。

7.2.2 工程量计算规则

1. 清单规则

清单工程量计算规则见表 7-10。

2. 定额规则

屋面保温隔热层应区别不同保温材料，除另有规定者外，均按设计图示实铺厚度乘以屋面水平投影面积以 m³ 计算，其厚度按隔热材料净厚度计算。

7.2.3 计算实例

【例 7-4】 某屋面设计如图 7-4 所示,试根据图示条件计算屋面保温相应项目工程量及综合单价。

【解】 查表 7-10 可知,图 7-4 所示屋面保温工程列出清单项目为保温隔热屋面,清单编码为 011001001,工作内容包括基层清理,刷粘贴材料,铺粘保温层,铺、刷(喷)防护材料。

1) 清单工程量按图示尺寸以面积计算,得

$$S_{清} = [(50.8+0.6\times2)\times(12.8+0.6\times2)]\text{m}^2 = 728\text{m}^2$$

2) 定额工程量计算。

① 干铺炉渣找坡,坡度为 2%,最薄处 70mm 厚,找坡层平均厚度为

$$h = [70+(12800/2+600)\times2\%\times0.5]\text{mm} = 140\text{mm} = 0.14\text{m}$$

按设计实铺厚度以 m^3 计算,得

$$V_{坡} = (728\times0.14)\text{m}^3 = 101.92\text{m}^3$$

② 100mm 厚加气混凝土保温层,按设计实铺厚度以 m^3 计算,得

$$V_{温} = (728\times0.10)\text{m}^3 = 72.8\text{m}^3$$

3) 编制工程量清单,见表 7-11。

表 7-11 分部分项工程量清单

序号	项目编码	项目名称	项目特征	计量单位	工程数量
1	011001001001	保温隔热屋面	1. 保温隔热材料品种、规格、厚度:干铺炉渣找坡 2%,最薄处 70mm 2. 隔气层品种、厚度:100mm 厚加气混凝土块	m^2	728

4) 套用某省计价定额中的相应项目单位估价表,见表 7-12。

表 7-12 某省计价定额单位估价表相应项目节录   计量单位:10m^3

定 额 编 号		01100158(换)	01100155
项 目		干铺炉渣	铺加气混凝土块
基价/元		511.39	3426.77
其中	人工费/元	258.89	446.24
	材料费/元	252.50	2980.53
	机械费/元	—	—

注:此表为 2003 年定额内容。

5) 保温隔热屋面分项工程的综合单位计算见表 7-13。

表 7-13 工程量清单综合单价分析

序号	项目编码	项目名称	计量单位	工程量	清单综合单价组成明细									综合单价/元
					定额编号	定额名称	定额单位	数量	单价/元			合价/元				
									人工费	材料费	机械费	人工费	材料费	机械费	管理费和利润	
1	011001001001	保温隔热屋面	m^2	728	01100158	干铺炉渣	10m^3	0.0140	258.89	252.50	—	3.62	3.54	—	1.92	45.71
					01100155	铺加气混凝土块	10m^3	0.0100	446.24	2980.53	—	4.46	29.81	—	2.37	
					小计							8.09	33.34	—	4.29	

注:1. 干铺炉渣的相对量:(101.92/10)/728 = 0.0140。
2. 铺加气混凝土块的相对量:(72.8/10)/728 = 0.0100。
3. 管理费费率取 33%,利润率取 20%。

【例7-5】 如果要求图7-4所示屋面包括防水及保温按"屋面卷材防水"一项报出综合单价,应如何计算?

【解】 1)将屋面防水及保温的全部构造层次组合在一起编制工程量清单,见表7-14。

表7-14 分部分项工程量清单

序号	项目编码	项目名称	项 目 特 征	计量单位	工程数量
1	010902001001	屋面卷材防水（含保温）	1. 保温隔热材料品种、规格、厚度:干铺炉渣找坡2%,最薄处70mm 2. 隔气层品种、厚度:100mm厚加气混凝土块 3. 找平层厚度、材料:20mm厚1:2水泥砂浆 4. 卷材品种、规格:石油沥青玛蹄脂 5. 防水层数:一层 6. 防水层做法:二毡三油一砂	m²	728

2)确定综合单价,其计算见表7-15。

表7-15 工程量清单综合单价分析

序号	项目编码	项目名称	计量单位	工程量	清单综合单价组成明细									综合单价/元
					定额编号	定额名称	定额单位	数量	单价/元			合价/元			
									人工费	材料费	机械费	人工费	材料费	机械费	管理费和利润	
1	010902001001	屋面卷材防水（含保温）	m²	728	01080043	二毡三油一砂	100m²	0.010	550.65	3550.24	—	5.51	35.50	—	2.92	104.27
					01090019	硬基层上找平层	100m²	0.010	501.46	665.33	29.29	5.01	6.65	0.29	2.67	
					01100158	干铺炉渣	10m³	0.014	258.89	252.50	—	3.62	3.54	0.00	1.92	
					01100155	铺加气混凝土块	10m³	0.010	446.24	2980.53	—	4.46	29.81	0.00	2.37	
						小计						18.61	75.50	0.29	9.87	

习题与思考题

1. 试根据图7-5、图7-6所示屋面做法,列项计算屋面防水及保温项目工程量并计算综合单价。

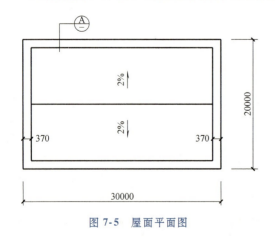

图7-5 屋面平面图　　　图7-6 屋面构造大样图

第8章 装饰工程计量与计价

> **教学要求：**
> - 熟悉装饰工程清单分项的项目划分标准。
> - 熟悉装饰工程工程量计算规则。
> - 掌握装饰工程工程量计算方法。
> - 掌握装饰工程综合单价分析计算方法。

按照《房屋建筑与装饰工程工程量计算规范》（简称《国家计量规范》）的划分，装饰工程包括楼地面装饰工程，墙柱面装饰与隔断、幕墙工程，天棚工程，门窗工程，油漆、涂料、裱糊工程等分部工程。

8.1 楼地面工程

8.1.1 基本问题

1. 清单分项

《国家计量规范》将楼地面工程划分为整体面层及找平层、块料面层、橡塑面层、其他材料面层、踢脚线、楼梯面层、台阶装饰及零星装饰等项目，其中每个楼地面项目都包含了垫层、找平层的工作内容。

1）整体面层包括水泥砂浆楼地面、现浇水磨石楼地面、细石混凝土楼地面、菱苦土楼地面、自流坪楼地面、平面砂浆找平层。

2）块料面层包括石材楼地面、碎石材楼地面、块料楼地面。

3）橡塑面层包括橡胶板楼地面、橡胶板卷材楼地面、塑料板楼地面、塑料卷材楼地面。

4）其他材料面层包括地毯楼地面，竹、木（复合）地板，防静电活动地板，金属复合地板。

5）踢脚线包括水泥砂浆踢脚线、石材踢脚线、块料踢脚线、塑料板踢脚线、木质踢脚线、金属踢脚线、防静电踢脚线。

6）楼梯面层包括石材楼梯面层、块料楼梯面层、拼碎块料楼梯面层、水泥砂浆楼梯面层、现浇水磨石楼梯面层、地毯楼梯面层、木板楼梯面层、橡胶板楼梯面层、塑料板楼梯面层。

7）台阶装饰包括石材台阶面、块料台阶面、拼碎块台阶面、水泥砂浆台阶面、现浇水磨石台阶面、剁假石台阶面。

8）零星装饰项目包括石材零星项目、拼碎石材零星项目、块料零星项目、水泥砂浆零星项目。

具体分项见表 8-1~表 8-8。

表 8-1 整体面层（编码：011101）

项目编码	项目名称	项目特征	计量单位	工程量计算规则	工作内容
011101001	水泥砂浆楼地面	1. 找平层厚度、砂浆配合比 2. 素水泥浆遍数 3. 面层厚度、砂浆配合比 4. 面层做法要求	m^2	按设计图示尺寸以面积计算。扣除突出地面构筑物、设备基础、室内铁道、地沟等所占面积，不扣除间壁墙及 ≤ 0.3m^2 柱、垛、附墙烟囱及孔洞所占面积。门洞、空圈、暖气包槽、壁龛的开口部分不增加面积	1. 基层清理 2. 抹找平层 3. 抹面层 4. 材料运输
011101002	现浇水磨石楼地面	1. 找平层厚度、砂浆配合比 2. 面层厚度、水泥石子浆配合比 3. 嵌条材料种类、规格 4. 石子种类、规格、颜色 5. 颜料种类、颜色 6. 图案要求 7. 磨光、酸洗、打蜡要求			1. 基层清理 2. 抹找平层 3. 面层铺设 4. 嵌缝条安装 5. 磨光、酸洗、打蜡 6. 材料运输
011101003	细石混凝土地面	1. 找平层厚度、砂浆配合比 2. 面层厚度、混凝土强度等级			1. 基层清理 2. 抹找平层 3. 面层铺设 4. 材料运输
011101004	菱苦土楼地面	1. 找平层厚度、砂浆配合比 2. 面层厚度 3. 打蜡要求			1. 清理基层 2. 抹找平层 3. 面层铺设 4. 打蜡 5. 材料运输
011101005	自流坪楼地面	1. 找平层砂浆配合比、厚度 2. 界面剂材料种类 3. 中层漆材料种类、厚度 4. 面漆材料种类、厚度 5. 面层材料种类			1. 基层清理 2. 抹找平层 3. 涂界面剂 4. 涂刷中层漆 5. 打磨、吸尘 6. 镘自流平面漆（浆） 7. 拌合自流平浆料 8. 铺面层
011101006	平面砂浆找平层	找平层厚度、砂浆配合比		按设计图示尺寸以面积计算	1. 基层清理 2. 抹找平层 3. 材料运输

表 8-2 块料面层（编码：011102）

项目编码	项目名称	项目特征	计量单位	工程量计算规则	工作内容
011102001	石材楼地面	1. 找平层厚度、砂浆配合比 2. 结合层厚度、砂浆配合比 3. 面层材料品种、规格、颜色 4. 嵌缝材料种类 5. 防护层材料种类 6. 酸洗、打蜡要求	m^2	按设计图示尺寸以面积计算。门洞、空圈、暖气包槽、壁龛的开口部分并入相应的工程量内	1. 基层清理 2. 抹找平层 3. 面层铺设、磨边 4. 嵌缝 5. 刷防护材料 6. 酸洗、打蜡 7. 材料运输
011102002	碎石材楼地面				
011102003	块料楼地面				

表 8-3 橡塑面层（编码：011103）

项目编码	项目名称	项目特征	计量单位	工程量计算规则	工作内容
011103001	橡胶板楼地面	1. 粘结层厚度、材料种类 2. 面层材料品种、规格、颜色 3. 压线条种类	m²	按设计图示尺寸以面积计算。门洞、空圈、暖气包槽、壁龛的开口部分并入相应的工程量内	1. 基层清理 2. 面层铺贴 3. 压缝条装钉 4. 材料运输
011103002	橡胶板卷材楼地面				
011103003	塑料板楼地面				
011103004	塑料卷材楼地面				

表 8-4 其他材料面层（编码：011104）

项目编码	项目名称	项目特征	计量单位	工程量计算规则	工作内容
011104001	地毯楼地面	1. 面层材料品种、规格、颜色 2. 防护材料种类 3. 粘结材料种类 4. 压线条种类	m²	按设计图示尺寸以面积计算。门洞、空圈、暖气包槽、壁龛的开口部分并入相应的工程量内	1. 基层清理 2. 铺贴面层 3. 刷防护材料 4. 装钉压条 5. 材料运输
011104002	竹、木（复合）地板	1. 龙骨材料种类、规格、铺设间距 2. 基层材料种类、规格 3. 面层材料品种、规格、颜色 4. 防护材料种类			1. 基层清理 2. 龙骨铺设 3. 基层铺设 4. 面层铺贴 5. 刷防护材料 6. 材料运输
011104003	金属复合地板				
011104004	防静电活动地板	1. 支架高度、材料种类 2. 面层材料品种、规格、颜色 3. 防护材料种类			1. 清理基层 2. 固定支架安装 3. 活动面层安装 4. 刷防护材料 5. 材料运输

表 8-5 踢脚线（编码：011105）

项目编码	项目名称	项目特征	计量单位	工程量计算规则	工作内容
011105001	水泥砂浆踢脚线	1. 踢脚线高度 2. 底层厚度、砂浆配合比 3. 面层厚度、砂浆配合比	1. m² 2. m	1. 以 m² 计量，按设计图示长度乘高度以面积计算 2. 以 m 计量，按延长米计算	1. 基层清理 2. 底层和面层抹灰 3. 材料运输
011105002	石材踢脚线	1. 踢脚线高度 2. 粘贴层厚度、材料种类 3. 面层材料品种、规格、颜色 4. 防护材料种类			1. 基层清理 2. 底层抹灰 3. 面层铺贴、磨边 4. 擦缝 5. 磨光、酸洗、打蜡 6. 刷防护材料 7. 材料运输
011105003	块料踢脚线				
011105004	塑料板踢脚线	1. 踢脚线高度 2. 粘结层厚度、材料种类 3. 面层材料种类、规格、颜色			1. 基层清理 2. 基层铺贴 3. 面层铺贴 4. 材料运输
011105005	木质踢脚线	1. 踢脚线高度 2. 基层材料种类、规格 3. 面层材料品种、规格、颜色			
011105006	金属踢脚线				
011105007	防静电踢脚线				

表 8-6 楼梯面层（编码：011106）

项目编码	项目名称	项目特征	计量单位	工程量计算规则	工作内容
011106001	石材楼梯面层	1. 找平层厚度、砂浆配合比 2. 粘结层厚度、材料种类 3. 面层材料品种、规格、颜色 4. 防滑条材料种类、规格 5. 勾缝材料种类 6. 防护材料种类 7. 酸洗、打蜡要求	m²	按设计图示尺寸以楼梯（包括踏步、休息平台及≤500mm的楼梯井）水平投影面积计算。楼梯与楼地面相连时，算至梯口梁内侧边沿；无梯口梁者，算至最上一层踏步边沿加300mm	1. 基层清理 2. 抹找平层 3. 面层铺贴、磨边 4. 贴嵌防滑条 5. 勾缝 6. 刷防护材料 7. 酸洗、打蜡 8. 材料运输
011106002	块料楼梯面层				
011106003	拼碎块料楼梯面层				
011106004	水泥砂浆楼梯面层	1. 找平层厚度、砂浆配合比 2. 面层厚度、砂浆配合比 3. 防滑条材料种类、规格			1. 基层清理 2. 抹找平层 3. 抹面层 4. 抹防滑条 5. 材料运输
011106005	现浇水磨石楼梯面层	1. 找平层厚度、砂浆配合比 2. 面层厚度、水泥石子浆配合比 3. 防滑条材料种类、规格 4. 石子种类、规格、颜色 5. 颜料种类、颜色 6. 磨光、酸洗、打蜡要求			1. 基层清理 2. 抹找平层 3. 抹面层 4. 贴嵌防滑条 5. 磨光、酸洗、打蜡 6. 材料运输
011106006	地毯楼梯面层	1. 基层种类 2. 面层材料品种、规格、颜色 3. 防护材料种类 4. 粘结材料种类 5. 固定配件材料种类、规格			1. 基层清理 2. 铺贴面层 3. 固定配件安装 4. 刷防护材料 5. 材料运输
011106007	木板楼梯面层	1. 基层材料种类、规格 2. 面层材料品种、规格、颜色 3. 粘结材料种类 4. 防护材料种类			1. 基层清理 2. 基层铺贴 3. 面层铺贴 4. 刷防护材料 5. 材料运输
011106008	橡胶板楼梯面层	1. 粘结层厚度、材料种类 2. 面层材料品种、规格、颜色 3. 压线条种类			1. 基层清理 2. 面层铺贴 3. 压缝条装钉 4. 材料运输
011106009	塑料板楼梯面层				

表 8-7 台阶装饰（编码：011107）

项目编码	项目名称	项目特征	计量单位	工程量计算规则	工作内容
011107001	石材台阶面	1. 找平层厚度、砂浆配合比 2. 粘结层材料种类 3. 面层材料品种、规格、颜色 4. 勾缝材料种类 5. 防滑条材料种类、规格 6. 防护材料种类	m²	按设计图示尺寸以台阶（包括最上层踏步边沿加300mm）水平投影面积计算	1. 基层清理 2. 抹找平层 3. 面层铺贴 4. 贴嵌防滑条 5. 勾缝 6. 刷防护材料 7. 材料运输
011107002	块料台阶面				
011107003	拼碎块料台阶面				
011107004	水泥砂浆台阶面	1. 找平层厚度、砂浆配合比 2. 面层厚度、砂浆配合比 3. 防滑条材料种类			1. 清理基层 2. 抹找平层 3. 抹面层 4. 抹防滑条 5. 材料运输

(续)

项目编码	项目名称	项 目 特 征	计量单位	工程量计算规则	工 作 内 容
011107005	现浇水磨石台阶面	1. 找平层厚度、砂浆配合比 2. 面层厚度、水泥石子浆配合比 3. 防滑条材料种类、规格 4. 石子种类、规格、颜色 5. 颜料种类、颜色 6. 磨光、酸洗、打蜡要求	m²	按设计图示尺寸以台阶(包括最上层踏步边沿加300mm)水平投影面积计算	1. 清理基层 2. 抹找平层 3. 抹面层 4. 贴嵌防滑条 5. 打磨、酸洗、打蜡 6. 材料运输
011107006	剁假石台阶面	1. 找平层厚度、砂浆配合比 2. 面层厚度、砂浆配合比 3. 剁假石要求			1. 清理基层 2. 抹找平层 3. 抹面层 4. 剁假石 5. 材料运输

表 8-8 零星装饰项目(编码：011108)

项目编码	项目名称	项 目 特 征	计量单位	工程量计算规则	工 作 内 容
011108001	石材零星项目	1. 工程部位 2. 找平层厚度、砂浆配合比 3. 贴结合层厚度、材料种类 4. 面层材料品种、规格、颜色 5. 勾缝材料种类 6. 防护材料种类 7. 酸洗、打蜡要求	m²	按设计图示尺寸以面积计算	1. 清理基层 2. 抹找平层 3. 面层铺贴、磨边 4. 勾缝 5. 刷防护材料 6. 酸洗、打蜡 7. 材料运输
011108002	碎拼石材零星项目				
011108003	块料零星项目				
011108004	水泥砂浆零星项目	1. 工程部位 2. 找平层厚度、砂浆配合比 3. 面层厚度、砂浆厚度			1. 清理基层 2. 抹找平层 3. 抹面层 4. 材料运输

2. 定额分项

定额将楼地面工程划分为垫层、找平层、整体面层、块料面层、栏杆、扶手等项目。与《国家计量规范》的项目划分比较，单列了垫层、找平层。整体面层、块料面层中的楼地面项目以及楼梯面均不包括踢脚线，也应单列计算。具体见表 8-9。

表 8-9 楼地面定额项目分类

构造分类	定额分类	包 含 内 容
垫层	垫层	灰土、三合土、砂、砂石、毛石、碎砖、碎石、炉(矿)渣、混凝土
找平层	找平层	水泥砂浆找平层、细石混凝土找平层
面层	整体面层	水泥砂浆、水磨石、水泥豆石浆、混凝土、菱苦土等面层
面层	块料面层	大理石、花岗石、汉白玉、预制水磨石块、彩釉砖、水泥花砖、缸砖、陶瓷锦砖、拼碎块料、红(青)砖、凹凸假麻石块、镭射玻璃、塑料、橡胶板、地毯、木地板、防静电活动地板
其他	踢脚线	水泥砂浆、石材、塑料板、现浇水磨石、木制、金属、块料踢脚线
其他	栏杆、扶手	铝合金管、不锈钢管、塑料、钢管、硬木
其他	楼梯、台阶面	水泥砂浆、石材、现浇水磨石、木制、块料、地毯

3. 相关概念解释

1) 楼地面是指除基层(混凝土楼板，夯实地基)以外的垫层(承受地面荷载并均匀传递给基层的构造层)、填充层(在建筑楼地面上起隔声、保温、找坡或敷设暗管、暗线等作用的构造层)、隔离层(起防水、防潮作用的构造层)、找平层(在垫层、楼板上或填充层上起找平、找坡或加强作用的构造层）、结合层（面层与下层相结合的中间层）、面层（直接承受各种荷载作用的表面层）等。

2）垫层包括混凝土垫层，砂石人工级配垫层，天然级配砂石垫层，灰、土垫层，碎石、碎砖垫层，三合土垫层，炉渣垫层等材料垫层。

3）找平层一般为水泥砂浆找平层，有特殊要求的可采用细石混凝土、沥青砂浆、沥青混凝土等材料铺设。

4）隔离层包括卷材、防水砂浆、沥青砂浆或防水涂料等隔离层。

5）填充层包括轻质的松散材料（炉渣、膨胀蛭石、膨胀珍珠岩等）或块体材料（加气混凝土、泡沫混凝土、泡沫塑料、矿棉、膨胀珍珠岩、膨胀蛭石块和板材等）以及整体材料（沥青膨胀珍珠岩、沥青膨胀蛭石、水泥膨胀珍珠岩、膨胀蛭石等）填充层。

6）面层包括整体面层（水泥砂浆、现浇水磨石、细石混凝土、菱苦土等面层）、块料面层（石材，陶瓷地砖，橡胶，塑料，竹，木地板）等。

7）零星装饰适用于面积在 0.5m² 以内的少量分散的楼地面装饰。

8.1.2 工程量计算规则

1. 清单规则

1）整体面层按设计图示尺寸以面积计算。扣除突出地面构筑物、设备基础、室内铁道、地沟等所占面积，不扣除间壁墙和 0.3m² 以内的柱、垛、附墙烟囱及孔洞所占面积，门洞、空圈、暖气包槽、壁龛的开口部分不增加面积。

2）块料面层按设计图示尺寸以面积计算。扣除突出地面构筑物、设备基础、室内铁道、地沟等所占面积，不扣除间壁墙和 0.3m² 以内的柱、垛、附墙烟囱及孔洞所占面积，门洞、空圈、暖气包槽、壁龛的开口部分并入相应的工程量。

3）橡塑面层按设计图示尺寸以面积计算。门洞、空圈、暖气包槽、壁龛的开口部分并入相应的工程量。

4）其他材料面层按设计图示尺寸以面积计算。门洞、空圈、暖气包槽、壁龛的开口部分并入相应的工程量。

5）踢脚线以 m² 计量的按设计图示长度乘以高度以面积计算，以 m 计量的按延长米计算。

6）楼梯装饰按设计图示尺寸以楼梯（包括踏步、休息平台及不大于500mm 的楼梯井）水平投影面积计算。楼梯与楼地面相连时，算至梯口梁内侧边沿；无梯口梁时，算至最上一层踏步边沿加 300mm。

7）台阶装饰设计图示尺寸以台阶（包括最上层踏步边沿加 300mm）水平投影面积计算。

8）零星装饰按设计图示尺寸以面积计算。

2. 定额规则

1）地面垫层按室内主墙间的净面积乘以设计厚度以 m³ 计算。应扣除突出地面构筑物、设备基础、室内管道、地沟等所占体积，不扣除柱、垛、间壁墙、附墙烟囱及面积在 0.3m² 以内孔洞所占体积。

2）找平层的工程量按相应面层的工程量计算规则计算。

3) 整体面层按设计图示尺寸面积以 m^2 计算。扣除突出地面构筑物、设备基础、室内管道、地沟等所占面积,不扣除间壁墙及 $0.3m^2$ 以内柱、垛、附墙烟囱及孔洞所占面积。门洞、空圈、暖气包槽、壁龛的开口部分面积不增加。

4) 石材、块料面层按图示面积以 m^2 计算;拼花块料面层按图示面积以 m^2 计算;点缀按个计算,计算主体铺贴地面面积时,不扣除点缀所占面积。

5) 橡胶板、橡胶板卷材、塑料板、塑料卷材、地毯、竹木地板、防静电活动地板、运动场地面层均按设计图示尺寸面积以 m^2 计算。

6) 楼梯面层按设计图示尺寸以楼梯(包括踏步、休息平台及不大于500mm 宽的楼梯井)水平投影面积计算。楼梯与楼地面相连时,算至梯口梁内侧边沿;无梯口梁时,算至最上一层踏步边沿加300mm。楼梯牵边、踢脚线和侧面镶贴块料面层按其展开面积套用零星装饰项目另行计算。塑料卷材、橡胶板楼梯面层按展开面积以 m^2 计算,执行楼地面塑料卷材、橡胶板面层定额。

7) 台阶面层按设计图示尺寸以台阶(包括最上层踏步边沿加300mm)水平投影面积计算。台阶牵边、踢脚线和侧面镶贴块料面层按其展开面积套用零星装饰项目另行计算。

8) 整体面层、成品踢脚线按设计图示尺寸以延长米计算;块料面层踢脚线按设计图示长度乘以高度以 m^2 计算。

9) 栏杆、栏板、扶手均按其中心线长度以延长米计算,计算扶手时不扣除弯头所占的长度,弯头另行计算。

10) 防滑条工程量按实际长度以延长米计算。

8.1.3 计算实例

【例 8-1】 图 8-1 所示为建筑平面图,室内地面做普通水磨石面层,普通水磨石踢脚线,踢脚线高150mm。M1 外台阶长度为 7m,室外散水为 C10 混凝土,宽800mm,厚80mm,试分别计算普通水磨石面层、普通水磨石踢脚线和混凝土散水的清单工程量及定额工程量。

【解】 1) 普通水磨石面层工程量。普通水磨石面层在《国家计量规范》和定额中都被划为整体面层,工程量计算规则无差异,故清单工程量、定额工程量均为主墙间净空面积。计算得

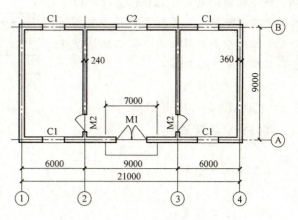

图 8-1 建筑平面示意图

$$S_1 = [(9.0-0.36) \times (21.0-0.36-0.24 \times 2)] m^2 = 174.18 m^2$$

2) 普通水磨石踢脚线工程量。清单工程量按设计图示长度乘以高度以面积计算,得

$$S_2 = [(6.0-0.18-0.12+9.0-0.36) \times 2 \times 2 + (9.0-0.24+9.0-0.36) \times 2] m \times 0.15m$$
$$= 13.824 m^2$$

定额工程量按延长米计算得

$L=[(6.0-0.18-0.12+9.0-0.36)×2×2+(9.0-0.24+9.0-0.36)×2]m=92.16m$

3) 散水工程量计算。散水的清单工程量、定额工程量，均按图示尺寸以 m^2 计算，得

$S_3=[(21.0+0.36+9.0+0.36)×2+0.8×4-7.0]m×0.8m=46.11m^2$

【例 8-2】 图 8-2 所示为某建筑物大厅入口门前平台与台阶，试计算平台与台阶贴花岗石面层的工程量。

【解】 在计算台阶面层时，《国家计量规范》和定额均规定按台阶（包括踏步及最上一层踏步边沿加 300mm）水平投影面积计算，故本例清单工程量、定额工程量一致。

1) 平台花岗石面层工程量为

$S_1=[(6-0.3×2)×(3.5-0.3)]m^2=17.28m^2$

2) 台阶贴花岗石面层工程量为

$S_2=[(6+0.3×4)×0.3×3+(3.5-0.3)×0.3×3×2]m^2=12.24m^2$

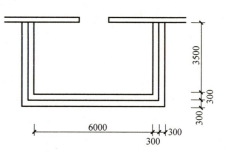

图 8-2 大厅入口台阶平面图

【例 8-3】 试根据图 8-3 所示，计算某楼梯第一层（不等跑楼梯）花岗石楼梯面的工程量及花岗石板的消耗量。四周墙厚为 240mm。

【解】 1) 楼梯面层工程量。楼梯面层工程量按楼梯的水平投影面积计算，清单规则与定额规则不存在任何差异。由于本例是不等跑楼梯，应按第一跑、休息平台和第二跑分别计算，其中第二跑须在最上一层踏步边沿加 300mm。

第一跑工程量为

$S_1=[3.0×(1.2-0.12+0.2)]m^2=3.84m^2$

休息平台工程量为

$S_2=[(2.6-0.24)×(1.35-0.12)]m^2=2.90m^2$

第二跑工程量为

$S_3=[(2.4+0.3)×(1.2-0.12)]m^2=2.92m^2$

楼梯面层工程量为

$S=(3.84+2.90+2.92)m^2=9.66m^2$

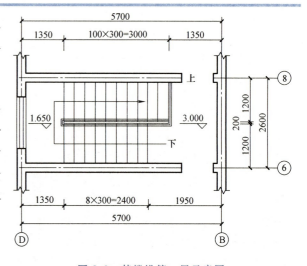

图 8-3 某楼梯第一层示意图

2) 花岗石板的消耗量。查《基础定额》（8-58）可知：花岗石铺楼梯面层定额消耗量为 $144.69m^2/100m^2$。

块料用量为

$(9.66/100×144.69)m^2=13.98m^2$

【例 8-4】 如图 8-1 所示建筑平面，其室内石材地面做法为：80mm 厚 C10 混凝土垫层，

20mm 厚 1∶2 水泥砂浆找平层，20mm 厚 1∶2.5 水泥砂浆结合层粘贴 800mm×800mm×20mm 单色花岗石板面层，1∶1.5 白水泥砂浆嵌缝，不要求酸洗、打蜡。M1 洞口宽度为 1.80m，M1 外台阶挑出宽度为 0.9m，M2 洞口宽度为 1.00m，试计算花岗石地面清单分项的综合单价。

【解】 1) 清单工程量计算。花岗石地面清单分项只需计算花岗石面层清单工程量，不计算面层以下的其他项目工程量。按清单规则规定，因为门洞、空圈、暖气包槽、壁龛的开口部分增加面积，因而花岗石面层清单工程量就是室内实铺面积，按图计算，得

$$S_1 = [(9.0-0.36) \times (21.0-0.36-0.24 \times 2) + 1.8 \times 0.36 + 1.0 \times 0.24 \times 2] m^2 = 175.31 m^2$$

M1 外台阶扣除边沿 300mm 按平台计，其工程量与室内地面合并，则

$$S_2 = [(7.0-0.3 \times 2) \times (0.9-0.3)] m^2 = 3.84 m^2$$

$$S_{清} = (175.31+3.84) m^2 = 179.15 m^2$$

2) 定额工程量计算。定额规定花岗石面层工程量按图示面积以 m^2 计算，门洞、空圈、暖气包槽和壁龛的开口部分工程量并入相应的面层工程量内，则

$$S_{花岗石} = (175.31+3.84) m^2 = 179.15 m^2$$

找平层的工程量按相应面层的工程量计算规则计算，得

$$S_{找平层} = S_{花岗石} = 179.15 m^2$$

垫层按室内主墙间的净面积乘以设计厚度以 m^3 计算，得

$$V_{垫层} = [(9.0-0.36) \times (21.0-0.36-0.24 \times 2) + 3.84] m^2 \times 0.08m = 14.24 m^3$$

3) 编制工程量清单，见表 8-10。

表 8-10 分部分项工程量清单

序号	项目编码	项目名称	项目特征	计量单位	工程数量
1	011102001001	石材地面	1. 垫层种类、混凝土强度等级：80mm 厚 C10 混凝土垫层 2. 找平层厚度、砂浆配合比：20mm 厚 1∶2 水泥砂浆 3. 结合层厚度、砂浆配合比：20mm 厚 1∶2.5 水泥砂浆 4. 面层材料品种、规格、颜色：800mm×800mm×20mm 单色花岗石板面层 5. 嵌缝材料种类：1∶1.5 白水泥 6. 防护层材料种类：无 7. 酸洗、打蜡要求：不做	m^2	179.15

4) 查用某地计价定额的单位估价表，见表 8-11、表 8-12。

表 8-11 某地计价定额相应项目单位估价表（一）　　　计量单位：$10m^3$

定额编号				01090012	01090013
项目				混凝土地坪垫层	
				现浇混凝土	商品混凝土
基价/元				910.47	480.31
其中	人工费/元			782.53	437.58
	材料费/元			28.00	28.00
	机械费/元			99.94	14.73
	名称	单位	单价/元	数量	
材料	混凝土	m^3	—	(10.100)	(10.100)
	水	m^3	5.60	5.000	5.000
机械	混凝土搅拌机 400L	台班	84.36	1.010	—
	混凝土振捣器（平板式）	台班	18.65	0.790	0.790

表 8-12　某地计价定额相应项目单位估价表（二）　　　　计量单位：100m²

定额编号				01090069	01090070	01090071	01090072
项目				花岗石楼地面			
				周长 3200mm 以内		周长 3200mm 以外	
				单色	多色	单色	多色
基价/元				2745.33	2836.68	2852.57	2944.56
其中	人工费/元			2566.06	2657.41	2673.38	2765.37
	材料费/元			80.32	80.32	80.32	80.32
	机械费/元			98.95	98.95	98.87	98.87
	名称	单位	单价/元	数量			
材料	花岗石板（厚 20mm）	m³	—	(102.000)	(102.000)	(102.000)	(102.000)
	水泥砂浆	m³	—	(2.020)	(2.020)	(2.020)	(2.020)
	素水泥浆	m³	357.66	0.100	0.100	0.100	0.100
	白水泥	kg	0.50	10.300	10.300	10.300	10.300
	水	m³	5.60	2.600	2.600	2.600	2.600
	石材切割锯片	片	23.00	0.420	0.420	0.420	0.420
	棉纱头	kg	10.60	1.000	1.000	1.000	1.000
	锯木屑	m³	7.64	0.600	0.600	0.600	0.600
机械	灰浆搅拌机 200L	台班	86.90	0.337	0.337	0.336	0.336
	石材切割机	台班	34.66	2.010	2.010	2.010	2.010

5）花岗石地面清单分项综合单价计算，见表 8-13。

表 8-13　工程量清单综合单价分析

序号	项目编码	项目名称	计量单位	工程量	定额编号	定额名称	定额单位	数量	单价/元			合价/元			综合单价/元
									人工费	材料费	机械费	人工费	材料费	机械费	管理费和利润	
1	011102001001	石材地面	m²	179.15	01090013	地坪垫层	10m³	0.0079	437.58	2603.50	14.73	3.46	20.57	0.12	1.84	444.97
					01090019	找平层	100m²	0.0100	501.46	685.53	29.29	5.01	6.86	0.29	2.67	
					01090069	花岗石楼地面	100m²	0.0100	2566.06	36386.32	98.95	25.66	363.86	0.99	13.64	
						小计						34.13	391.29	1.40	18.15	

注：1. 地坪垫层的相对量：(14.24/10)/179.15 = 0.0079。
　　2. 找平层的相对量：(179.15/100)/179.15 = 0.0100。
　　3. 花岗石楼地面的相对量：(179.15/100)/179.15 = 0.0100。
　　4. 询价知 C10 商品混凝土单价为 255 元/m³，则混凝土地垫层定额（01090013）中的材料费单价为：(28+255×10.1)元/10m³ = 2603.50 元/10m³。
　　5. 找平层定额（01090069）见表 8-12，询价知 1：2 水泥砂浆单价为 320 元/m³，则找平层定额中的材料费单价为 (39.13+320×2.020)元/100m² = 685.53 元/100m²。
　　6. 询价知 800mm×800mm×20mm 单色花岗石板单价为 350 元/m²，1：2.5 水泥砂浆单价为 300 元/m³，则花岗石楼地面定额（01090069）中的材料费单价为 (80.32+350×102.000+300×2.020)元/100m² = 36386.32 元/100m²。
　　7. 管理费费率取 33%，利润率取 20%。

8.2 墙柱面工程

8.2.1 基本问题

1. 清单分项

《国家计量规范》将墙柱面工程划分为墙面抹灰、柱（梁）面抹灰、零星抹灰、墙面块料面层、柱（梁）面镶贴块料、镶贴零星块料，墙饰面、柱（梁）饰面、幕墙工程、隔断等项目。具体分项见表 8-14~表 8-23。

表 8-14 墙面抹灰（编码：011201）

项目编码	项目名称	项目特征	计量单位	工程量计算规则	工作内容
011201001	墙面一般抹灰	1. 墙体类型 2. 底层厚度、砂浆配合比 3. 面层厚度、砂浆配合比 4. 装饰面材料种类 5. 分格缝宽度、材料种类	m²	按设计图示尺寸以面积计算。扣除墙裙、门窗洞口及单个>0.3m²的孔洞面积，不扣除踢脚线、挂镜线和墙与构件交接处的面积，门窗洞口和孔洞的侧壁及顶面不增加面积。附墙柱、梁、垛、烟囱侧壁并入相应的墙面面积内 1. 外墙抹灰面积按外墙垂直投影面积计算 2. 外墙裙抹灰面积按其长度乘以高度计算 3. 内墙抹灰面积按主墙间的净长乘以高度计算 （1）无墙裙的，高度按室内楼地面至天棚底面计算 （2）有墙裙的，高度按墙裙顶至天棚底面计算 （3）有吊顶天棚抹灰，高度算至天棚底 4. 内墙裙抹灰面按内墙净长乘以高度计算	1. 基层清理 2. 砂浆制作、运输 3. 底层抹灰 4. 抹面层 5. 抹装饰面 6. 勾分格缝
011201002	墙面装饰抹灰				
011201003	墙面勾缝	1. 勾缝类型 2. 勾缝材料种类			1. 基层清理 2. 砂浆制作、运输 3. 勾缝
011201004	立面砂浆找平层	1. 基层类型 2. 找平层砂浆厚度、配合比			1. 基层清理 2. 砂浆制作、运输 3. 抹灰找平

表 8-15 柱（梁）面抹灰（编码：011202）

项目编码	项目名称	项目特征	计量单位	工程量计算规则	工作内容
011202001	柱、梁面一般抹灰	1. 柱（梁）体类型 2. 底层厚度、砂浆配合比 3. 面层厚度、砂浆配合比 4. 装饰面材料种类 5. 分格缝宽度、材料种类	m²	1. 柱面抹灰：按设计图示柱断面周长乘以高度以面积计算 2. 梁面抹灰：按设计图示梁断面周长乘以长度以面积计算	1. 基层清理 2. 砂浆制作、运输 3. 底层抹灰 4. 抹面层 5. 勾分格缝
011202002	柱、梁面装饰抹灰				
011202003	柱、梁面砂浆找平	1. 柱（梁）体类型 2. 找平的砂浆厚度、配合比			1. 基层清理 2. 砂浆制作、运输 3. 抹灰找平
011202004	柱面勾缝	1. 勾缝类型 2. 勾缝材料种类		按设计图示柱断面周长乘以高度以面积计算	1. 基层清理 2. 砂浆制作、运输 3. 勾缝

表 8-16 零星抹灰（编码：011203）

项目编码	项目名称	项目特征	计量单位	工程量计算规则	工作内容
011203001	零星项目一般抹灰	1. 基层类型、部位 2. 底层厚度、砂浆配合比 3. 面层厚度、砂浆配合比 4. 装饰面材料种类 5. 分格缝宽度、材料种类	m²	按设计图示尺寸以面积计算	1. 基层清理 2. 砂浆制作、运输 3. 底层抹灰 4. 抹面层 5. 抹装饰面 6. 勾分格缝
011203002	零星项目装饰抹灰				

(续)

项目编码	项目名称	项目特征	计量单位	工程量计算规则	工作内容
011203003	零星项目砂浆找平	1. 基层类型、部位 2. 找平的砂浆厚度、配合比	m²	按设计图示尺寸以面积计算	1. 基层清理 2. 砂浆制作、运输 3. 抹灰找平

表 8-17 墙面块料面层（编码：011204）

项目编码	项目名称	项目特征	计量单位	工程量计算规则	工作内容
011204001	石材墙面	1. 墙体类型 2. 安装方式 3. 面层材料品种、规格、颜色 4. 缝宽、嵌缝材料种类 5. 防护材料种类 6. 磨光、酸洗、打蜡要求	m²	按镶贴表面积计算	1. 基层清理 2. 砂浆制作、运输 3. 粘结层铺贴 4. 面层安装 5. 嵌缝 6. 刷防护材料 7. 磨光、酸洗、打蜡
011204002	拼碎石材墙面				
011204003	块料墙面				
011204004	干挂石材钢骨架	1. 骨架种类、规格 2. 防锈漆品种遍数	t	按设计图示尺寸以质量计算	1. 骨架制作、运输、安装 2. 刷漆

表 8-18 柱（梁）面镶贴块料（编码：011205）

项目编码	项目名称	项目特征	计量单位	工程量计算规则	工作内容
011205001	石材柱面	1. 柱截面类型、尺寸 2. 安装方式 3. 面层材料品种、规格、颜色 4. 缝宽、嵌缝材料种类 5. 防护材料种类 6. 磨光、酸洗、打蜡要求	m²	按镶贴表面积计算	1. 基层清理 2. 砂浆制作、运输 3. 粘结层铺贴 4. 面层安装 5. 嵌缝 6. 刷防护材料 7. 磨光、酸洗、打蜡
011205002	块料柱面				
011205003	拼碎块柱面				
011205004	石材梁面	1. 安装方式 2. 面层材料品种、规格、颜色 3. 缝宽、嵌缝材料种类 4. 防护材料种类 5. 磨光、酸洗、打蜡要求			
011205005	块料梁面				

表 8-19 镶贴零星块料（编码：011206）

项目编码	项目名称	项目特征	计量单位	工程量计算规则	工作内容
011206001	石材零星项目	1. 基层类型、部位 2. 安装方式 3. 面层材料品种、规格、颜色 4. 缝宽、嵌缝材料种类 5. 防护材料种类 6. 磨光、酸洗、打蜡要求	m²	按镶贴表面积计算	1. 基层清理 2. 砂浆制作、运输 3. 面层安装 4. 嵌缝 5. 刷防护材料 6. 磨光、酸洗、打蜡
011206002	块料零星项目				
011206003	拼碎块零星项目				

表 8-20 墙饰面 (编码: 011207)

项目编码	项目名称	项目特征	计量单位	工程量计算规则	工作内容
011207001	墙面装饰板	1. 龙骨材料种类、规格、中距 2. 隔离层材料种类、规格 3. 基层材料种类、规格 4. 面层材料品种、规格、颜色 5. 压条材料种类、规格	m²	按设计图示墙净长乘净高以面积计算。扣除门窗洞口及单个>0.3m²的孔洞所占面积	1. 基层清理 2. 龙骨制作、运输、安装 3. 钉隔离层 4. 基层铺钉 5. 面层铺贴
011207002	墙面装饰浮雕	1. 基层类型 2. 浮雕材料种类 3. 浮雕样式	m²	按设计图示尺寸以面积计算	1. 基层清理 2. 材料制作、运输 3. 安装成型

表 8-21 柱 (梁) 饰面 (编码: 011208)

项目编码	项目名称	项目特征	计量单位	工程量计算规则	工作内容
011208001	柱(梁)面装饰	1. 龙骨材料种类、规格、中距 2. 隔离层材料种类 3. 基层材料种类、规格 4. 面层材料品种、规格、颜色 5. 压条材料种类、规格	m²	按设计图示饰面外围尺寸以面积计算。柱帽、柱墩并入相应柱饰面工程量内	1. 基层清理 2. 龙骨制作、运输、安装 3. 钉隔离层 4. 基层铺钉 5. 面层铺贴
011208002	成品装饰柱	1. 柱截面、高度尺寸 2. 柱材质	1. 根 2. m	1. 以根计量,按设计数量计算 2. 以m计量,按设计长度计算	柱运输、固定、安装

表 8-22 幕墙工程 (编码: 011209)

项目编码	项目名称	项目特征	计量单位	工程量计算规则	工作内容
011209001	带骨架幕墙	1. 骨架材料种类、规格、中距 2. 面层材料品种、规格、品种、颜色 3. 面层固定方式 4. 隔离带、框边封闭材料品种、规格 5. 嵌缝、塞口材料种类	m²	按设计图示框外围尺寸以面积计算。与幕墙同种材质的窗所占面积不扣除	1. 骨架制作、运输、安装 2. 面层安装 3. 隔离带、框边封闭 4. 嵌缝、塞口 5. 清洗
011209002	全玻(无框玻璃)幕墙	1. 玻璃品种、规格、颜色 2. 粘结塞口材料种类 3. 固定方式	m²	按设计图示尺寸以面积计算。带肋全玻幕墙按展开面积计算	1. 幕墙安装 2. 嵌缝、塞口 3. 清洗

表 8-23 隔断 (编码: 011210)

项目编码	项目名称	项目特征	计量单位	工程量计算规则	工作内容
011210001	木隔断	1. 骨架、边框材料种类、规格 2. 隔板材料品种、规格、颜色 3. 嵌缝、塞口材料品种 4. 压条材料种类	m²	按设计图示框外围尺寸以面积计算。不扣除单个≤0.3m²孔洞所占面积;浴厕门的材质与隔断相同时,门的面积并入隔断面积内	1. 骨架及边框制作、运输、安装 2. 隔板制作、运输 3. 嵌缝、塞口 4. 装钉压条
011210002	金属隔断	1. 骨架、边框材料种类、规格 2. 隔板材料品种、规格、颜色 3. 嵌缝、塞口材料品种	m²		1. 骨架及边框制作、运输、安装 2. 隔板制作、运输 3. 嵌缝、塞口

(续)

项目编码	项目名称	项目特征	计量单位	工程量计算规则	工作内容
011210003	玻璃隔断	1. 边框材料种类、规格 2. 玻璃品种、规格、颜色 3. 嵌缝、塞口材料品种	m²	按设计图示框外围尺寸以面积计算。不扣除单个≤0.3m²孔洞所占面积	1. 边框制作、运输、安装 2. 玻璃制作、运输、安装 3. 嵌缝、塞口
011210004	塑料隔断	1. 边框材料种类、规格 2. 隔板材料品种、规格、颜色 3. 嵌缝、塞口材料品种	m²		1. 骨架及边框制作、运输、安装 2. 隔板制作、运输、安装 3. 嵌缝、塞口
011210005	成品隔断	1. 隔板材料品种、规格、颜色 2. 配件品种、规格	1. m² 2. 间	1. 以m²计量，按设计图示框外围尺寸以面积计算 2. 以间计量，按设计间的数量计算	1. 隔断运输、安装 2. 嵌缝、塞口
011210006	其他隔断	1. 骨架、边框材料种类、规格 2. 隔板材料品种、规格、颜色 3. 嵌缝、塞口材料品种	m²	按设计图示框外围尺寸以面积计算。不扣除单个≤0.3m²孔洞所占面积	1. 骨架及边框安装 2. 隔板安装 3. 嵌缝、塞口

2. 定额分项

定额将墙柱面工程划分为一般抹灰，装饰抹灰，镶贴块料面层，墙、柱面装饰，其他等部分，各部分具体内容为：

1) 一般抹灰细分为水泥砂浆抹灰、混合砂浆抹灰、聚合物砂浆抹灰、珍珠岩砂浆抹灰。

2) 装饰抹灰细分为水刷石抹灰、干粘石抹灰、斩假石（剁斧石）抹灰、拉条灰抹灰、甩毛灰抹灰。

3) 镶贴块料面层细分为大理石面层、花岗石面层、陶瓷锦砖面层、瓷板文化石面层、外墙面砖面层、内墙釉面砖面层、方块凸包石面层。

4) 墙、柱面装饰细分为龙骨、基层、面层、隔断，柱龙骨基层及饰面。

5) 幕墙细分为玻璃幕墙、铝板幕墙、全玻璃幕墙。

3. 相关概念解释

1) 零星抹灰与镶贴块料是指面积在 0.5m² 以内的少量分散的抹灰和镶贴块料面层。

2) 墙体类型是指砖墙、石墙、混凝土墙、砌块墙以及内墙、外墙等。

3) 底层、面层的厚度应根据设计规定（一般采用标准设计图）确定。

4) 勾缝类型是指清水砖墙、砖柱的加浆勾缝如平缝或凹缝，石墙、石柱的勾缝如平缝、平凹缝、平凸缝、半圆凹缝、半圆凸缝和三角凸缝等。

5) 挂贴方式是对大规格的石材，如大理石、花岗石、青石等，使用先挂后灌浆的方式固定于墙、柱面的方式。干挂方式包括直接干挂法，即通过不锈钢膨胀螺栓、不锈钢挂件、不锈钢连接件、不锈钢钢针等，将外墙饰面板连接在外墙墙面的方法；间接干挂法，是指在墙、柱、梁上先固定龙骨，再通过各种挂件固定外墙饰面板于龙骨上的方法。

6) 嵌缝材料是指嵌缝砂浆、嵌缝油膏、密封胶封水材料等。

7) 防护材料是指石材等防碱背涂处理剂和面层防酸涂剂等。

8) 基层材料是指面层内的底板材料，如木墙裙、木护墙、木板隔墙等，在龙骨上先粘贴或铺钉的一层加强面层的底板。

8.2.2 工程量计算规则

1. 清单规则

1) 墙面抹灰按设计图示尺寸以面积计算。扣除墙裙、门窗洞口及单个>0.3m² 的孔洞面积，不扣除踢脚线、挂镜线和墙与构件交接处的面积，门窗洞口和孔洞的侧壁及顶面不增加面积。附墙柱、梁、垛、烟囱侧壁并入相应的墙面面积内。

① 外墙抹灰面积按外墙垂直投影面积计算。

② 外墙裙抹灰面积按其长度乘以高度计算。

③ 内墙抹灰面积按主墙间的净长度乘以高度计算。其中，无墙裙的，高度按室内楼地面至天棚底面计算；有墙裙的，高度按墙裙顶至天棚底面计算；有吊顶天棚抹灰，高度算至天棚底。

④ 内墙裙抹灰面按内墙净长乘以高度计算。

2) 柱面抹灰按设计图示柱断面周长乘以高度以面积计算；梁面抹灰按设计图示梁断面周长乘以高度以面积计算。

3) 零星抹灰按设计图示尺寸以面积计算。

4) 墙面镶贴块料，其中墙面按镶贴表面积计算，钢骨架按设计图示以质量计算。

5) 柱面镶贴块料按镶贴表面积计算。

6) 零星镶贴块料按镶贴表面积计算。

7) 墙饰面按设计图示墙净长乘以净高以 m² 计算，扣除门窗洞口及单个>0.3m² 的孔洞所占面积。

8) 柱（梁）饰面按设计图示饰面外围尺寸以面积计算。柱帽、柱墩并入相应柱饰面工程量内。

9) 隔断按设计图示框外围尺寸以面积计算。不扣除单个 0.3m² 以内的孔洞所占面积；浴厕门的材质与隔断相同时，门的面积并入隔断面积内。

10) 幕墙项目中带骨架幕墙按设计图示框外围尺寸以面积计算，与幕墙同种材质的窗所占面积不扣除。全玻幕墙按设计图示尺寸以面积计算，带肋全玻幕墙按展开面积计算。

2. 定额规则

（1）墙面抹灰　墙面抹灰定额规则如下：

1) 外墙面抹灰面积，按其垂直投影面积以 m² 计算，应扣除门窗洞口和 0.3m² 以上的孔洞所占面积，门窗洞口及洞周边面积也不增加。

2) 内墙面抹灰面积，按抹灰长度乘以高度以 m² 计算，附墙柱侧面抹灰并入内墙面工程量计算。

① 抹灰长度：外墙内壁抹灰按主墙间图示净长计算，内墙面抹灰按内墙净长计算。

② 抹灰高度：按室内地坪面至楼屋面底面。

a. 无墙裙的，高度按室内楼地面至天棚底面计算。

b. 有墙裙的，高度按墙裙顶至天棚底面计算。

c. 有吊顶天棚时，高度算至天棚底 100mm。

3) 墙裙以 m² 计算，长度同墙面计算规则，高度按图示尺寸。

4) 女儿墙内墙面抹灰，按展开面积计算，执行外墙抹灰定额。

5) 零星项目抹灰按设计图示尺寸以 m^2 计算。阳台、雨篷抹灰套用零星项目抹灰定额。

(2) 柱（梁）面抹灰　柱（梁）面抹灰定额规则如下：

1) 柱面抹灰，按设计图示柱断面周长乘以高度以面积计算。

2) 单梁抹灰参照独立柱面相应定额子项目计算。

(3) 块料镶贴面层　块料镶贴面层定额规则如下：

1) 墙面块料面层，按实贴面积以 m^2 计算。

2) 柱（梁）面贴块料面层，按实贴面积以 m^2 计算。

3) 干挂石材钢骨架，按设计图示以 t 计算。

(4) 墙柱面装饰　墙柱面装饰定额规则如下：

1) 墙饰面工程量，按设计图示饰面外围尺寸展开面积以 m^2 计算，扣除门窗洞口及单个 $0.3m^2$ 以上的孔洞所占面积。

2) 龙骨、基层工程量，按设计图示尺寸以 m^2 计算，扣除门窗洞口及 $0.3m^2$ 以上的孔洞所占面积。

3) 花岗石、大理石柱墩、柱帽按最大外围周长乘以高度以 m^2 计算。

(5) 幕墙工程　幕墙工程定额规则如下：

1) 带骨架幕墙按设计图示框外围尺寸以 m^2 计算。

2) 全玻幕墙按设计图示尺寸面积以 m^2 计算，如有加强肋者按平面展开单面面积并入计算。

3) 玻璃幕墙悬窗按设计图示窗扇面积以 m^2 计算。

(6) 隔断　隔断定额规则如下：

1) 隔断按墙的净长乘以净高以 m^2 计算。扣除门窗洞口及 $0.3m^2$ 以上的孔洞所占面积。

2) 浴厕门的材质与隔断相同时，门的面积并入隔断面积内。

3) 成品浴厕隔断按设计图示隔断高度（不包括支腿高度）乘以隔断长度（包括浴厕门部分）以 m^2 计算。

4) 全玻隔断的不锈钢边框工程量按边框展开面积以 m^2 计算。

8.2.3 计算实例

【例 8-5】 图 8-4 所示的某单层建筑物，室内净高为 2.8m，外墙高为 3.0m，M1 尺寸为 2400mm×2000mm，M2 尺寸为 2000mm×900mm，C1 尺寸为 1500mm×1500mm，试计算内墙、外墙水泥砂浆抹灰面层的工程量。

【解】 从前述内容可知，一般抹灰工程量清单规则与定额规则无差别，因而以下计算出的工程量既是清单工程量，也是定额工程量。

1) 内墙水泥砂浆面层工程量为

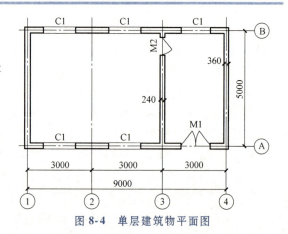

图 8-4　单层建筑物平面图

$$S_{内} = [(6.0-0.36/2-0.24/2+5.0-0.36)×2×2.8-2×0.9-1.5×1.5×4+$$
$$(3.0-0.36/2-0.24/2+5.0-0.36)×2×2.8-2.4×2-2×0.9-1.5×1.5]m^2$$
$$=79.36m^2$$

2) 外墙水泥砂浆面层工程量为
$$S_{外} = [(9.0+0.36+5.0+0.36)×2×3-2.4×2-1.5×1.5×5]m^2$$
$$=72.27m^2$$

【例 8-6】 某单层餐厅，室内净高为 3.9m，窗台高为 0.9m，室内净面积为 35.76m×20.76m，四周厚 240mm 的外墙上设 1.5m×2.7m 铝合金双扇地弹门 2 樘（型材框宽度为 101.6mm，居中立樘），1.8m×2.7m 铝合金双扇推拉窗 14 樘（型材为 90 系列，框宽为 90mm，居中立樘），外墙内壁贴高 1.8m 瓷板墙裙，试求镶贴块料工程量并编制工程量清单。

【解】 按清单规则和定额规则，墙面贴块料面层均按实贴面积以 m^2 计算，也就是扣洞应增侧壁。

墙裙面积为
$$S_1 = [(35.76+20.76)×2×1.8]m^2 = 203.47m^2$$

在墙裙高 1.8m 范围内应扣门洞面积为
$$S_2 = 1.5m×1.8m×2 = 5.4m^2$$

窗洞面积为
$$S_3 = [1.8×(1.8-0.9)×14]m^2 = 22.68m^2$$

应增门洞侧壁宽为
$$b_1 = (0.24-0.1016)m÷2 = 0.069m$$

门洞侧壁面积为
$$S_4 = 1.8m×2×0.069m×2 = 0.497m^2$$

应增窗洞侧壁宽为
$$b_2 = (0.24-0.09)m÷2 = 0.075m$$

窗洞侧壁面积为
$$S_5 = [1.8+(1.8-0.9)×2]m×0.075m×14 = 3.78m^2$$

则墙裙镶贴块料工程量为
$$S = S_1-S_2-S_3+S_4+S_5$$
$$=(203.47-5.4-22.68+0.497+3.78)m^2$$
$$=179.67m^2$$

假设已知瓷板墙裙相关的构造及施工条件，编制的工程量清单见表 8-24。

表 8-24 分部分项工程量清单

序号	项目编码	项目名称	项目特征	计量单位	工程数量
1	011204003001	块料墙面	1. 墙体类型：砖墙 2. 安装方式：1:2.5 水泥砂浆粘贴 3. 面层材料品种、规格、颜色：白瓷板，152mm×152mm×5mm 4. 缝宽、嵌缝材料种类：密缝、白水泥 5. 防护材料种类：无 6. 磨光、酸洗、打蜡要求：不做	m^2	179.67

【例8-7】 若套用某地的单位估价表（表8-25），试计算【例8-6】中瓷板墙裙的综合单价。

表8-25 某地计价定额相应项目单位估价表　　　　　　计量单位：100m²

定额编号				01100118	01100120
项目				瓷板152mm×152mm 墙面	
				水泥砂浆粘贴	干粉型粘结剂粘贴
基价/元				3561.22	3982.43
其中	人工费/元			3414.39	3849.41
	材料费/元			82.50	81.72
	机械费/元			64.33	51.30
	名 称	单位	单价/元	数量	
材料	内墙瓷板152mm×152mm	m²	—	(103.50)	(103.50)
	水泥砂浆1:2.5	m³	—	(0.820)	—
	干粉型粘结剂	kg	—	—	(421.000)
	白水泥	kg	0.50	15.500	15.500
	石材切割锯片	片	23.00	0.960	0.960
	棉纱头	kg	10.60	1.000	1.000
	水	m³	5.60	0.810	0.670
	素水泥浆	m³	357.66	0.100	0.100
	107胶	kg	0.80	2.210	2.210
机械	灰浆搅拌机200L	台班	86.90	1.010	—
	石材切割机	台班	34.66	0.790	1.480

【解】 套用水泥砂浆粘贴瓷板墙面定额01100118，其中有（ ）的消耗量为未计价，需要查询当地价格信息后进行组价。

若通过询价知：内墙瓷板152mm×152mm 单价为60元/m²，1:2.5 水泥砂浆的单价为300元/m³，则定额01100118的材料费单价为

$$(82.50+60\times103.50+300\times0.820)元/100m^2 = 6538.50元/100m^2$$

综合单价计算见表8-26。

表8-26 工程量清单综合单价分析

序号	项目编码	项目名称	计量单位	工程量	定额编号	定额名称	定额单位	数量	单价/元			合价/元			管理费和利润	综合单价/元
									人工费	材料费	机械费	人工费	材料费	机械费		
1	011204003001	块料墙面	m²	179.67	01100118	水泥砂浆粘贴瓷板墙面	100m²	0.0100	3414.39	6538.50	64.33	34.14	65.39	0.64	18.12	118.30
						小计						34.14	65.39	0.64	18.12	

注：1. 面层的相对量：(179.67/100)/179.67 = 0.0100。
　　2. 管理费费率取33%，利润率取20%。

8.3 天棚工程

8.3.1 基本问题

1. 清单分项

《国家计量规范》将天棚工程划分为天棚抹灰、天棚吊顶、采光天棚、天棚其他装饰等项目。

1）天棚抹灰包括基层清理、底层抹灰、抹面层等工作内容。

2）天棚吊顶细分为吊顶天棚、格栅吊顶、吊筒吊顶、藤条造型悬挂吊顶、织物软雕吊顶、装饰网架吊顶等项目。每个项目均含龙骨和面层。

3）天棚其他装饰包括灯带（槽）和送风口、回风口装饰。

具体分项见表 8-27 ~ 表 8-30。

表 8-27 天棚抹灰（编码：011301）

项目编码	项目名称	项目特征	计量单位	工程量计算规则	工作内容
011301001	天棚抹灰	1. 基层类型 2. 抹灰厚度、材料种类 3. 砂浆配合比	m^2	按设计图示尺寸以水平投影面积计算。不扣除间壁墙、垛、柱、附墙烟囱、检查口和管道所占的面积，带梁天棚的梁两侧抹灰面积并入天棚面积内，板式楼梯底面抹灰按斜面积计算，锯齿形楼梯底板抹灰按展开面积计算	1. 基层清理 2. 底层抹灰 3. 抹面层

表 8-28 天棚吊顶（编码：011302）

项目编码	项目名称	项目特征	计量单位	工程量计算规则	工作内容
011302001	吊顶天棚	1. 吊顶形式、吊杆规格、高度 2. 龙骨材料种类、规格、中距 3. 基层材料种类、规格 4. 面层材料品种、规格 5. 压条材料种类、规格 6. 嵌缝材料种类 7. 防护材料种类	m^2	按设计图示尺寸以水平投影面积计算。天棚面中的灯槽及跌级、锯齿形、吊挂式、藻井式天棚面积不展开计算。不扣除间壁墙、检查口、附墙烟囱、柱垛和管道所占面积，扣除单个>$0.3m^2$的孔洞、独立柱及与天棚相连的窗帘盒所占的面积	1. 基层清理、吊杆安装 2. 龙骨安装 3. 基层板铺贴 4. 面层铺贴 5. 嵌缝 6. 刷防护材料
011302002	格栅吊顶	1. 龙骨材料种类、规格、中距 2. 基层材料种类、规格 3. 面层材料品种、规格 4. 防护材料种类		按设计图示尺寸以水平投影面积计算	1. 基层清理 2. 安装龙骨 3. 基层板铺贴 4. 面层铺贴 5. 刷防护材料
011302003	吊筒吊顶	1. 吊筒形状、规格 2. 吊筒材料种类 3. 防护材料种类			1. 基层清理 2. 吊筒制作安装 3. 刷防护材料
011302004	藤条造型悬挂吊顶	1. 骨架材料种类、规格 2. 面层材料品种、规格			1. 基层清理 2. 龙骨安装 3. 铺贴面层
011302005	织物软雕吊顶				
011302006	装饰网架吊顶	网架材料品种、规格			1. 基层清理 2. 网架制作安装

表8-29 采光天棚（编码：011303）

项目编码	项目名称	项目特征	计量单位	工程量计算规则	工作内容
011303001	采光天棚	1. 骨架类型 2. 固定类型、固定材料品种、规格 3. 面层材料品种、规格 4. 嵌缝、塞口材料种类	m²	按框外围展开面积计算	1. 基层清理 2. 面层制安 3. 嵌缝、塞口 4. 清洗

表8-30 天棚其他装饰（编码：011304）

项目编码	项目名称	项目特征	计量单位	工程量计算规则	工作内容
011304001	灯带（槽）	1. 灯带型式、尺寸 2. 格栅片材料品种、规格 3. 安装固定方式	m²	按设计图示尺寸以框外围面积计算	安装、固定
011304002	送风口、回风口	1. 风口材料品种、规格 2. 安装固定方式 3. 防护材料种类	个	按设计图示数量计算	1. 安装、固定 2. 刷防护材料

2. 定额分项

定额将天棚工程划分为抹灰面层、天棚龙骨、基层和面层、龙骨和饰面、送风口、回风口等项目。

3. 相关说明

1）天棚抹灰是指在混凝土现浇板、预制混凝土板、木板条等基层上抹灰。

2）龙骨分为上人或不上人，以及平面、跌级、锯齿形、阶梯形、吊挂式、藻井式及矩形、圆弧形、拱形等类型。

3）基层材料是指底板或面层背后的加强材料。

4）龙骨中距是指相邻龙骨中线之间的距离。

5）天棚面层常用材料有：石膏板，如装饰石膏板、纸面石膏板、吸声穿孔石膏板、嵌装式装饰石膏、埃特板等；装饰吸声罩面板，如矿棉装饰吸声板、贴塑矿（岩）棉吸声板、膨胀珍珠岩石装饰吸声制品、玻璃棉装饰吸声板等；塑料装饰罩面板，如钙塑泡沫装饰吸声板、聚苯乙烯泡沫塑料装饰吸声板、聚氯乙烯塑料天花板等；纤维水泥加压板，如穿孔吸声石棉水泥板、轻质硅酸钙吊顶板等；金属装饰板，如铝合金罩面板、金属微孔吸声板、铝合金单体构件等；木质饰板，如胶合板、薄板、板条、水泥木丝板、刨花板等；玻璃饰面，如镜面玻璃、镭射玻璃等。

6）格栅吊顶面层包括木格栅、金属格栅、塑料格栅等。

7）吊筒吊顶包括木（竹）质吊筒、金属吊筒、塑料吊筒以及圆形、矩形、扁钟形吊筒等。

8）灯带格栅有不锈钢格栅、铝合金格栅、玻璃类格栅等。

9）送风口、回风口包括金属、塑料、木质风口等。

10）天棚检查孔、检修走道、灯槽包括在相应天棚清单项目中，不单独列项。

8.3.2 工程量计算规则

1. 清单规则

1）天棚抹灰按设计图示尺寸以水平投影面积计算。不扣除间壁墙、垛、柱、附墙烟囱、检查口和管道所占的面积，带梁天棚、梁两侧抹灰面积并入天棚面积内，板式楼梯底面抹灰按斜面积计算，锯齿形楼梯底面抹灰按展开面积计算。

2）天棚吊顶按设计图示尺寸以水平投影面积计算，天棚面中的灯槽及跌级、锯齿形、吊挂式、藻井式天棚面积不展开计算。不扣除间壁墙、检查口、附墙烟囱、柱、垛和管道所占面积，扣除单个 $0.3m^2$ 以外的孔洞、独立柱及与天棚相连的窗帘盒所占的面积。

3）天棚其他装饰等项目按设计图示尺寸以水平投影面积计算。

4）灯带按设计图示尺寸以框外围面积计算。

5）送风口、回风口按设计图示数量以个计算。

2. 定额规则

（1）天棚抹灰 天棚抹灰的定额规则如下：

1）天棚抹灰按设计图示尺寸水平投影面积以 m^2 计算，不扣除间壁墙、垛、柱、附墙烟囱、检查口和管道所占的面积。带梁天棚、梁两侧抹灰面积并入天棚面积内。板式楼梯底面抹灰按斜面积以 m^2 计算，锯齿形楼梯底面抹灰按展开面积以 m^2 计算。

2）密肋梁和井字梁天棚抹灰面积，设计图示尺寸按展开面积以 m^2 计算。

3）天棚抹灰如带有装饰线，区别三道线以内或五道线以内，按设计图示尺寸以延长米计算。

（2）天棚吊顶 天棚吊顶的定额规则如下：

1）各种吊顶天棚龙骨按设计图示尺寸水平投影面积以 m^2 计算，不扣除检查洞、附墙烟囱、风道、柱、垛和管道所占面积。

2）天棚吊顶基层和装饰面层，按主墙间实钉（胶）面积以 m^2 计算，不扣除检查口、附墙烟囱、风道、柱、垛和管道所占面积，但应扣除 $0.3m^2$ 以上的孔洞、独立柱及与天棚相连的窗帘盒所占的面积。跌级天棚立口部分按图示尺寸计算并入基层及面层。

3）格栅吊顶、藤条悬挂吊顶、吊筒式吊顶按设计图示尺寸水平投影面积以 m^2 计算。

（3）其他 其他项目定额规则如下：

1）楼梯底面的装饰工程量：板式楼梯按水平投影面积乘以 1.15，梁式及螺旋楼梯按展开面积以 m^2 计算。

2）镶贴镜面按实贴面积以 m^2 计算。

3）灯槽、铝扣板收边线按延长米计算，石膏板嵌缝按石膏板面积以 m^2 计算。

4）天棚内保温层、防潮层按实铺面积以 m^2 计算。

5）拱廊式采光天棚按设计图示尺寸展开面积以 m^2 计算。其余采光天棚、雨篷按设计图示尺寸水平投影面积以 m^2 计算。

8.3.3 计算实例

【例8-8】 图 8-5 所示某单层建筑物安装吊顶，采用不上人 U 形轻钢龙骨及 600mm×400mm 的石膏板面层。其中小房间为一级吊顶，大房间为二级吊顶，大房间吊顶剖面如图 8-6 所示。试根据《国家计量规范》列项计算相应项目的工程量及综合单价。

【解】 1）小房间天棚吊顶工程量。清单工程量按设计图示尺寸以水平投影面积计算，得

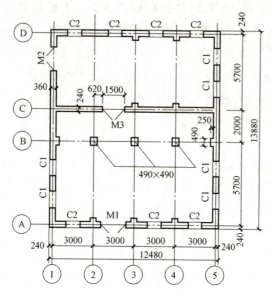

图 8-5 单层建筑物平面图

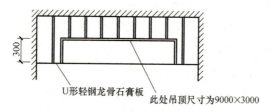

图 8-6 吊顶剖面图

$$S_{清小}=[(3.0\times4-0.12\times2)\times(5.7-0.12\times2)]m^2=64.21m^2$$

定额工程量分别计算龙骨和面层。

① U 形轻钢龙骨工程量按设计图示尺寸水平投影面积以 m^2 计算，计算结果得

$$S_{龙骨小}=[(3.0\times4-0.12\times2)\times(5.7-0.12\times2)]m^2=64.21m^2$$

② 石膏板面层工程量按主墙间实铺面积以 m^2 计算，由于小房间为一级吊顶，实铺面积与净空面积相同，即

$$S_{面层小}=[(3.0\times4-0.12\times2)\times(5.7-0.12\times2)]m^2=64.21m^2$$

2) 大房间天棚吊顶工程量。清单工程量按设计图示尺寸以水平投影面积计算，由于独立柱所占面积为 $0.49m\times0.49m=0.24m^2$ 小于 $0.3m^2$ 不扣除，则

$$S_{清大}=[(3.0\times4-0.12\times2)\times(5.7+2.0-0.12\times2)]m^2=87.72m^2$$

定额工程量分别计算龙骨和面层。

① U 形轻钢龙骨工程量按设计图示尺寸水平投影面积以 m^2 计算，计算结果得

$$S_{龙骨大}=[(3.0\times4-0.12\times2)\times(5.7+2.0-0.12\times2)]m^2=87.72m^2$$

② 石膏板面层工程量按主墙间实铺面积以 m^2 计算，由于大房间为二级吊顶，按实铺面积计算，得

$S_{面层大} = [(3.0×4-0.12×2)×(5.7+2.0-0.12×2)+(9×2+3×2)×0.3] m^2 = 94.93 m^2$

3）编制工程量清单，见表 8-31。

表 8-31　分部分项工程量清单

序号	项目编码	项目名称	项目特征	计量单位	工程数量
1	011302001001	吊顶天棚（平面）	1. 吊顶形式、吊杆规格、高度：射钉安装吊筋、300mm 2. 龙骨材料种类、规格、中距：不上人 U 形轻钢龙骨、600mm×400mm 3. 基层材料种类、规格：纸面石膏板、3000mm×1200mm×9.5mm 4. 面层材料品种、规格：双飞粉 5. 压条材料种类、规格：无 6. 嵌缝材料种类：双飞粉 7. 防护材料种类：无	m²	64.21
2	011302001002	吊顶天棚（跌级）	1. 吊顶形式、吊杆规格、高度：射钉安装吊筋、600mm 2. 龙骨材料种类、规格、中距：不上人 U 形轻钢龙骨、600mm×400mm 3. 基层材料种类、规格：纸面石膏板、3000mm×1200mm×9.5mm 4. 面层材料品种、规格：双飞粉 5. 压条材料种类、规格：无 6. 嵌缝材料种类：双飞粉 7. 防护材料种类：无	m²	87.72

4）套用某省计价定额中的相应项目单位估价表，数据见表 8-32～表 8-34。

表 8-32　某省计价定额单位估价表相应项目节录（一）　　　　　　　计量单位：100m²

	定额编号			01110033	01110034	01110035	01110036
	项　　目			装配式 U 形轻钢天棚龙骨（不上人型）			
				龙骨间距 400mm×500mm		龙骨间距 600mm×400mm	
				平面	跌级	平面	跌级
	基价/元			2032.42	2538.83	1929.97	2527.85
其中	人工费/元			1552.28	1619.74	1417.31	1552.28
	材料费/元			466.15	905.1	498.67	961.58
	机械费/元			13.99	13.99	13.99	13.99
	名称	单位	单价/元	数量			
材料	轻钢天棚龙骨	m²	—	(101.500)	(101.500)	(101.500)	(101.500)
	角钢	t	4650.00	0.040	0.040	0.040	0.040
	电焊条	kg	7.50	1.280	1.280	1.280	1.280
	垫圈	个	0.32	155.000	392.000	176.000	207.000
	射钉	个	0.35	153.000	155.000	153.000	155.000
	螺母	个	0.17	309.000	783.000	352.000	413.000
	高强螺栓	kg	17.80	1.060	0.990	1.200	1.220
	吊筋	kg	4.00	24.000	33.000	28.000	86.000
	方钢管 25mm×25mm×2.5mm	m	18.50	—	6.100	—	6.120
	钢板（综合）	kg	4.68	—	0.470	—	0.470
	扁钢（综合）	kg	4.63	—	1.540	—	1.540
	锯材	m³	1200.00	—	0.100	—	0.070
	铁件	kg	4.3	—	1.140	—	0.700
机械	交流弧焊机 32kV·A	台班	139.87	0.100	0.100	0.100	0.100

表 8-33 某省计价定额单位估价表相应项目节录（二）　　　　　　计量单位：100m²

定额编号				01110098	01110099
项　　目				安装在型钢龙骨上	
				木工板	纸面石膏板
基价/元				1061.14	1216.56
其中	人工费/元			847.30	1002.72
	材料费/元			213.84	213.84
	机械费/元			—	—
材料	名称	单位	单价/元	数量	
	大芯板 厚18mm	m²	—	(105.00)	—
	纸面石膏板厚9mm	m²	—	—	(105.00)
	沉头机螺栓 M5×40	套	0.10	2138.400	2138.400

表 8-34 某省计价定额单位估价表相应项目节录（三）　　　　　　计量单位：100m²

定额编号				01110217	01120267	01120269
项目				贴绷带、刮腻子	双飞粉二遍	每增减一遍双飞粉
				石膏板缝	天棚抹灰面	
基价/元				563.52	792.00	354.62
其中	人工费/元			518.32	787.00	352.62
	材料费/元			45.20	5.00	2.00
	机械费/元			—	—	—
材料	名称	单位	单价/元	数量		
	绷带	m	—	(157.500)	—	—
	117胶	m²	—	—	(88.00)	(31.240)
	双飞粉	m²	—	—	(220.00)	(78.320)
	嵌缝膏	kg	1.20	37.670	—	—
	其他材料费	元	1.00	—	5.000	2.000

5）综合单位计算。询价知以下材料价格信息：

① 轻钢天棚龙骨单价为 38 元/m²。则平面天棚龙骨定额 01110035 中的材料费单价为

$$(498.67+38\times101.500)元/100m^2 = 4355.67 元/100m^2$$

② 跌级天棚龙骨定额 01110036 中的材料费单价为

$$(961.58+38\times101.500)元/100m^2 = 4818.58 元/100m^2$$

③ 纸面石膏板单价为 11 元/m²。则纸面石膏板定额 01110099 中的材料费单价为

$$(213.84+11\times105.000)元/100m^2 = 1368.84 元/100m^2$$

④ 绷带单价为 0.60 元/m。则贴绷带、刮腻子定额 01110217 中的材料费单价为

$$(45.20+0.60\times157.500)元/100m^2 = 139.70 元/100m^2$$

117胶单价为 2.40 元/kg，双飞粉单价为 0.50 元/kg，则天棚双飞粉二遍定额 01120267 中的材料费单价为

$$(5.00+2.40\times88.00+0.50\times220.00)元/100m^2 = 326.20 元/100m^2$$

吊顶天棚分项工程的综合单价计算见表 8-35。

表 8-35 工程量清单综合单价分析

序号	项目编码	项目名称	计量单位	工程量	定额编号	定额名称	定额单位	数量	单价/元 人工费	单价/元 材料费	单价/元 机械费	合价/元 人工费	合价/元 材料费	合价/元 机械费	管理费和利润	综合单价/元
1	011302001001	吊顶天棚（平面）	m²	64.21	01110035	U形轻钢天棚龙骨	100m²	0.0100	1417.31	4355.67	13.99	14.17	43.56	0.14	7.52	119.05
					01110099	纸面石膏板	100m²	0.0100	1002.72	1368.84	—	10.03	13.69	—	5.31	
					01110217	贴绷带、刮腻子	100m²	0.0100	518.32	139.70	—	5.18	1.40	—	2.75	
					01120267	天棚双飞粉	100m²	0.0100	787.00	326.2	—	7.87	3.26	—	4.17	
						小计						37.25	61.90	0.14	19.75	
2	011302001002	吊顶天棚（跌级）	m²	87.72	01110036	U形轻钢天棚龙骨	100m²	0.0100	1552.28	4818.58	13.99	15.52	48.19	0.14	8.23	130.15
					01110099	纸面石膏板	100m²	0.0108	1002.72	1368.84	—	10.85	14.81	—	5.75	
					01110217	贴绷带、刮腻子	100m²	0.0108	518.32	139.70	—	5.61	1.51	—	2.97	
					01120267	天棚双飞粉	100m²	0.0108	787.00	326.2	—	8.52	3.53	—	4.51	
						小计						40.50	68.04	0.14	21.47	

注：1. 平面吊顶中轻钢龙骨的相对量：（64.21/100）/64.21 = 0.0100；石膏板面层的相对量：（64.21/100）/64.21 = 0.0100。

2. 跌级吊顶中轻钢龙骨的相对量：（87.72/100）/87.72 = 0.0100；石膏板面层的相对量：（94.93/100）/87.72 = 0.0108。

3. 管理费费率取 33%，利润率取 20%。

8.4 门窗工程

8.4.1 基本问题

1. 清单分项

《国家计量规范》将门窗工程划分为木门，金属门，金属卷帘（闸）门，厂库房大门、特种门，其他门，木窗，金属窗，门窗套，窗台板，窗帘、窗帘盒、轨等项目。

具体分项见表 8-36～表 8-45。

表 8-36　木门（编码：010801）

项目编码	项目名称	项目特征	计量单位	工程量计算规则	工作内容
010801001	木质门	1. 门代号及洞口尺寸 2. 镶嵌玻璃品种、厚度	1. 樘 2. m²	1. 以樘计量，按设计图示数量计算 2. 以 m² 计量，按设计图示洞口尺寸以面积计算	1. 门安装 2. 玻璃安装 3. 五金安装
010801002	木质门带套				
010801003	木质连窗门				
010801004	木质防火门				
010801005	木门框	1. 门代号及洞口尺寸 2. 框截面尺寸 3. 防护材料种类	1. 樘 2. m	1. 以樘计量，按设计图示数量计算 2. 以 m 计量，按设计图示框的中心线以延长米计算	1. 木门框制作安装 2. 运输 3. 刷防护材料
010801006	门锁安装	1. 锁品种 2. 锁规格	个(套)	按设计图示数量计算	安装

表 8-37　金属门（编码：010802）

项目编码	项目名称	项目特征	计量单位	工程量计算规则	工作内容
010802001	金属（塑钢）门	1. 门代号及洞口尺寸 2. 门框或扇外围尺寸 3. 门框、扇材质 4. 玻璃品种、厚度	1. 樘 2. m²	1. 以樘计量，按设计图示数量计算 2. 以 m² 计量，按设计图示洞口尺寸以面积计算	1. 门安装 2. 五金安装 3. 玻璃安装
010802002	彩板门	1. 门代号及洞口尺寸 2. 门框或扇外围尺寸			
010802003	钢质防火门	1. 门代号及洞口尺寸 2. 门框或扇外围尺寸 3. 门框、扇材质			1. 门安装 2. 五金安装
010802004	防盗门				

表 8-38　金属卷帘（闸）门（编码：010803）

项目编码	项目名称	项目特征	计量单位	工程量计算规则	工作内容
010803001	金属卷帘（闸）门	1. 门代号及洞口尺寸 2. 门材质 3. 启动装置品种、规格	1. 樘 2. m²	1. 以樘计量，按设计图示数量计算 2. 以 m² 计量，按设计图示洞口尺寸以面积计算	1. 门运输、安装 2. 启动装置、活动小门、五金安装
010803002	防火卷帘（闸）门				

表 8-39　厂库房大门、特种门（编码：010804）

项目编码	项目名称	项目特征	计量单位	工程量计算规则	工作内容
010804001	木板大门	1. 门代号及洞口尺寸 2. 门框或扇外围尺寸 3. 门框、扇材质 4. 五金种类、规格 5. 防护材料种类	1. 樘 2. m²	1. 以樘计量，按设计图示数量计算 2. 以 m² 计量，按设计图示洞口尺寸以面积计算 1. 以樘计量，按设计图示数量计算 2. 以 m² 计量，按设计图示门框或扇以面积计算	1. 门(骨架)制作、运输 2. 门、五金配件安装 3. 刷防护材料
010804002	钢木大门				
010804003	全钢板大门				
010804004	防护铁丝门				
010804005	金属格栅门	1. 门代号及洞口尺寸 2. 门框或扇外围尺寸 3. 门框、扇材质 4. 启动装置品种、规格		1. 以樘计量，按设计图示数量计算 2. 以 m² 计量，按设计图示洞口尺寸以面积计算	1. 门安装 2. 启动装置、五金配件安装
010804006	钢质花饰大门	1. 门代号及洞口尺寸 2. 门框或扇外围尺寸 3. 门框、扇材质		1. 以樘计量，按设计图示数量计算 2. 以 m² 计量，按设计图示门框或扇以面积计算 1. 以樘计量，按设计图示数量计算 2. 以 m² 计量，按设计图示洞口尺寸以面积计算	1. 门安装 2. 五金配件安装
010804007	特种门				

表 8-40 其他门（编码：010805）

项目编码	项目名称	项目特征	计量单位	工程量计算规则	工作内容
010805001	电子感应门	1. 门代号及洞口尺寸 2. 门框或扇外围尺寸 3. 门框、扇材质 4. 玻璃品种、厚度 5. 启动装置的品种、规格 6. 电子配件品种、规格	1. 樘 2. m²	1. 以樘计量，按设计图示数量计算 2. 以 m² 计量，按设计图示洞口尺寸以面积计算	1. 门安装 2. 启动装置、五金电子配件安装
010805002	旋转门				
010805003	电子对讲门	1. 门代号及洞口尺寸 2. 门框或扇外围尺寸 3. 门材质 4. 玻璃品种、厚度 5. 启动装置的品种、规格 6. 电子配件品种、规格			
010805004	电动伸缩门				
010805005	全玻自由门	1. 门代号及洞口尺寸 2. 门框或扇外围尺寸 3. 框材质 4. 玻璃品种、厚度			1. 门安装 2. 五金安装
010805006	镜面不锈钢饰面门	1. 门代号及洞口尺寸 2. 门框或扇外围尺寸 3. 框、扇材质 4. 玻璃品种、厚度			
010805007	复合材料门				

表 8-41 木窗（编码：010806）

项目编码	项目名称	项目特征	计量单位	工程量计算规则	工作内容
010806001	木质窗	1. 窗代号及洞口尺寸 2. 玻璃品种、厚度	1. 樘 2. m²	1. 以樘计量，按设计图示数量计算 2. 以 m² 计量，按设计图示洞口尺寸以面积计算	1. 窗安装 2. 五金、玻璃安装
010806002	木飘(凸)窗				
010806003	木橱窗	1. 窗代号 2. 框截面及外围展开面积 3. 玻璃品种、厚度 4. 防护材料种类		1. 以樘计量，按设计图示数量计算 2. 以 m² 计量，按设计图示框外围展开面积计算	1. 窗制作、运输、安装 2. 五金、玻璃安装 3. 刷防护材料
010806004	木纱窗	1. 窗代号及框的外围尺寸 2. 纱窗材料品种、规格		1. 以樘计量，按设计图示数量计算 2. 以 m² 计量，按框的外围尺寸以面积计算	1. 窗安装 2. 五金安装

表 8-42 金属窗（编码：010807）

项目编码	项目名称	项目特征	计量单位	工程量计算规则	工作内容
010807001	金属(塑钢、断桥)窗	1. 窗代号及洞口尺寸 2. 框、扇材质 3. 玻璃品种、厚度	1. 樘 2. m²	1. 以樘计量，按设计图示数量计算 2. 以 m² 计量，按设计图示洞口尺寸以面积计算	1. 窗安装 2. 五金、玻璃安装
010807002	金属防火窗				
010807003	金属百叶窗				
010807004	金属纱窗	1. 窗代号及洞口尺寸 2. 框材质 3. 窗纱材料品种、规格		1. 以樘计量，按设计图示数量计算 2. 以 m² 计量，按框的外围尺寸以面积计算	1. 窗安装 2. 五金安装

（续）

项目编码	项目名称	项目特征	计量单位	工程量计算规则	工作内容
010807005	金属格栅窗	1. 窗代号及洞口尺寸 2. 框外围尺寸 3. 框、扇材质	1. 樘 2. m²	1. 以樘计量，按设计图示数量计算 2. 以m²计量，按设计图示洞口尺寸以面积计算	1. 窗安装 2. 五金安装
010807006	金属（塑钢、断桥）橱窗	1. 窗代号 2. 框外围展开面积 3. 框、扇材质 4. 玻璃品种、厚度 5. 防护材料种类		1. 以樘计量，按设计图示数量计算 2. 以m²计量，按设计图示尺寸以框外围展开面积计算	1. 窗制作、运输、安装 2. 五金、玻璃安装 3. 刷防护材料
010807007	金属（塑钢、断桥）飘（凸）窗	1. 窗代号 2. 框外围展开面积 3. 框、扇材质 4. 玻璃品种、厚度			1. 窗安装 2. 五金、玻璃安装
010807008	彩板窗	1. 窗代号及洞口尺寸 2. 框外围尺寸 3. 框、扇材质 4. 玻璃品种、厚度		1. 以樘计量，按设计图示数量计算 2. 以m²计量，按设计图示洞口尺寸或框外围以面积计算	
01087009	复合材料窗				

表8-43 门窗套（编码：010808）

项目编码	项目名称	项目特征	计量单位	工程量计算规则	工作内容
010808001	木门窗套	1. 窗代号及洞口尺寸 2. 门窗套展开宽度 3. 基层材料种类 4. 面层材料品种、规格 5. 线条品种、规格 6. 防护材料种类	1. 樘 2. m² 3. m	1. 以樘计量，按设计图示数量计算 2. 以m²计量，按设计图示尺寸以展开面积计算 3. 以m计量，按设计图示中心以延长米计算	1. 清理基层 2. 立筋制作、安装 3. 基层板安装 4. 面层铺贴 5. 线条安装 6. 刷防护材料
010808002	木筒子板	1. 筒子板宽度 2. 基层材料种类 3. 面层材料品种、规格 4. 线条品种、规格 5. 防护材料种类			
010808003	饰面夹板筒子板				
010808004	金属门窗套	1. 窗代号及洞口尺寸 2. 门窗套展开宽度 3. 基层材料种类 4. 面层材料品种、规格 5. 防护材料种类			1. 清理基层 2. 立筋制作、安装 3. 基层板安装 4. 面层铺贴 5. 刷防护材料
010808005	石材门窗套	1. 窗代号及洞口尺寸 2. 门窗套展开宽度 3. 粘结层厚度、砂浆配合比 4. 面层材料品种、规格 5. 线条品种、规格			1. 清理基层 2. 立筋制作、安装 3. 基层抹灰 4. 面层铺贴 5. 线条安装
010808006	门窗木贴脸	1. 门窗代号及洞口尺寸 2. 贴脸板宽度 3. 防护材料种类	1. 樘 2. m	1. 以樘计量，按设计图示数量计算 2. 以m计量，按设计图示中心以延长米计算	安装

(续)

项目编码	项目名称	项目特征	计量单位	工程量计算规则	工作内容
010808007	成品木门窗套	1. 门窗代号及洞口尺寸 2. 门窗套展开宽度 3. 门窗套材料品种、规格	1. 樘 2. m² 3. m	1. 以樘计量，按设计图示数量计算 2. 以 m² 计量，按设计图示尺寸以展开面积计算 3. 以 m 计量，按设计图示中心以延长米计算	1. 清理基层 2. 立筋制作、安装 3. 板安装

表 8-44 窗台板（编码：010809）

项目编码	项目名称	项目特征	计量单位	工程量计算规则	工作内容
010809001	木窗台板	1. 基层材料种类 2. 窗台板材质、规格、颜色 3. 防护材料种类	m²	按设计图示尺寸以展开面积计算	1. 基层清理 2. 基层制作、安装 3. 窗台板制作、安装 4. 刷防护材料
010809002	铝塑窗台板				
010809003	金属窗台板				
010809004	石材窗台板	1. 粘结层厚度、砂浆配合比 2. 窗台板材质、规格、颜色			1. 基层清理 2. 抹找平层 3. 窗台板制作、安装

表 8-45 窗帘、窗帘盒、轨（编码：010810）

项目编码	项目名称	项目特征	计量单位	工程量计算规则	工作内容
010810001	窗帘	1. 窗帘材质 2. 窗帘高度、宽度 3. 窗帘层数 4. 带幔要求	1. m 2. m²	1. 以 m 计量，按设计图示尺寸以成活后长度计算 2. 以 m² 计量，按设计图示尺寸以成活后展开面积计算	1. 制作、运输 2. 安装
010810002	木窗帘盒	1. 窗帘盒材质、规格 2. 防护材料种类	m	按设计图示尺寸以长度计算	1. 制作、运输、安装 2. 刷防护材料
010810003	饰面夹板、塑料窗帘盒				
010810004	铝合金窗帘盒				
010810005	窗帘轨	1. 窗帘轨材质、规格 2. 轨的数量 3. 防护材料种类			

2. 定额分项

定额将门窗工程划分为普通木门、厂库房大门、特种门、普通木窗、铝合金门窗制作安装、不锈钢门窗安装、彩板组角钢门窗安装、塑料门窗安装、钢门窗安装、铝合金踢脚线及门锁安装等项目。

3. 相关说明

1）门窗类型是指带亮子或不带亮子、带纱或不带纱、单扇、双扇或三扇、半百叶或全百叶、半玻或全玻、全玻自由门或半玻自由门、带门框或不带门框、单独门框和开启方式（平开、推拉、折叠）等。

2）框截面尺寸（或面积）是指边（立）梃截面尺寸或面积。

3）凡面层材料有品种、规格、品牌、颜色要求的，应在工程量计算中进行描述。

4）特殊五金是指贵重五金及业主认为应单独列项的五金配件，具体是指拉手、门锁、窗锁等。

5）门窗套、贴脸板、筒子板和窗台板项目，包括底层抹灰，如底层抹灰已包括在墙、柱面底层抹灰内。

6）木门窗五金包括：折页、插锁、风钩、弓背拉手、搭扣、弹簧折页、管子拉手、地弹簧、滑轮、滑轨、门轧头、角铁、木螺钉等。

7）铝合金门窗五金包括：卡锁、滑轮、铰拉、执手、拉把、拉手、风撑、角码、牛角制、地弹簧、门销、门插、门铰等。

8）其他五金包括：L形执手锁、球形执手锁、地锁、防盗门扣、门眼、门碰珠、电子锁（磁卡锁）、闭门器、装饰拉手等。

9）实木装饰门项目也适用于竹压板装饰门。

10）转门项目适用于电子感应和人力推动转门。

11）木门窗的制作应考虑木材的干燥损耗、刨光损耗、下料后备长度、门窗走头增加的体积等。

12）防护材料分为防火、防腐、防虫、防潮、耐磨、耐老化等材料。

8.4.2 工程量计算规则

1. 清单规则

门窗按清单规则计算应执行表 8-36~表 8-45 中的规定。主要的规则归纳如下：

1）木门、金属门、卷帘门、其他门，木窗、金属窗均可按设计图示数量以樘或按设计图示门窗洞口面积以 m^2 计算。

2）门窗套可按樘、m^2 或 m 计算。

3）窗台板按设计图示尺寸展开面积以 m^2 计算。

4）窗帘盒、窗帘轨按设计图示尺寸以长度计算。

2. 定额规则

1）门窗按设计图示洞口尺寸以 m^2 计算，飘（凸）窗、弧形、异形窗按设计窗框中心线展开面积以 m^2 计算。纱扇制作安装按扇外围面积以 m^2 计算。

2）钢门窗安装玻璃，全玻门窗按洞口面积以 m^2 计算，半玻门窗按洞口宽度乘以有玻璃分格的设计高度以 m^2 计算，设计高度从洞口顶算至玻璃横梃下边线。

3）卷闸门安装按其安装高度乘以门的实际宽度以 m^2 计算。安装高度算至滚筒顶点为准。电动装置安装以套计算，小门安装以个计算。若卷闸门带小门的，小门面积不扣除。

4）木门框制作安装按设计外边线长度以延长米计算。门扇制作安装按扇外围面积以 m^2 计算。

5）包门框、门窗套均按设计展开面积以 m^2 计算。门窗贴脸、窗帘盒、窗帘轨按设计长度以延长米计算。

6）电子感应门及转门按樘计算。

7）其他门中的旋转门按设计图示数量以樘计算；伸缩门按设计展开长度以延长米计算。

8）窗台板按设计尺寸以 m^2 计算。

9）门扇饰面按门扇单面面积计算，门框饰面按门框展开面积以 m^2 计算。

10）成品窗帘安装，按窗帘轨长度乘以设计高度以 m^2 计算。

8.4.3 计算实例

【例 8-9】 试计算图 8-4 所示某单层建筑物门窗工程量。

【解】 1) 门工程量。

M1：清单量为 1 樘，定额量为 $S_{M1} = 2.4m \times 2.0m = 4.8m^2$

M2：清单量为 1 樘，定额量为 $S_{M2} = 2.0m \times 0.9m = 1.8m^2$

2) 窗工程量。

C1：清单量为 5 樘，定额量为 $S_{C1} = (1.5 \times 1.5 \times 5)\ m^2 = 11.25m^2$

【例 8-10】 某工程给出门窗统计表见表 8-46，试求门窗工程量并编制工程量清单。

表 8-46 某工程门窗统计表

名称	编号	洞口尺寸/mm 宽	洞口尺寸/mm 高	数量	备注
门	M1	1000	2100	11	单扇实木凹凸型镶板门
门	M2	1200	2100	1	双扇实木全玻门
门	M3	1800	2700	1	铝合金带上亮双开地弹门
窗	C1	1800	1800	38	双扇铝合金推拉窗
窗	C2	1800	600	6	双扇铝合金推拉窗

【解】 1) 因门窗种类、规格不同，工程量应分别计算。清单量以设计数量按樘计算，定额量按洞口面积以 m^2 计算。

M1：清单量 11 樘，定额量 $1.0m \times 2.1m \times 11 = 2.1m^2 \times 11 = 23.1m^2$

M2：清单量 1 樘，定额量 $1.2m \times 2.1m \times 1 = 2.52m^2$

M3：清单量 1 樘，定额量 $1.8m \times 2.7m \times 1 = 4.86m^2$

C1：清单量 38 樘，定额量 $1.8m \times 1.8m \times 38 = 3.24m^2 \times 38 = 123.12\ m^2$

C2：清单量 6 樘，定额量 $1.8m \times 0.6m \times 6 = 1.08m^2 \times 6 = 6.48m^2$

2) 编制工程量清单，见表 8-47。

表 8-47 分部分项工程量清单

序号	项目编码	项目名称	项目特征	计量单位	工程数量
1	010801002001	木质门	1. 门代号及洞口尺寸：M1 1000mm×2100mm 2. 门类型：单扇实木凹凸型镶板门	樘	11
2	010801002002	木质门	1. 门代号及洞口尺寸：M2 1200mm×2100mm 2. 门类型：双扇实木全玻门 3. 镶嵌玻璃品种、厚度：磨砂玻璃，5mm 厚	樘	1
3	010801006001	门锁安装	1. 锁品种：L 形执手锁 2. 锁规格：通用型	个	12
4	010802001001	金属门	1. 门代号及洞口尺寸：M1 1800mm×2700mm 2. 门框或扇外围尺寸：101.6mm×44.5mm 3. 门框、扇材质：铝合金（成品） 4. 玻璃品种、厚度：白色平板玻璃，5mm 厚	樘	1
5	010807001001	金属窗	1. 窗代号及洞口尺寸：C1 1800mm×1800mm 2. 框、扇材质：铝合金（成品） 3. 玻璃品种、厚度：白色平板玻璃，5mm 厚	樘	38
6	010807001002	金属窗	1. 窗代号及洞口尺寸：C2 1800mm×600mm 2. 框、扇材质：铝合金（成品） 3. 玻璃品种、厚度：白色平板玻璃，5mm 厚	樘	6

【例 8-11】 某省计价定额中门窗工程的单位估价表见表 8-48~表 8-51，试计算与【例 8-10】工程量清单对应项目的综合单价。

表 8-48 某省计价定额单位估价表相应项目节录（一）　　计量单位：见表

定额编号			01070001	01070002	01070003	01070004
项　目			实木门框	实木镶板门扇 凹凸型	实木镶板半玻门扇 网格型	实木全玻门
			100m	100m²		
基价/元			705.30	5954.20	5490.16	6081.20
其中	人工费/元		638.80	5749.20	5238.16	5749.20
	材料费/元		66.50	205.00	252.00	332.00
	机械费/元		—	—	—	—
	名称	单位	单价/元	数量		
材料	烘干锯材	m³	—	(0.660)	(3.600)	(3.100)	(3.400)
	磨砂玻璃(厚5mm)	m²	—			(30.000)	(57.000)
	线条	m	—			(403.000)	(809.000)
	白乳胶	kg	6.00		7.000	7.000	7.000
	铁钉圆钉(综合规格)	kg	5.30	5.000			
	其他材料费	元	1.00	40.000	163.000	210.000	290.000

表 8-49 某省计价定额单位估价表相应项目节录（二）　　计量单位：100m²

定额编号			01070055	01070056	01070057	01070058
项　目			铝合金门制作安装		铝合金窗制作安装	
			平开门	推拉门	平开窗	推拉窗
基价/元			10051.78	9112.34	9545.24	8024.73
其中	人工费/元		5998.33	6154.20	4763.60	4566.59
	材料费/元		3555.81	2470.78	4261.60	2959.42
	机械费/元		497.64	487.36	520.04	498.72
	名　称	单位	单价/元	数量		
材料	铝合金型材	kg	—	(784.500)	(652.965)	(476.595)	(526.451)
	平钢化玻璃(厚5mm)	m²	—	(88.632)	(87.466)		
	浮法玻璃(厚5mm)	m²	—			(92.190)	(93.150)
	平开锁	把	—	(52.910)			
	不锈钢合页	个	—	(158.730)			
	不锈钢滑撑(12in)	支	—			(104.167)	
	七字执手	把	—			(52.083)	
	滑轮	套	—		(88.888)		(148.148)
	月牙锁	把	—		(22.222)		(37.037)
	聚氨酯泡沫填缝剂 750mL	支	18.00	6.591	3.647	12.100	6.661
	玻璃胶 500mL	支	10.00	67.093	61.670	83.300	49.455
	密封毛条	m	0.18	—	620.520		410.900
	密封胶条	m	0.30	289.418	336.444	525.000	411.111
	螺钉	个	0.04	1525.900	870.000	2975.560	1017.280
	门窗地脚	个	0.85	576.130	457.120	777.780	555.560
	膨胀螺栓	个	0.74	1152.260	914.240	1555.560	1111.132
	合金钢钻头	个	8.50	7.200	5.720	9.720	6.840
	密封胶 300mL	支	8.00	87.875	48.765	83.335	88.816
	三元乙丙橡胶条	m	1.00	488.900	—	343.750	
	其他材料费	元	1.00	23.000	37.000	29.000	43.000

（续）

	名　称	单位	单价/元	数量			
机械	电锤　功率520W	台班	4.23	14.400	11.460	19.440	13.890
	电动切割机	台班	107.97	1.600	1.620	1.610	1.630
	载货汽车 6t	台班	425.77	0.620	0.620	0.620	0.620

表 8-50　某省计价定额单位估价表相应项目节录（三）　　　计量单位：100m²

	定额编号			01070071	01070072	01070073	01070074
	项　目			铝合金成品安装		铝合金成品安装	
				平开门	推拉门	平开窗	推拉窗
	基价/元			4408.69	3994.37	3947.98	3862.30
其中	人工费/元			2999.17	3077.10	2351.42	2303.51
	材料费/元			1360.24	866.09	1483.92	1506.17
	机械费/元			49.28	51.18	112.64	52.62
	名　称	单位	单价/元	数量			
材料	铝合金门、窗	m²	—	(100.000)	(100.000)	(100.000)	(100.000)
	聚氨酯泡沫填缝剂 750mL	支	18.00	4.700	3.800	8.633	5.500
	膨胀螺栓	个	0.74	932.000	457.000	768.250	995
	合金钢钻头	个	8.50	5.830	2.860	6.930	6.220
	密封胶 300mL	支	8.00	62.800	50.900	83.335	73.75
	其他材料费	元	1.00	34.000	28.000	34.000	28.000
机械	电锤　功率520W	台班	4.23	11.650	12.100	26.630	12.440

表 8-51　某省计价定额单位估价表相应项目节录（四）　　　计量单位：见表

	定额编号			01070160	01070161	01070163	01070164
	项　目			五金安装			
				L形执手锁	球型执手锁	门轧头	防盗门扣
				把		付	
	基价/元			25.25	12.78	3.19	3.19
其中	人工费/元			25.25	12.78	3.19	3.19
	材料费/元			—	—	—	—
	机械费/元			—	—	—	—
	名称	单位	单价/元	数量			
材料	门锁	把	—	(1.000)	(1.000)	—	—
	门轧头或防盗门扣	付	—	—	—	(1.000)	(1.000)

【解】　1）根据综合单价计算的需要，木门框定额工程量按设计外边线长度以延长米计算。

M1 木门框定额工程量为[(1.0+2.1×2)×11]m=5.2m×11=57.2m

M2 木门框定额工程量为[(1.2+2.1×2)×1]m=5.4m

2）因为定额中的主材均为未计价材，所以在询价后可计算出相应定额的全部材料费。

M1、M2 套用实木门框定额 01070001，若已知烘干锯材单价为 2000 元/m³，则

(66.50+2000×0.660)元/100m=1386.50 元/100m

M1 套用凹凸型实木镶板门扇定额 01070002，若知烘干锯材 2000 元/m³，则

(205.00+2000×3.600)元/100m²=7405.00 元/100m²

M2 套用实木全玻门扇定额 01070004，若知烘干锯材 2000 元/m³，则

(332.00+2000×3.400)元/100m²=7132.00 元/100m²

门锁安装套用L形执手锁01070160，若知其单价为78元/把，则材料费为78元/把。

M3套用铝合金成品推拉门安装定额01070072，已知铝合金成品推拉门单价为275元/m³，则

$$(866.09+275×100.00)元/100m^2 = 28366.09 元/100m^2$$

C1、C2套用铝合金成品推拉窗定额01070074，已知铝合金成品推拉窗单价为285元/m³，则

$$(1506.17+285×100.00)元/100m^2 = 30006.17 元/100m^2$$

3）综合单价计算见表8-52。

表8-52 工程量清单综合单价分析

序号	项目编码	项目名称	计量单位	工程量	定额编号	定额名称	定额单位	数量	单价/元 人工费	单价/元 材料费	单价/元 机械费	合价/元 人工费	合价/元 材料费	合价/元 机械费	管理费和利润	综合单价/元
1	010801002001	木质门	樘	11	01070001	实木门框制作安装	100m	0.0520	638.80	1386.50		33.22	72.10		17.61	463.15
					01070002	实木镶板门扇制作安装	100m²	0.0210	5749.20	7405.00		120.73	155.51		63.99	
						小计						153.95	227.60		81.59	
2	010801002002	木质门	樘	1	01070001	实木门框制作安装	100m	0.0540	638.80	1386.50		34.50	74.87		18.28	529.04
					01070004	实木全玻门制作安装	100m²	0.0252	5749.20	7132.00		144.88	179.73		76.79	
						小计						179.38	254.60		95.07	
3	010801006001	门锁安装	个	12	01070160	L形执手锁	把	1.0000	25.25	78.00		25.25	78.00		13.38	116.63
4	010802001001	金属门	樘	1	01070072	铝合金成品推拉门安装	100m²	0.0486	3077.10	28366.09	51.18	149.55	1378.59	2.49	79.37	1609.99
5	010807001001	金属窗1.8m×1.8m	樘	38	01070074	铝合金成品推拉窗安装	100m²	0.0324	2303.51	30006.17	52.62	74.63	972.20	1.70	39.63	1088.17
6	010807001002	金属窗1.8m×0.6m	樘	6	01070074	铝合金成品推拉窗安装	100m²	0.0108	2303.51	30006.17	52.62	24.88	324.07	0.57	13.21	362.72

注：1. 表中数量为相对量。相对量=（定额工程量/定额单位扩大倍数）/清单工程量。
    2. 管理费费率取33%，利润率取20%。

8.5 油漆、涂料、裱糊工程

8.5.1 基本问题

1. 清单分项

《国家计量规范》将油漆、涂料、裱糊工程划分为门油漆，窗油漆，木扶手及其他板

条、线条油漆，木材面油漆，金属面油漆，抹灰面油漆，喷刷涂料、裱糊等项目。具体分项见表 8-53~表 8-60。

表 8-53 门油漆（编码：011401）

项目编码	项目名称	项目特征	计量单位	工程量计算规则	工作内容
011401001	木门油漆	1. 门类型 2. 门代号及洞口尺寸 3. 腻子种类 4. 刮腻子要求 5. 防护材料种类 6. 油漆品种、刷漆遍数	1. 樘 2. m²	1. 以樘计量，按设计图示数量计算 2. 以 m² 计量，按设计图示洞口尺寸以面积计算	1. 基层清理 2. 刮腻子 3. 刷防护材料、油漆
011401002	金属门油漆				1. 除锈、基层清理 2. 刮腻子 3. 刷防护材料、油漆

表 8-54 窗油漆（编码：011402）

项目编码	项目名称	项目特征	计量单位	工程量计算规则	工作内容
011402001	木窗油漆	1. 窗类型 2. 窗代号及洞口尺寸 3. 腻子种类 4. 刮腻子要求 5. 防护材料种类 6. 油漆品种、刷漆遍数	1. 樘 2. m²	1. 以樘计量，按设计图示数量计算 2. 以 m² 计量，按设计图示洞口尺寸以面积计算	1. 基层清理 2. 刮腻子 3. 刷防护材料、油漆
011402002	金属窗油漆				1. 除锈、基层清理 2. 刮腻子 3. 刷防护材料、油漆

表 8-55 木扶手及其他板条、线条油漆（编码：011403）

项目编码	项目名称	项目特征	计量单位	工程量计算规则	工作内容
011403001	木扶手油漆	1. 断面尺寸 2. 腻子种类 3. 刮腻子要求 4. 防护材料种类 5. 油漆品种、刷漆遍数	m	按设计图示尺寸以长度计算	1. 基层清理 2. 刮腻子 3. 刷防护材料、油漆
011403002	窗帘盒油漆				
011403003	封檐板、顺水板油漆				
011403004	挂衣板、黑板框油漆				
011403005	挂镜线、窗帘棍、单独木线油漆				

表 8-56 木材面油漆（编码：011404）

项目编码	项目名称	项目特征	计量单位	工程量计算规则	工作内容
011404001	木护墙、木墙裙油漆	1. 腻子种类 2. 刮腻子遍数 3. 防护材料种类 4. 油漆品种、刷漆遍数	m²	按设计图示尺寸以面积计算	1. 基层清理 2. 刮腻子 3. 刷防护材料、油漆
011404002	窗台板、筒子板、盖板、门窗套、踢脚线油漆				
011404003	清水板条天棚、檐口油漆				
011404004	木方格吊顶天棚油漆				
011404005	吸音板墙面、天棚面油漆				
011404006	暖气罩油漆				
011404007	其他木材面				
011404008	木间壁、木隔断油漆			按设计图示尺寸以单面外围面积计算	
011404009	玻璃间壁露明墙筋油漆				
011404010	木栅栏、木栏杆（带扶手）油漆				
011404011	衣柜、壁柜油漆			按设计图示尺寸以油漆部分展开面积计算	
011404012	梁柱饰面油漆				
011404013	零星木装修油漆				
011404014	木地板油漆			按设计图示尺寸以面积计算。空调、空圈、暖气包槽、壁龛的开口部分并入相应的工程量内	
011404015	木地板烫硬蜡面	1. 硬蜡品种 2. 面层处理要求			1. 基层清理 2. 烫蜡

表 8-57 金属面油漆（编码：011405）

项目编码	项目名称	项目特征	计量单位	工程量计算规则	工作内容
011405001	金属面油漆	1. 构件名称 2. 腻子种类 3. 刮腻子要求 4. 防护材料种类 5. 油漆品种、刷漆遍数	1. t 2. m^2	1. 以 t 计量，按设计图示尺寸以质量计算 2. 以 m^2 计量，按设计展开面积计算	1. 基层清理 2. 刮腻子 3. 刷防护材料、油漆

表 8-58 抹灰面油漆（编码：011406）

项目编码	项目名称	项目特征	计量单位	工程量计算规则	工作内容
011406001	抹灰面油漆	1. 基层类型 2. 腻子种类 3. 刮腻子遍数 4. 防护材料种类 5. 油漆品种、刷漆遍数 6. 部位	m^2	按设计图示尺寸以面积计算	1. 基层清理 2. 刮腻子 3. 刷防护材料、油漆
011406002	抹灰线条油漆	1. 线条宽度、道数 2. 腻子种类 3. 刮腻子遍数 4. 防护材料种类 5. 油漆品种、刷漆遍数	m	按设计图示尺寸以长度计算	
011406003	满刮腻子	1. 基层类型 2. 腻子种类 3. 刮腻子遍数	m^2	按设计图示尺寸以面积计算	1. 基层清理 2. 刮腻子

表 8-59 喷刷涂料（编码：011407）

项目编码	项目名称	项目特征	计量单位	工程量计算规则	工作内容
011407001	墙面喷刷涂料	1. 基层类型 2. 喷刷涂料部位 3. 腻子种类 4. 刮腻子要求 5. 涂料品种、喷刷遍数	m^2	按设计图示尺寸以面积计算	1. 基层清理 2. 刮腻子 3. 刷、喷涂料
011407002	天棚喷刷涂料				
011407003	空花格、栏杆刷涂料	1. 腻子种类 2. 刮腻子遍数 3. 涂料品种、喷刷遍数		按设计图示尺寸以单面外围面积计算	
011407004	线条刷涂料	1. 基层清理 2. 线条宽度 3. 刮腻子遍数 4. 刷防护材料、油漆	m	按设计图示尺寸以长度计算	
011407005	金属构件刷防火涂料	1. 喷刷防火涂料构件名称 2. 防火等级要求 3. 涂料品种、喷刷遍数	1. m^2 2. t	1. 以 m^2 计量，按设计展开面积计算 2. 以 t 计量，按设计图示尺寸以质量计算	1. 基层清理 2. 刷防护材料、油漆
011407006	木材构件喷刷防火涂料		m^2	按设计图示尺寸以面积计算	1. 基层清理 2. 刷防火涂料

表 8-60 裱糊（编码：011408）

项目编码	项目名称	项目特征	计量单位	工程量计算规则	工作内容
011408001	墙纸裱糊	1. 基层类型 2. 裱糊部位 3. 腻子种类 4. 刮腻子遍数 5. 粘结材料种类 6. 防护材料种类 7. 面层材料品种、规格、颜色	m²	按设计图示尺寸以面积计算	1. 基层清理 2. 刮腻子 3. 面层铺粘 4. 刷防护材料
011408002	织锦缎裱糊				

2. 定额分项

定额将油漆、涂料、裱糊工程划分为木材面油漆、金属面油漆、抹灰面油漆、喷塑、喷（刷）涂料、裱糊等项目。项目细分见表 8-61。

表 8-61 油漆、喷涂、裱糊工程项目划分表

按基层分	按油漆种类分	按油刷部位分
木材面油漆	调和漆、磁漆、清漆、醇酸磁漆、醇酸清漆、聚氨酯漆、硝基清漆、丙烯酸清漆、过氯乙烯清漆、防火漆、熟桐油、广（生）漆、地板漆	单层木门、单层木窗、木扶手、其他木材面、木地板
金属面油漆	调和漆、醇酸清漆、过氯乙烯清漆、沥青漆、红丹防锈漆、银粉漆、防火漆、臭油水	单层钢门窗、其他金属面
抹灰面油漆	调和漆、乳胶漆、水性水泥漆、画石纹、做假木纹	墙柱天棚抹灰面、拉毛面
喷塑	一塑三油	墙柱面、天棚面
喷（刷）涂料	JH801 涂料、仿瓷涂料（双飞粉）、多彩涂料、彩砂喷涂、砂胶涂料、106 涂料、803 涂料、107 胶水泥彩色地面、777 涂料席纹地面、177 涂料乳液罩面、刷白水泥浆、刷石灰油浆、喷刷石灰浆、刷石灰大白浆、刷大白浆	抹灰墙柱面、装饰线条
裱糊	墙纸、金属墙纸、织锦缎	墙面、梁柱面、天棚面

3. 相关说明

1）腻子种类分为石膏油腻子（熟桐油、石膏粉、适量水）、胶腻子（大白、色粉、羧甲基纤维素）、漆片腻子（漆片、酒精、石膏粉、适量色粉）、油腻子（矾石粉、桐油、脂肪酸、松香）等。

2）刮腻子要求，分为刮腻子遍数（道数）或满刮腻子或找补腻子等。

3）抹灰面的油漆、涂料，应注意基层的类型，如一般抹灰墙柱面与拉条灰、拉毛灰、甩毛灰等油漆、涂料的耗工量及材料消耗量不同。

4）墙纸和织锦缎的裱糊，应注意要求对花还是不对花。

8.5.2 工程量计算规则

1. 清单规则

油漆、涂料、裱糊清单工程量计算规则应执行表 8-53～表 8-60 中的规定。主要的规则归纳如下：

1）门窗油漆按设计图示数量以樘或按洞口面积以 m² 为单位计算。

2）木扶手及其他板条线条油漆按照设计图示尺寸以长度计算。

3）木材面油漆按设计图示尺寸以面积计算。

4）木地板油漆、木地板烫硬蜡面按设计图示尺寸以面积计算，空洞、空圈、暖气包

槽、壁龛的开口部分并入相应的工程量内。

5) 金属面油漆按设计图示尺寸以质量为单位计算。

6) 抹灰面油漆按设计图示尺寸以面积计算。

7) 喷刷、涂料、裱糊按设计图示尺寸以面积计算。

8) 空花格、栏板刷涂料按设计图示尺寸以单面外围面积计算。

9) 线条刷涂料按照设计图示尺寸以长度计算。

2. 定额规则

1) 楼地面，天棚、墙、柱、梁面的喷（刷）涂料、抹灰面油漆及裱糊工程，均按表8-62~表8-68相应的计算规则计算。

2) 木材面、金属面的油漆工程量按表8-62~表8-68相应的计算规则分别计算。

表 8-62 执行木门定额油漆工程量系数表

项目名称	系数	工程量计算方法
单层木门	1.00	按单面洞口面积计算
双层(一板一纱)木门	1.36	
双层(单裁口)木门	2.00	
单层全玻门	0.76	
木百叶门	1.25	
厂库房大门	1.10	
半玻门	0.88	

表 8-63 执行木窗定额油漆工程量系数表

项目名称	系数	工程量计算方法
单层玻璃窗	1.00	按单面洞口面积计算
双层(一玻一纱)窗	1.36	
双层(单裁口)窗	2.00	
双层框三层(二玻一纱)窗	2.60	
单层组合窗	0.83	
双层组合窗	1.13	
木百叶窗	1.50	

表 8-64 执行木扶手定额油漆工程量系数表

项目名称	系数	工程量计算方法
木扶手(不带托板)	1.00	按延长米计算
木扶手(带托板)	2.60	
窗帘盒	2.04	
封檐板、顺水板	1.74	
挂衣板、黑板框、单独木线条100mm以内	0.52	
挂镜线、窗帘棍、单独木线条100mm以外	0.35	

表 8-65 执行其他木材面油漆工程量系数表

项目名称	系数	工程量计算方法
木板、纤维板、胶合板天棚、檐口	1.00	长×宽
木护墙、木墙裙	1.00	
窗台板、筒子板、盖板、门窗套、踢脚线	1.00	
清水板条天棚、檐口	1.07	
木方格吊顶天棚	1.20	
吸音板墙面、天棚面	0.87	
暖气罩	1.28	

(续)

项目名称	系数	工程量计算方法
屋面板(带檩条)	1.11	斜长×宽
木间壁、木隔断	1.90	单面外围面积
玻璃间壁露明墙筋	1.65	单面外围面积
木栅栏、大栏杆(带扶手)	1.82	
木屋架	1.79	跨度(长)×中高×1/2
衣柜、壁柜	0.91	按实测展开面积
零星木装修	0.87(1.10)	展开面积
木地板、木踢脚线	1.00	长×宽
木楼梯(不包括底面)	2.30	水平投影面积

表 8-66 执行单层钢门窗定额油漆工程量系数表

项目名称	系数	工程量计算方法
单层钢门窗	1.00	按单面洞口面积
双层(一玻一纱)钢门窗	1.48	按单面洞口面积
钢百叶门	2.74	按单面洞口面积
半截百叶钢门	2.22	按单面洞口面积
满钢门或全包铁皮门	1.63	按单面洞口面积
钢折叠门	2.30	按单面洞口面积
射线防护门	2.96	框(扇)外围面积
厂库房平开、推拉门	1.70	框(扇)外围面积
钢丝网大门	0.81	框(扇)外围面积

表 8-67 执行其他金属面定额油漆工程量系数表

项目名称	系数	工程量计算方法
间壁	1.85	长×宽
平板屋面	0.74	斜长×宽
瓦垄板屋面	0.89	斜长×宽
排水、伸缩缝盖板	0.78	展开面积
吸气罩	1.63	水平投影面积
钢屋架、天窗架、挡风架、屋架梁、支撑、檩条、干挂石材钢骨架	1.00	质量(t)
墙架(空腹式)	0.50	质量(t)
墙架(格板式)	0.82	质量(t)
钢柱、桥式起重机架、花式架、柱、空花构件	0.63	质量(t)
操作台、走台、制动梁、钢梁车挡	0.71	质量(t)
钢栅栏门、栏杆、窗栅	1.71	质量(t)
钢爬梯	1.18	质量(t)
轻型屋架	1.42	质量(t)
踏步式钢扶梯	1.05	质量(t)
零星铁件	1.32	质量(t)

表 8-68 抹灰面油漆工程量系数表

项目名称	系数	工程量计算方法
混凝土平楼梯底(板式)	1.15	水平投影面积
混凝土楼梯底(梁式)	1.00	展开面积
混凝土化格窗、栏杆花饰	1.82	单面外围面积
楼地面、天棚、墙、柱、梁面	1.00	按相应抹灰工程量计算规则

8.5.3 计算实例

木材面、金属面油漆的工程量计算方法可以表达为

$$\text{油漆工程量} = \text{被油刷对象的工程量} \times \text{油漆工程量系数} \qquad (8\text{-}1)$$

也就是说,油漆工程量计算没有特别规则,也无须专门计算,只要被油刷对象的工程量计算出来后,在表 8-62～表 8-68 中找到相应系数相乘就是油漆工程量。

【例 8-12】 如图 8-5 所示某单层建筑物,室内墙、柱面刷乳胶漆。试计算墙、柱面乳胶漆工程量。考虑室内有吊顶,乳胶漆涂刷高度按 3.2m 计算。

【解】 (1) 墙面乳胶漆工程量

1) 大房间室内乳胶漆墙面工程量。

室内周长

$$L_{内1} = (12.48-0.36\times2+5.7+2.0-0.12\times2)\text{m}\times2+0.25\text{m}\times10 = 40.94\text{m}$$

扣除面积

$$\begin{aligned} S_{扣1} &= S_{M1}+S_{M3}+S_{C1}\times4+S_{C2}\times3 \\ &= (2.1\times2.4+1.5\times2.4+1.5\times1.8\times4+1.2\times1.8\times3)\text{m}^2 \\ &= 25.92\text{m}^2 \end{aligned}$$

则

$$S_{墙面1} = (40.94\times3.2-25.92)\text{m}^2 = 105.09\text{m}^2$$

2) 小房间室内乳胶漆墙面工程量。

室内周长

$$L_{内2} = [(12.48-0.36\times2+5.7-0.12\times2)\times2+0.25\times8]\text{m} = 36.44\text{m}$$

扣除面积

$$\begin{aligned} S_{扣2} &= S_{M2}+S_{M3}+S_{C1}\times2+S_{C2}\times4 \\ &= (1.2\times2.7+1.5\times2.4+1.5\times1.8\times2+1.2\times1.8\times4)\text{ m}^2 \\ &= 20.88\text{m}^2 \end{aligned}$$

则

$$S_{墙面2} = (36.44\times3.2-20.88)\text{m}^2 = 95.73\text{m}^2$$

3) 墙面乳胶漆工程量合计为

$$S_{墙面} = S_{墙面1}+S_{墙面2} = 105.09\text{m}^2+95.73\text{m}^2 = 200.82\text{m}^2$$

(2) 柱面乳胶漆工程量

截面周长为

$$L = 0.49\text{m}\times4 = 1.96\text{m}$$

则柱面乳胶漆工程量为

$$S_{柱} = 1.96\text{m}\times3.2\text{m}\times3 = 18.82\text{m}^2$$

按照《国家计量规范》,墙面与柱面乳胶漆均为抹灰面油漆项目,因此将两项工程量合并得到抹灰面油漆工程量为 $(200.82+18.82)\text{m}^2 = 219.64\text{m}^2$。

【例 8-13】 某餐厅室内装修,地面净面积为 14.76m×11.76m,四周 240mm 厚砖墙上有单层钢窗(C1,1.8m×1.8m)8 樘,单层木门(M1,1.0m×2.1m)2 樘,单层全玻门(M2,1.5m×2.7m)2 樘,门向外开。木墙裙高 1.2m,设挂镜线一道(断面尺寸为 50mm×10mm),木质窗帘盒(断面尺寸为 200mm×150mm,比窗洞每边宽 100mm),木方格吊顶天

棚，以上项目均刷调和漆。试求相应项目油漆工程量，并编制工程量清单（门窗以樘为计量单位）。

【解】 各个项目的工程量按各分部规则计算后乘以相应系数即得油漆工程量。

1）单层钢窗（8樘）油漆工程量为

$$1.8m \times 1.8m \times 8 \times 1.00 = 25.92m^2$$

2）单层木门（2樘）油漆工程量为

$$1.0m \times 2.1m \times 2 \times 1.00 = 4.2m^2$$

3）单层全玻门（2樘）油漆工程量为

$$1.5m \times 2.7m \times 2 \times 0.76 = 6.16m^2$$

4）木墙裙油漆工程量。木墙裙高1.2m，应扣减在高1.2m范围内的门窗洞口。门向外开，应计算洞口侧壁，在没有给出门框宽度的情况下，一般按木门框宽90mm计算，木门框靠外侧立樘。窗下墙一般高900mm，则在墙裙高1.2m的范围内，窗洞口应扣高度为300mm。钢窗居中立樘，框宽40mm。

墙裙长度（扣门洞）为

$$[(14.76+11.76) \times 2 - 1.0 \times 2 - 1.5 \times 2]m = 48.04m$$

应扣窗洞面积为

$$1.8m \times 0.3m \times 8 = 4.32m^2$$

窗洞侧壁宽度为

$$(240-40)mm/2 = 100mm = 0.1m$$

应增加窗洞侧壁面积为

$$(1.8+0.3 \times 2)m \times 0.1m \times 8 = 1.92m^2$$

门洞侧壁宽度为

$$(240-90)mm = 150mm = 0.15m$$

应增加门洞侧壁面积为

$$1.2m \times 2 \times 0.15m \times (2+2) = 1.44m^2$$

则墙裙油漆面积工程量为

$$[(48.04 \times 1.2 - 4.32 + 1.92 + 1.44) \times 1.00]m^2 = 56.69m^2$$

5）挂镜线油漆工程量为

$$(48.04 - 1.8 \times 8)m \times 0.35 = 11.77m$$

6）木质窗帘盒油漆工程量为

$$(1.8+0.1 \times 2)m \times 8 \times 2.04 = 32.64m$$

7）木方格吊顶天棚油漆工程量为

$$[(14.76 \times 11.76) \times 1.20]m^2 = 208.29m^2$$

8）编制工程量清单（以常见施工方法描述项目特征），见表8-69。

表8-69 分部分项工程量清单

序号	项目编码	项目名称	项目特征	计量单位	工程数量
1	011401001001	木门油漆	1. 门类型:单层木门 2. 门代号及洞口尺寸:M1,1.0m×2.1m 3. 腻子种类:石膏粉 4. 刮腻子要求:底油一遍、刮腻子 5. 防护材料种类:油漆 6. 油漆品种、刷漆遍数:调和漆二遍,磁漆一遍	樘	2

(续)

序号	项目编码	项目名称	项目特征	计量单位	工程数量
2	011401001002	木门油漆	1. 门类型:单层全玻门 2. 门代号及洞口尺寸:M2,1.5m×2.7m 3. 腻子种类:石膏粉 4. 刮腻子要求:底油一遍、刮腻子 5. 防护材料种类:油漆 6. 油漆品种、刷漆遍数:调和漆二遍,磁漆一遍	樘	2
3	011402002001	金属窗油漆	1. 窗类型:单层钢窗 2. 窗代号及洞口尺寸:C1,1.8m×1.8m 3. 腻子种类:石膏粉 4. 刮腻子要求:底油一遍、刮腻子 5. 防护材料种类:油漆 6. 油漆品种、刷漆遍数:调和漆二遍,磁漆一遍	樘	8
4	011404001001	木墙裙油漆	1. 腻子种类:石膏粉 2. 刮腻子遍数:底油一遍、刮腻子 3. 防护材料种类:油漆 4. 油漆品种、刷漆遍数:调和漆二遍,磁漆一遍	m²	56.69
5	011403005001	挂镜线油漆	1. 断面尺寸:50mm×10mm 2. 腻子种类:石膏粉 3. 刮腻子要求:底油一遍、刮腻子 4. 防护材料种类:油漆 5. 油漆品种、刷漆遍数:调和漆二遍,磁漆一遍	m	11.77
6	011403002001	窗帘盒油漆	1. 断面尺寸:200mm×150mm 2. 腻子种类:石膏粉 3. 刮腻子要求:底油一遍、刮腻子 4. 防护材料种类:油漆 5. 油漆品种、刷漆遍数:调和漆二遍,磁漆一遍	m	32.64
7	011404004001	木方格吊顶天棚油漆	1. 腻子种类:石膏粉 2. 刮腻子遍数:底油一遍、刮腻子 3. 防护材料种类:油漆 4. 油漆品种、刷漆遍数:调和漆二遍,磁漆一遍	m²	208.29

【例8-14】 某省计价定额中油漆工程的单位估价表见表8-70、表8-71,试计算与【例8-13】工程量清单对应项目的综合单价。

表8-70 某省计价定额单位估价表相应项目节录(一) 计量单位:见表

定额编号			01120001	01120002	01120003	01120004
项 目			底油、调和漆二遍,磁漆一遍			
			单层木门	单层木窗	其他木材面	木扶手
			100m²			100m
基价/元			2104.39	2073.46	1443.36	510.95
其中	人工费/元		1916.40	1916.40	1347.87	498.26
	材料费/元		187.99	157.06	95.49	12.69
	机械费/元		—	—	—	—
	名称	单位	单价/元	数量		
材料	无光调和漆	kg	—	(50.930)	(42.440)	(25.700)	(4.900)
	醇酸磁漆	kg	—	(21.430)	(17.900)	(10.800)	(2.100)
	醇酸稀释剂	kg	6.20	1.100	0.900	0.500	0.100
	油漆溶剂油	kg	5.86	11.300	9.400	5.700	0.110
	熟桐油	kg	13.70	4.300	3.600	2.200	0.410
	清油	kg	7.80	1.800	1.500	0.900	0.170
	其他材料费	元	1.00	42.004	35.379	21.832	4.484

表 8-71 某省计价定额单位估价表相应项目节录（二）　　　　计量单位：100m²

	定额编号			01120173	01120174	01120175
	项目			红丹防锈漆	调和漆	
				单层钢门窗		
				一遍	二遍	每增加一遍
	基价/元			272.69	638.01	331.33
其中	人工费/元			247.22	616.44	320.68
	材料费/元			25.47	21.57	10.65
	机械费/元					
	名称	单位	单价/元	数量		
材料	红丹防锈漆	kg	—	(16.52)	—	—
	调和漆	kg	—	—	(22.46)	(11.23)
	油漆溶剂油	kg	5.86	1.720	2.380	1.180
	砂布	张	0.57	27.000		
	其他材料费	元	1.00	—	7.620	3.740

【解】 1）因为定额中的主材均为未计价材，所以在询价后可计算出相应定额的全部材料费。

若在当地通过询价得知：无光调和漆单价为 12.40 元/kg，醇酸磁漆单价为 18.24 元/kg，红丹防锈漆单价为 16.50 元/kg，调和漆单价为 13.50 元/kg。对表 8-70、表 8-71 加入未计价材后重新组价计算，结果见表 8-72、表 8-73。

表 8-72 某省计价定额单位估价表相应项目节录（三）　　　　计量单位：见表

	定额编号			01120001	01120002	01120003	01120004
	项目			底油、调和漆二遍，磁漆一遍			
				单层木门	单层木窗	其他木材面	木扶手
				100m²			100m
	基价/元			3126.81	2926.21	1959.03	610.01
其中	人工费/元			1916.40	1916.40	1347.87	498.26
	材料费/元			1210.41	1009.81	611.16	111.754
	机械费/元			—	—	—	—
	名称	单位	单价/元	数量			
材料	无光调和漆	kg	12.40	50.930	42.440	25.700	4.900
	醇酸磁漆	kg	18.24	21.430	17.900	10.800	2.100
	醇酸稀释剂	kg	6.20	1.100	0.900	0.500	0.100
	油漆溶剂油	kg	5.86	11.300	9.400	5.700	0.110
	熟桐油	kg	13.70	4.300	3.600	2.200	0.410
	清油	kg	7.80	1.800	1.500	0.900	0.170
	其他材料费	元	1.00	42.004	35.379	21.832	4.484

表 8-73 某省计价定额单位估价表相应项目节录（四）　　　　计量单位：100m²

	定额编号			01120173	01120174	01120175
	项目			红丹防锈漆	调和漆	
				单层钢门窗		
				一遍	二遍	每增加一遍
	基价/元			545.27	941.22	482.94
其中	人工费/元			247.22	616.44	320.68
	材料费/元			298.05	324.78	162.26
	机械费/元			—		

(续)

	名称	单位	单价/元	数量		
材料	红丹防锈漆	kg	16.50	16.520	—	—
	调和漆	kg	13.50	—	22.460	11.230
	油漆溶剂油	kg	5.86	1.720	2.380	1.180
	砂布	张	0.57	27.000	—	—
	其他材料费	元	1.00	—	7.620	3.740

2) 直接套用表8-72、表8-73中相应的定额单价，与【例8-13】中工程量清单对应项目的综合单价计算见表8-74。

表8-74 工程量清单综合单价分析

序号	项目编号	项目名称	计量单位	工程量	定额编号	定额名称	定额单位	数量	单价/元			合价/元			综合单价/元
									人工费	材料费	机械费	人工费	材料费	机械费	管理费和利润
1	011401001001	木门油漆	樘	2	01120001	单层木门油漆	100m²	0.0210	1916.40	1210.41	—	40.24	25.42	—	21.33	86.99
2	011401001002	木门油漆	樘	2	01120001	单层木门油漆	100m²	0.0308	1916.40	1210.41	—	59.03	37.28	—	31.28	127.59
3	011402002001	金属窗油漆	樘	8	01120174	单层钢门窗调和漆	100m²	0.0324	616.44	324.78	—	19.97	10.52	—	10.59	41.08
4	011404001001	木墙裙油漆	m²	56.69	01120003	其他木材面油漆	100m²	0.0100	1347.87	611.16	—	13.48	6.11	—	7.14	26.73
5	011403005001	挂镜线油漆	m	11.77	01120004	木扶手油漆	100m	0.0100	498.26	111.75	—	4.98	1.12	—	2.64	8.74
6	011403002001	窗帘盒油漆	m	32.64	01120004	木扶手油漆	100m	0.0100	498.26	111.75	—	4.98	1.12	—	2.64	8.74
7	011404004001	木方格吊顶天棚油漆	m²	208.29	01120003	其他木材面油漆	100m²	0.0100	1347.87	611.16	—	13.48	6.11	—	7.14	26.73

注：1. 表中数量为相对量。相对量=（定额工程量/定额单位扩大倍数）/清单工程量。
    2. 管理费费率取33%，利润率取20%。

8.6 其他装饰工程

其他装饰工程项目是指楼地面，墙柱面，天棚面，门窗，油漆、涂料、裱糊等部分不包含的装饰工程项目。主要有柜类、货架、压条、装饰线、扶手、栏杆、栏板装饰，暖气罩，浴厕配件，雨篷、旗杆、招牌、灯箱、美术字等内容。

8.6.1 清单分项及规则

《国家计量规范》将其他装饰工程项目分为62项，具体分项见表8-75～表8-82。

表 8-75　柜类、货架（编码：011501）

项目编码	项目名称	项目特征	计量单位	工程量计算规则	工作内容
011501001	柜台	1. 台柜规格 2. 材料种类、规格 3. 五金种类、规格 4. 防护材料种类 5. 油漆品种、刷漆遍数	1. 个 2. m 3. m³	1. 以个计量，按设计图示数量计算 2. 以 m 计量，按设计图示尺寸以延长米计算 3. 以 m³ 计量，按设计图示尺寸以体积计算	1. 台柜制作、运输、安装（安放） 2. 刷防护材料、油漆 3. 五金件安装
011501002	酒柜				
011501003	衣柜				
011501004	存包柜				
011501005	鞋柜				
011501006	书柜				
011501007	厨房壁柜				
011501008	木壁柜				
011501009	厨房低柜				
011501010	厨房吊柜				
011501011	矮柜				
011501012	吧台背柜				
011501013	酒吧吊柜				
011501014	酒吧台				
011501015	展台				
011501016	收银台				
011501017	试衣间				
011501018	货架				
011501019	书架				
011501020	服务台				

表 8-76　压条、装饰线（编码：011502）

项目编码	项目名称	项目特征	计量单位	工程量计算规则	工作内容
011502001	金属装饰线	1. 基层类型 2. 线条材料品种、规格、颜色 3. 防护材料种类	m	按设计图示尺寸以长度计算	1. 线条制作、安装 2. 刷防护材料
011502002	木质装饰线				
011502003	石材装饰线				
011502004	石膏装饰线				
011502005	镜面玻璃线				
011502006	铝塑装饰线				
011502007	塑料装饰线				
011502008	GRC 装饰线条	1. 基层类型 2. 线条规格 3. 线条安装部位 4. 填充材料种类			线条制作、安装

表 8-77 扶手、栏杆、栏板装饰（编码：011503）

项目编码	项目名称	项目特征	计量单位	工程量计算规则	工作内容
011503001	金属扶手、栏杆、栏板	1. 扶手材料种类、规格 2. 栏杆材料种类、规格 3. 栏板材料种类、规格、颜色 4. 固定配件种类 5. 防护材料种类	m	按设计图示尺寸以扶手中心线长度（包括弯头长度）计算	1. 制作 2. 运输 3. 安装 4. 刷防护材料
011503002	硬木扶手、栏杆、栏板				
011503003	塑料扶手、栏杆、栏板				
011503004	GRC扶手、栏杆	1. 栏杆的规格 2. 安装间距 3. 扶手类型规格 4. 填充材料种类			
011503005	金属靠墙扶手	1. 扶手材料种类、规格 2. 固定配件种类 3. 防护材料种类			
011503006	硬木靠墙扶手				
011503007	塑料靠墙扶手				
011503008	玻璃栏板	1. 栏板玻璃种类、规格、颜色 2. 固定方式 3. 固定配件种类			

表 8-78 暖气罩（编码：011504）

项目编码	项目名称	项目特征	计量单位	工程量计算规则	工作内容
011504001	饰面板暖气罩	1. 暖气罩材质 2. 防护材料种类	m²	按设计图示尺寸以垂直投影面积（不展开）计算	1. 暖气罩制作、运输、安装 2. 刷防护材料
011504002	塑料板暖气罩				
011504003	金属暖气罩				

表 8-79 浴厕配件（编码：011505）

项目编码	项目名称	项目特征	计量单位	工程量计算规则	工作内容
011505001	洗漱台	1. 材料品种、规格、颜色 2. 支架、配件品种、规格	m² 个	1. 按设计图示尺寸以台面外接矩形面积计算。不扣除孔洞、挖弯、削角所占面积，挡板、吊沿板面积并入台面面积内 2. 按设计图示数量计算	1. 台面及支架运输、安装 2. 杆、环、盒、配件安装 3. 刷油漆
011505002	晒衣架		个	按设计图示数量计算	1. 台面及支架制作、运输、安装 2. 杆、环、盒、配件安装 3. 刷油漆
011505003	帘子杆				
011505004	浴缸拉手				
011505005	卫生间扶手				
011505006	毛巾杆（架）		套		
011505007	毛巾环		副		
011505008	卫生纸盒		个		
011505009	肥皂盒				

(续)

项目编码	项目名称	项目特征	计量单位	工程量计算规则	工作内容
011505010	镜面玻璃	1. 镜面玻璃品种、规格 2. 框材质、断面尺寸 3. 基层材料种类 4. 防护材料种类	m²	按设计图示尺寸以边框外围面积计算	1. 基层安装 2. 玻璃及框制作、运输、安装
011505011	镜箱	1. 箱体材质、规格 2. 玻璃品种、规格 3. 基层材料种类 4. 防护材料种类	个	按设计图示数量计算	1. 基层安装 2. 箱体制作、运输、安装 3. 玻璃安装 4. 刷防护材料、油漆

表 8-80 雨篷、旗杆（编码：011506）

项目编码	项目名称	项目特征	计量单位	工程量计算规则	工作内容
011506001	雨篷吊挂饰面	1. 基层类型 2. 龙骨材料种类、规格、中距 3. 面层材料品种、规格 4. 吊顶(天棚)材料品种、规格 5. 嵌缝材料种类 6. 防护材料种类	m²	按设计图示尺寸以水平投影面积计算	1. 底层抹灰 2. 龙骨基层安装 3. 面层安装 4. 刷防护材料、油漆
011506002	金属旗杆	1. 旗杆材料、种类、规格 2. 旗杆高度 3. 基础材料种类 4. 基座材料种类 5. 基座面层材料、种类、规格	根	按设计图示数量计算	1. 土石挖、填、运 2. 基础混凝土浇注 3. 旗杆制作、安装 4. 旗杆台座制作、饰面
011506003	玻璃雨篷	1. 玻璃雨篷固定方式 2. 龙骨材料种类、规格、中距 3. 玻璃材料品种、规格 4. 嵌缝材料种类 5. 防护材料种类	m²	按设计图示尺寸以水平投影面积计算	1. 龙骨基层安装 2. 面层安装 3. 刷防护材料、油漆

表 8-81 招牌、灯箱（编码：011507）

项目编码	项目名称	项目特征	计量单位	工程量计算规则	工作内容
011507001	平面、箱式招牌	1. 箱体规格 2. 基层材料种类 3. 面层材料种类 4. 防护材料种类	m²	按设计图示尺寸以正立面边框外围面积计算。复杂形的凸凹造型部分不增加面积	1. 基层安装 2. 箱体及支架制作、运输、安装 3. 面层制作、安装 4. 刷防护材料、油漆
011507002	竖式标箱			按设计图示数量计算	
011507003	灯箱				
011507004	信报箱	1. 箱体规格 2. 基层材料种类 3. 面层材料种类 4. 防护材料种类 5. 户数	个		

表 8-82　美术字（编码：011508）

项目编码	项目名称	项目特征	计量单位	工程量计算规则	工作内容
011508001	泡沫塑料字	1. 基层类型 2. 镌字材料品种、颜色 3. 字体规格 4. 固定方式 5. 油漆品种、刷漆遍数	个	按设计图示数量计算	1. 字制作、运输、安装 2. 刷油漆
011508002	有机玻璃字				
011508003	木质字				
011508004	金属字				
011508005	吸塑字				

8.6.2　定额计算规则

1）招牌、灯箱。

① 平面招牌基层按正立面面积计算，复杂形的凹凸造型部分亦不增减。

② 沿雨篷、檐口、阳台走向的立式招牌基层，按展开面积计算。

③ 箱体招牌和竖式标箱的基层，按外围体积计算；突出箱外的灯饰、店徽及其他艺术装饰等均另行计算。

④ 灯箱的面层按实贴展开面积以 m^2 计算。

⑤ 广告牌钢骨架质量以 t 计算。

2）美术字安装按字的最大外围矩形面积以个计算。

3）压条、装饰线条按实贴长度计算。

4）暖气罩（包括脚的高度在内）按边框外围尺寸正立面面积计算。

5）镜面玻璃、盥洗室木镜箱制作安装以外围尺寸正立面面积计算。

6）塑料镜箱、毛巾环、肥皂盒、金属帘子杆、浴缸拉手、毛巾杆安装以只（副）计算；不锈钢旗杆按根数计算；大理石洗漱台以台面投影面积计算，异形按单块的外接最小矩形面积计算（不扣除孔洞面积）。

7）货架、柜橱类均以正立面的高度（包括脚的高度在内）乘以宽度按 m^2 计算；收银台、试衣间等以个计算；酒吧台、柜台等其他项目按台面中线长度计算。

8）拆除工程量的计算按拆除面积或长度计算，执行相应子项目。

8.6.3　定额应用问题

1）本分部定额项目在实际施工中使用的材料品种、规格与定额取定不同时，除招牌、货架、柜类可按设计调整材料用量、品种、规格外，其他只允许换算材料的品种、规格，但人工、机械不变。

2）本分部定额中铁件已包括刷防锈漆一遍。如设计需涂刷油漆、防火涂料，按装饰油漆分部相应子项目执行。

3）招牌、灯箱基层。

① 平面招牌是指安装在门前的墙面上。箱体招牌、竖式标箱是指六面体固定在墙面上。沿雨篷、檐口、阳台走向的立式招牌，按平面招牌复杂项目执行。

② 一般招牌和矩形招牌是指正立面平整无凸面；复杂招牌和异形招牌是指正立面有凹

凸造型。

③ 招牌的灯饰均不包括在定额内。

4）美术字安装。

① 美术字均以成品安装固定为准。

② 美术字不分字体均执行本分部定额。

5）装饰线条。

① 木装饰线、石膏装饰线均以成品安装为准。

② 石材装饰线条均以成品安装为准。石材装饰线条磨边、磨圆角均包括在成品的单价中，不再另计。

③ 装饰线条以墙面上直线安装为准，如墙面安装圆弧形，天棚安装直线形、圆弧形或其他图案者，按以下规定计算：

a. 天棚面安装直线装饰线条人工定额量乘以系数 1.34。

b. 天棚面安装圆弧装饰线条人工定额量乘以系数 1.6，材料定额量乘以系数 1.1。

c. 墙面安装圆弧装饰线条人工定额量乘以系数 1.2，材料定额量乘以系数 1.16。

d. 装饰线条做艺术图案者，人工定额量乘以系数 1.8，材料定额量乘以系数 1.1。

6）石材磨边、磨斜边、磨半圆边及台面开孔子项目均为现场磨制。

7）暖气罩：挂板式是指钩挂在暖气片上；平墙式是指凹入墙面；明式是指突出墙面；半凹半凸式按明式定额子项目执行。

8）货架、柜台类定额中未考虑面板拼花及饰面板上贴其他材料的花饰、造型艺术品。

9）其他。

① 不锈钢旗杆按高度 15m 编制，实际高度不同时按比例调整人工、材料、机械定额量。

② 大理石洗漱台已包括型钢支架的制作安装。

10）原有建筑物旧装饰的拆除，按本分部的拆（铲）除项目计算。

习题与思考题

1. 试计算图 8-7 所示住宅室内水泥砂浆（厚 20mm）地面的工程量。

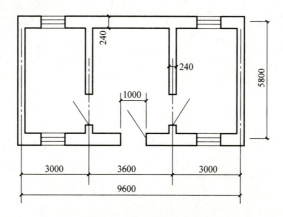

图 8-7 某住宅平面图

2. 如图 8-8 所示，试计算门厅镶贴大理石地面面层工程量、门厅镶贴大理石踢脚线工程量（设踢脚线高度为 150mm）以及台阶镶贴大理石面层工程量。

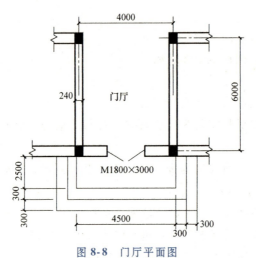

图 8-8　门厅平面图

3. 图 8-9 所示为某五层住宅楼梯设计图，楼梯井宽度 $C=300\text{mm}$，楼梯面层设计为普通水磨石面层，试计算水磨石楼梯面层的工程量。

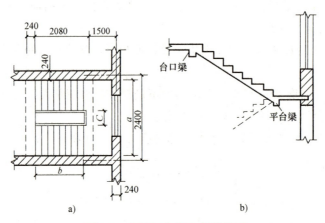

图 8-9　某五层住宅楼梯设计图
a) 平面图　b) 剖面图

4. 某建筑物平、立、剖面图如图 8-10 所示。墙厚均为 240mm；层高均为 3.6m；楼屋面板厚 100mm；铝合金（90 系列）平开门 1 樘，洞口尺寸（宽×高）为 2.1m×2.4m；室内房间单扇门 1 樘，洞口尺寸为 0.9m×2.1m；铝合金（90 系列）推拉窗 7 樘，洞口尺寸为 1.8m×1.8m。试计算以下装饰工程的工程量：

1) C10 混凝土地坪垫层（厚 80mm）。
2) 水泥砂浆找平层。
3) 现浇水磨石楼地面面层。
4) 现浇水磨石踢脚线（踢脚线高 150mm）。
5) 外墙抹灰。
6) 外墙镶贴面砖。
7) 内墙抹灰。

8）内墙刮双飞粉。

9）铝合金平开门。

10）铝合金推拉窗。

11）天棚面抹灰。

12）室内高 1.5m 油漆墙裙。

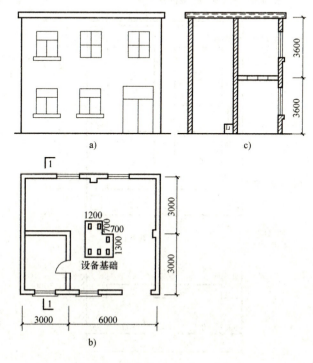

图 8-10 某建筑平、立、剖面图

a）立面图 b）平面图 c）剖面图

5. 试根据图 8-11 所示尺寸，计算从底层到二层的楼梯面层和楼梯底面抹灰工程量。

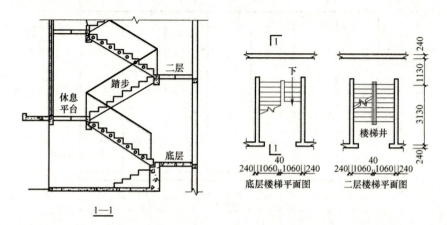

图 8-11 楼梯图

6. 某办公楼有等高的 10 跑楼梯，不锈钢管扶手带玻璃栏板，每跑楼梯的高度为 1.80m，每跑楼梯扶手的水平长度为 3.60m，扶手转弯处宽 0.20m，顶层最后一跑楼梯的水平安全栏板长 1.56m，试求楼梯扶手、栏板的工程量。

7. 试根据图 8-12 所示尺寸计算吊顶工程量并计价。

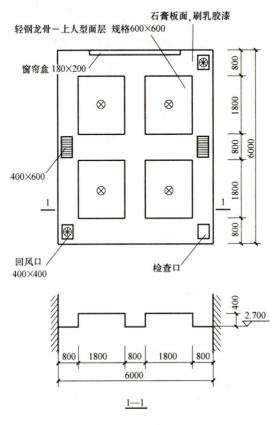

图 8-12　吊顶

8. 试根据图 8-13 所示尺寸计算墙饰面工程量并计价。

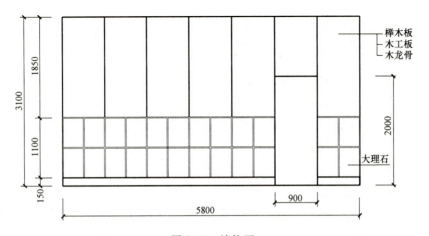

图 8-13　墙饰面

9. 试根据图 8-14 所示尺寸计算柱花岗石面层工程量并计价（花岗石厚 20mm）。

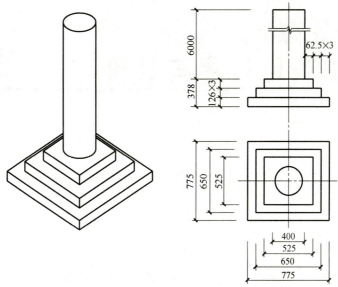

图 8-14　圆柱及基座

第 9 章
单价措施项目计量与计价

> **教学要求**：
> - 熟悉单价措施项目清单与定额分项标准。
> - 熟悉单价措施项目清单与定额工程量计算规则。
> - 掌握单价措施项目清单与定额工程量计算方法。
> - 掌握单价措施项目综合单价分析计算方法。

本章主要介绍脚手架、混凝土模板及支架、垂直运输、超高施工增加、大型机械设备进出场及安拆等单价措施项目的计量计价。

9.1 概述

措施项目中可以计算工程量的脚手架、混凝土模板及支架、垂直运输、超高施工增加、大型机械设备进出场及安拆等项目称之为单价措施项目,可采用依据"招标工程量清单"计算"综合单价"的方式进行计价,最后汇总到"单位工程费汇总表"中。单价措施项目清单与计价表见第 2 章表 2-11,综合单价分析表见表 2-12。

9.2 脚手架

9.2.1 项目划分

1. 脚手架及其分类

建筑物和构筑物施工中,若在离地面一定高度的位置进行工作,需要搭设不同形式、不同高度的操作平台,这就是脚手架,如图 9-1 所示。

脚手架的分类见表 9-1。

表 9-1 脚手架的分类

类 别	脚手架名称
按材料分类	木架、竹架、钢管架
按构造形式分类	多立杆式、门式、桥式、悬吊式、挂式、悬挑式
按搭设形式分类	单排架、双排架
按使用功能分类	综合脚手架、外脚手架、里脚手架、满堂脚手架、浇灌运输道、悬空脚手架、挑脚手架、依附斜道、安全网、电梯井字架、架空运输道、烟囱(水塔)脚手架、外墙面装饰脚手架、防护架

图 9-1 脚手架示意图

2. 清单分项

《国家计量规范》将脚手架工程划分为 8 个项目，见表 9-2。

表 9-2 脚手架工程（编码：011701）

项目编码	项目名称	项目特征	计量单位	工程量计算规则	工作内容
011701001	综合脚手架	1. 建筑结构形式 2. 檐口高度	m²	详见表 9-3	1. 场内、场外材料搬运 2. 搭、拆脚手架、斜道、上料平台 3. 安全网的铺设 4. 选择附墙点与主体连接 5. 测试电动装置、安全锁等 6. 拆除脚手架后材料的堆放
011701002	外脚手架	1. 搭设方式 2. 搭设高度 3. 脚手架材质	m²	详见表 9-3	1. 场内、场外材料搬运 2. 搭、拆脚手架、斜道、上料平台 3. 安全网的铺设 4. 拆除脚手架后材料的堆放
011701003	里脚手架				
011701004	悬空脚手架	1. 搭设方式 2. 悬挑宽度 3. 脚手架材质	m²		
011701005	挑脚手架		m		
011701006	满堂脚手架	1. 搭设方式 2. 搭设高度 3. 脚手架材质	m²		
011701007	整体提升架	1. 搭设方式及启动装置 2. 搭设高度	m²		1. 场内、场外材料搬运 2. 选择附墙点与主体连接 3. 搭、拆脚手架、斜道、上料平台 4. 安全网的铺设 5. 测试电动装置、安全锁等 6. 拆除脚手架后材料的堆放
011701008	外装饰吊篮	1. 升降方式及启动装置 2. 搭设高度及吊篮型号			1. 场内外材料搬运 2. 吊篮安装 3. 测试电动装置、安全锁等 4. 吊篮拆除

注：1. 使用综合脚手架时，不再使用外脚手架、里脚手架等单项脚手架。
　　2. 同一建筑物有不同檐高时，按建筑物竖向切面分别按不同檐高编列清单项目。

3. 定额分项

1) 外脚手架。钢管架按单排或双排并按高度的不同细分为 5m 以内、9m 以内、15m 以内、24m 以内、30m 以内、50m 以内、70m 以内、90m 以内、110m 以内、130m 以内、150m 以内、170m 以内、190m 以内、210m 以内以及高度 50m 内每增加一排 15 个子项目。木架按 15m 以内单排、双排，30m 以内双排细分为 3 个子项目。单列型钢悬挑脚手架、附着式升降脚手架、15m 以内竹架。

2) 里脚手架。按材料的不同细分为钢管架、木架和竹架 3 个子项目。

3) 满堂脚手架。按材料和基本层、增加层的不同细分为钢管架、木架和竹架等 6 个子项目。

4) 浇灌运输道。按材料采用钢制或木制并按架子高度的不同细分为 1m 以内、3m 以内、6m 以内、9m 以内等 8 个子项目。

5) 悬空脚手架、挑脚手架。按材料采用钢制或木制细分为 4 个子项目。

6) 依附斜道。按材料采用钢管、木、竹及高度的不同细分为 5m 以内、15m 以内、24m 以内、30m 以内、40m 以内、50m 以内等 11 个子项目。

7) 安全网。细分为平挂式、钢管挑出 30m 以内、钢管挑出 50m 以内、木杆挑出、竹竿挑出 5 个子项目。

8) 电梯井字架。按搭设高度的不同细分为 20m 以内、30m 以内、45m 以内、60m 以内、90m 以内、120m 以内、150m 以内、180m 以内、210m 以内 9 个项目。

9) 架空运输道。架子高度 3m 以内按材料的不同细分为钢管架、木架和竹架 3 个子项目。

10) 烟囱（水塔）脚手架。按直径和高度的不同细分为 10m 以内、15m 以内、20m 以内、25m 以内、35m 以内、45m 以内等 12 个子项目。

11) 外墙面装饰脚手架。钢管架按高度的不同细分为 5m 以内、9m 以内、15m 以内、24m 以内、30m 以内、50m 以内、70m 以内、90m 以内、110m 以内、130m 以内、150m 以内、170m 以内、190m 以内、210m 以内 14 个子项目。单列型钢悬挑脚手架。

12) 防护架。分为单列水平防护架、垂直防护架 2 个子项目。

4. 特设项目

为了简化预算编制，有些地区特设了综合脚手架项目，其内容如下。

（1）砌筑综合脚手架 砌筑综合脚手架综合了内外墙砌筑用脚手架、上料平台、斜道、水平安全网、金属卷扬机架以及悬空脚手架等内容，工程量为建筑物的建筑面积。定额按不同高度分列项目，同一建筑物高度不同时，应分不同高度计算建筑面积。

【例 9-1】 某错层建筑各部分高度如图 9-2 所示，试问应如何计算建筑面积并套用综合脚手架定额？

【解】 图 9-2 中①~②轴线部分，按 2 层计算建筑面积，套用 20m 以内砌筑综合脚手架定额；②~③轴线部分，按 11 层计算建筑面积，套用 50m 以内砌筑综合脚手架定额；③~④轴线部分，按 5 层计算建筑面积，套用 30m 以内砌筑综合脚手架定额。

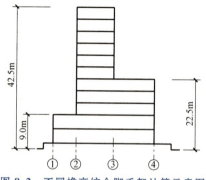

图 9-2 不同檐高综合脚手架计算示意图

（2）浇灌综合脚手架　浇灌综合脚手架是适用于现浇框架结构的浇灌（并作为钢筋、模板等安装的支架）而特设的脚手架项目，工程量为框架结构的建筑面积，现浇框架中有剪力墙的也套用浇灌综合脚手架项目。定额按"层高 3.6m 以内"和"超过 3.6m 每一增加层"分列项目。

9.2.2　计算规则

脚手架工程量计算的清单规则和定额规则见表 9-3。

表 9-3　脚手架工程量计算规则

序号	清单项目	清单规则	定额项目	定额规则
1	综合脚手架	按建筑面积计算	综合脚手架	按建筑面积计算
2	外脚手架	按所服务对象的垂直投影面积计算	外脚手架	按图示结构外墙外边线乘以外墙高度以 m^2 计算，不扣除门窗洞、空圈洞口等所占面积，突出墙外宽度在 24cm 以内的墙垛、附墙烟囱等不计算脚手架，突出墙外宽度超过 24cm 时，按图示结构尺寸展开并入外脚手架工程量计算
3	里脚手架		里脚手架	按墙面垂直投影面积计算，不扣除门窗洞、空圈洞口所占面积
4	悬空脚手架	按搭设的水平投影面积计算	悬空脚手架	按搭设水平投影面积以 m^2 计算
5	挑脚手架	按搭设长度乘以搭设层数以延长米计算	挑脚手架	按搭设长度乘搭设层数以延长米计算
6	满堂脚手架	按搭设的水平投影面积计算	满堂脚手架	按室内主墙间净面积计算，不扣除垛、柱所占的面积
7	整体提升架	按所服务对象的垂直投影面积计算	—	
8	外装饰吊篮		—	
9	—	—	浇灌运输道	用于基础施工时，按所浇灌基础的实浇底面外围水平投影面积以 m^2 计算。现浇钢筋混凝土板时，按板（包括楼梯、阳台、雨篷）的外围水平投影面积以 m^2 计算
10	—	—	依附斜道	区别不同高度，按建筑物结构外围周长每 150m 一座计算，增加长度以 60m 为界，增加长度小于 60m 时舍弃不计
11	—	—	安全网	水平安全网按实铺面积以 m^2 计算 挑出式安全网按挑出的水平投影面积以 m^2 计算
12	—	—	电梯井脚手架	区别不同高度按单孔以座计算
13	—	—	架空运输道	按搭设长度以延长米计算
14	—	—	水平防护架	按所搭设的长度乘以宽度以 m^2 计算
15	—	—	垂直防护架	按自然地坪至最上层横杆之间的搭设高度乘以实际搭设长度以 m^2 计算

9.2.3　相关规定

1）脚手架按不同用途列项计算。
2）钢管脚手架中的钢管、底座、各类扣件按租赁编制（未计价材）。租赁材料往返运输所需人工、机械已含在定额内,与实际不同时不做调整。

3) 本章适用于一般工业与民用建筑、构筑物的新建、扩建、改建以及独立承包的二次装饰装修工程的脚手架搭拆。

4) 建(构)筑物脚手架高度按以下规定划分:

① 建(构)筑物外墙高度以室外设计地坪为起点算至屋面墙顶结构上表面;屋顶带女儿墙者算至女儿墙顶上表面;坡屋顶、曲屋顶按平均高度计算;与外墙同时施工的屋顶装饰架、建筑小品算至装饰架、建筑小品顶面;地下建筑物高度按垫层底面至室外设计地坪间的高度计算。

② 高低联跨建筑物高度不同或同一建筑物墙面高度不同时,按建筑物竖向切面分别计算并执行相应高度定额。

5) 砖砌体高度大于1.2m,石砌体高度大于1.0m时均应计算相应的脚手架。

6) 外脚手架分钢管架、木架、竹架,按不同砌筑高度分列单排、双排、每增加一排(钢管架)脚手架。外脚手架定额中综合了上料平台和护卫栏杆等。

7) 建筑物需要搭设多排脚手架时按"高度50m内每增加一排"子项目计算,其中高度不大于15m时,定额乘以系数0.7;高度不大于24m时,定额乘以系数0.75。

8) 浇灌运输道按高度的不同列项。该项目适用于混凝土和钢筋混凝土基础浇灌;1m以内浇灌运输道也适用于现浇钢筋混凝土板浇灌。

9) 里脚手架适用于设计室内地坪至结构板底下表面或山墙高度的1/2处内墙平均高度不大于3.6m的内墙浇灌及砌筑。

10) 满堂脚手架适用于室内净高3.6m以上的天棚抹灰、吊顶工程。定额按基本层(净高为3.6~5.2m)和增加层(每增加1.2m)分列子项目。增加高度大于或等于0.6m且不大于1.2m时,按一个增加层计算,增加高度小于0.6m时舍去不计。

楼梯顶板、拱、斜板、弧形板和架空阶梯的高度取平均值计算。

【例9-2】 某工程设计室内地坪至天棚底面净高为9.2m,其满堂脚手架增加层应计取多少层?

【解】 (9.2m-5.2m)÷1.2m=3.33

取整为3个增加层,余1.2m×0.33=0.4m<0.6m,可舍弃不计。

11) 高度超过50m的外脚手架,钢管挑出式安全网中的部分材料按表9-4的系数调整。

表9-4 钢管挑出式安全网中的部分材料调整系数

调整内容	外脚手架高度								
	50m以下	70m以下	90m以下	110m以下	130m以下	150m以下	170m以下	190m以下	210m以下
钢管、扣件、钢丝绳	1	1.51	1.84	2.33	2.63	2.76	2.9	3.04	3.2

12) 独立斜道按相应依附斜道定额乘以系数1.8,水塔脚手架按相应烟囱定额人工乘以系数1.11。

13) 架空运输道以架宽2m为准,当架宽超过2m时,按相应定额人工乘以系数1.2;架宽超过3m时,按相应定额人工乘以系数1.5。

14) 脚手架不包括因地基强度不够时的基础处理,发生时按批准的施工组织设计或专项方案另计。

15）滑升模板施工的钢筋混凝土烟囱、水塔、筒仓结构，不计算脚手架。

16）定额中的外脚手架按三种类型编制，其中型钢悬挑脚手架、附着式升降脚手架仅供参考使用。编制招标控制价时按常规使用的落地式外脚手架编制。

17）外墙面脚手架仅适用于独立承包的建筑物装饰工程高度在1.2m以上需要重新搭设脚手架的工程。

18）独立承包的装饰装修工程，除外墙面脚手架按定额的专用子项目列项外，施工需要的脚手架按工程内容及施工要求套用《基础定额》中的脚手架适用子项目。

19）施工现场范围外确需搭设的防护架在《基础定额》中以附表列出，供参考使用。

20）砖石围墙、挡土墙，按墙中心线长度乘以室外设计地坪至墙顶的平均高度以 m^2 计算。砌筑高度不大于3.6m时，按里脚手架计算；砌筑高度大于3.6m时，按相应高度的外脚手架计算。定额租赁材料量乘以系数0.19。砖砌围墙、挡土墙执行单排外脚手架定额，石砌围墙、挡土墙执行双排外脚手架定额。

21）独立柱按图示柱结构外围周长加3.6m乘以柱高以 m^2 计算。混凝土柱按相应高度的单排外脚手架计算；砖、石柱高度不大于3.6m时，按里脚手架计算；高度大于3.6m时，砖柱按相应高度的单排外脚手架计算；石柱按相应高度的双排外脚手架计算。本条中单、双排外脚手架的定额租赁材料量均乘以系数0.19。

22）砖基础按砖基础长度（外墙基础取外墙中心线长、内墙基础取内墙净长）乘以垫层上表面砖基础平均高度以 m^2 计算。砌筑高度不大于3.6m时，按里脚手架计算；高度大于3.6m时，按相应高度的单排外脚手架计算，定额租赁材料量均乘以系数0.19。

23）混凝土内墙按墙面垂直投影面积执行相应高度的单排外脚手架定额，不扣除门窗洞、空圈洞口所占面积，定额租赁材料量均乘以系数0.19；室内单梁、连续梁按梁长乘以设计室内地坪至单梁上表面之间的高度以面积计算，执行相应高度的双排外脚手架定额，定额租赁材料量乘以系数1.5。

24）地下室外墙按图示结构外墙外边线长度乘以垫层底面至设计室外地坪间的高度以面积计算，执行相应高度的双排外脚手架定额，定额租赁材料量乘以系数1.5。

25）型钢悬挑脚手架、附着式升降脚手架按所搭设范围的墙面面积计算。

26）砖混结构外墙高度在15m以内者按单排外脚手架计算。但砖混结构符合下列条件之一者按双排外脚手架计算：

① 外墙面门窗洞口面积大于整个建筑物外墙面积40%以上者。

② 毛石外墙、空心砖外墙。

③ 外墙裙以上外墙面抹灰面积大于整个建筑物外墙面积（含门窗洞口面积）25%以上者。

27）内墙砌筑高度超过3.6m时，执行相应高度的单排外脚手架定额。定额租赁材料量乘以系数0.19。

28）高度大于3.6m的室内天棚抹灰、吊顶工程，按上述规定套用满堂脚手架定额，计算满堂脚手架后高度大于3.6m的墙面抹灰工程不再计算脚手架。

29）内墙面抹灰或镶贴面层高度大于3.6m，又不能计算满堂脚手架的，区别不同高度，按相应高度的双排外脚手架计算。定额租赁材料量乘以系数0.19，脚手架工程量按包括

3.6m 以内的墙面抹灰或镶贴面层面积计算。

30）浇灌运输道用于基础施工时，按架子高度及基础特点和施工要求选用浇灌运输道项目。

31）钢结构工程的外墙板安装彩板脚手架按所安装的墙板面积计算，执行相应安装高度的双排外脚手架定额。定额租赁材料量乘以系数 0.19。

32）非滑模施工的烟囱（水塔）用脚手架，区别不同高度、直径以座计算。烟囱内衬脚手架，按烟囱内衬的面积计算，执行相应安装高度的单排外脚手架定额。

9.2.4 列项与计算

在工程预算中，要有效地进行脚手架费用计算，首先应针对工程的施工需要列出脚手架项目，然后根据脚手架工程量计算规则逐一进行各类脚手架的工程量计算。

1. 采用综合脚手架的列项

常用脚手架列项见表 9-5。

表 9-5 常用脚手架列项参考

工程类型	脚手架项目名称	选择条件
砖混结构	砌筑综合脚手架	若当地定额有此项目时应选
	浇灌运输道	当现浇基础或现浇板需要用翻斗车或手推车运送混凝土时
	外脚手架	当地定额无综合脚手架项目而施工需要砌墙时
	满堂脚手架	当室内净高大于 3.6m 做天棚抹灰、吊顶时
	立挂式安全网	多层及高层建筑施工时
框架结构	浇灌综合脚手架	若当地定额有此项目时应选
	砌筑综合脚手架	若当地定额有此项目时应选
	外脚手架	当地定额无综合脚手架项目而施工需要砌墙时
	浇灌运输道	当现浇基础或现浇板需要用翻斗车或手推车运送混凝土时
	满堂脚手架	当室内净高大于 3.6m 做天棚抹灰、吊顶时
	立挂式安全网	多层及高层建筑施工时
	电梯井脚手架	当建筑物内设计有电梯时
装饰工程	满堂脚手架	当室内净高大于 3.6m 做天棚抹灰、吊顶时
	外墙面装饰脚手架	单独做外墙面装饰时

【例 9-3】 某框架结构建筑物，地面以上有 12 层，层高 3m，各层建筑面积均为 560m², 地面以下有一层地下室，建筑面积为 580m²。试列出计算脚手架的项目及相应工程量。

【解】 该建筑物的总建筑面积为 (560×12+580)m² = 7300m²，参照表 9-5 可列脚手架项目为

1）浇灌（框架）综合脚手架 7300m²。

2）砌筑综合脚手架 7300m²。

【例 9-4】 某地一栋 8 层框架结构综合楼，一层层高为 4.5m，二层及以上层高为 3.6m，室外地坪标高为 -0.450m，女儿墙高为 0.9m。每层建筑面积均为 2000m²（无阳台），楼梯间 60 m²，电梯井（2 座）10m²。钢筋混凝土带形基础底面积为 400m²（深 1.8m）。全部楼（屋）面板均为现浇，板厚 12cm，天棚抹灰，室内净面积为 1600m²。试列项并计算脚

手架工程量。

【解】 根据某地的"措施项目计价定额",本例脚手架列项及工程量计算结果见表9-6。

表 9-6 脚手架列项及工程量计算

序号	项目名称	定额编号	计算方法	工程量
1	浇灌综合脚手架(基本层)	C01-2-14	2000×8	16000m²
2	浇灌综合脚手架(增加层)	C01-2-15	2000×1	2000m²
3	砌筑综合脚手架(40m以内,檐高为31.05m)	C01-2-3	2000×8	16000m²
4	浇灌运输道(基础,架高3m以内)	C01-2-21	已知	400m²
5	浇灌运输道(板,架高1m以内)	C01-2-20	2000×8	16000m²
6	满堂脚手架(基本层)	C02-1-8	已知	1600m²
7	电梯井脚手架(45m以内)	C01-2-71	已知	2座

【例9-5】 根据【例9-4】的脚手架项目,试按常规施工方式编制"综合脚手架""满堂脚手架"两个措施项目的工程量清单。

【解】 根据《国家计量规范》编制措施项目的工程量清单,见表9-7。

表 9-7 措施项目工程量清单

序号	项目编码	项目名称	项目特征	计量单位	工程数量
1	011701001001	综合脚手架	1. 建筑结构形式:框架结构 2. 檐口高度:31.05m	m²	16000
2	011701006001	满堂脚手架	1. 搭设方式:室内满堂 2. 搭设高度:4.38m 3. 脚手架材质:钢管	m²	1530

【例9-6】 查用某地措施项目计价定额中的脚手架项目单位估价表,见表9-8、表9-9。试计算表9-6所列脚手架项目的费用。

表 9-8 脚手架项目单位估价表(一)　　　　　计量单位:100m²

定额编号		C01-2-3	C01-2-14	C01-2-15	C01-2-71
项目名称		砌筑综合架 (高40m以内)	浇灌综合架 (基本层)	浇灌综合架 (增加层)	电梯井脚手架 (45m以内)(座)
基价/元		980.94	350.34	195.51	1768.47
其中	人工费/元	272.75	277.94	170.53	494.60
	材料费/元	681.00	72.40	24.98	1205.47
	机械费/元	27.19	—	—	68.40

注:教师尽可能采用当地"计价定额"教学。

表 9-9 脚手架项目单位估价表(二)　　　　　计量单位:100m²

定额编号		C01-2-20	C01-2-21	C02-1-8	C02-1-9
项目名称		浇灌运输道 (1m以内)	浇灌运输道 (3m以内)	满堂脚手架 (基本层)	满堂脚手架 (增加层)
基价/元		636.48	1208.02	458.00	106.00
其中	人工费/元	102.71	284.87	232.00	88.00
	材料费/元	533.77	923.15	216.00	16.00
	机械费/元	—	—	10.00	2.00

注:教师尽可能采用当地"计价定额"教学。

【解】 套价计算过程见表9-10。

表9-10 措施项目费分析表

序号 (定额编号)	措施项目名称	计量单位	工程量	人工费	材料费	机械费	管理费和利润	小计
1	脚手架	项	1	113795	216006	4647	60509	394957
C01-2-3	砌筑综合架	100m²	160	43640	108960	4350	23314	180264
C01-2-14	浇灌综合架(基)	100m²	160	44470	11584	0	23569	79624
C01-2-15	浇灌综合架(增)	100m²	20	3411	500	0	1808	5718
C01-2-20	浇灌道(1m以内)	100m²	160	16434	85403	0	8710	110547
C01-2-21	浇灌道(3m以内)	100m²	4	1139	3693	0	604	5436
C01-2-71	电梯井脚手架	座	2	989	2411	137	530	4067
C02-1-8	满堂脚手架(基)	100m²	16	3712	3456	160	1974	9302

注：管理费费率取33%，利润率取20%。

2. 不采用综合脚手架的列项

常用脚手架列项可参考表9-11内容。

表9-11 常用脚手架列项参考

脚手架项目名称	选择条件
单排外脚手架	1)砖混结构外墙高度在15m以内者 2)内墙砌筑高度超过3.6m时(定额租赁材料×0.19) 3)混凝土内墙(定额租赁材料×0.19) 4)混凝土独立柱(定额租赁材料×0.19) 5)砖独立柱高度大于3.6m时(定额租赁材料×0.19) 6)砖围墙、挡土墙高度大于3.6m时(定额租赁材料×0.19) 7)砖基础、室内管沟砌筑高度大于3.6m时(定额租赁材料×0.19)
双排外脚手架	1)砖混结构外墙面门窗洞口面积大于整个建筑物外墙面积40%以上者 2)砖混结构毛石外墙、空心砖外墙 3)外墙裙以上外墙面抹灰面积大于整个建筑物外墙面积(含门窗洞口面积)25%以上者 4)地下室外墙(定额租赁材料×1.5) 5)内墙面抹灰或镶贴面层高度大于3.6m,又不能计算满堂脚手架的(定额租赁材料×0.19) 6)石材独立柱高度大于3.6m时(定额租赁材料×0.19) 7)室内单梁、连续梁(定额租赁材料×0.19) 8)石围墙、挡土墙,高度大于3.6m时(定额租赁材料×0.19) 9)钢结构工程的外墙板安装彩板(定额租赁材料×0.19) 10)高度大于3.6m的贮仓、贮油(水)池、化粪池 11)架空通廊(定额租赁材料×1.60) 12)大型块体设备基础(定额租赁材料×0.3)
里脚手架	1)内墙砌筑高度不大于3.6m时 2)砖石围墙、挡土墙高度不大于3.6m时(定额租赁材料×0.19) 3)砖石独立柱高度不大于3.6m时(定额租赁材料×0.19) 4)砖基础、室内管沟,砌筑高度不大于3.6m时(定额租赁材料×0.19) 5)高度不大于3.6m的贮仓、贮油(水)池、化粪池
满堂脚手架	高度大于3.6m的室内天棚抹灰、吊顶工程
独立装饰工程脚手架	1)室内净高3.6m以下,不列脚手架 2)室内净高3.6m以上,做天棚抹灰或吊顶,列满堂脚手架 3)净高3.6m以上,未列满堂脚手架,另列双排外脚手架 4)单做外墙面装饰可列外墙面装饰脚手架

【例 9-7】 某单位砖砌围墙，长度经计算为 382m，当围墙高 2.5m 或 4m 时，试列项并计算围墙的脚手架工程量。

【解】 由表 9-11 所示内容可知：

1）当围墙高 2.5m 时，按里脚手架计算。脚手架工程量为围墙的垂直投影面积，计算得

$$S_1 = 2.5\text{m} \times 382\text{m} = 955\text{m}^2$$

2）当围墙高 4m 时，应按单排外脚手架 15m 以内计算，工程量为围墙的垂直投影面积，计算得

$$S_2 = 4.0\text{m} \times 382\text{m} = 1528\text{m}^2$$

【例 9-8】 某地新编外脚手架定额见表 9-12。某两层临街商铺，建筑檐高 7.5m，外墙外边线长 210.96m，需搭设外脚手架完成砌墙和外墙装饰的工作，试计算外脚手架费用。

表 9-12 某地新编外脚手架定额节录　　　　　　　　计量单位：100m²

定额编号				01150135	01150136	01150137	01150138
项目名称				钢管外脚手架			
				5m 以内		9m 以内	
				单排	双排	单排	双排
基　价/元				430.80	577.15	514.77	614.30
其中	人工费/元			196.75	269.57	325.79	364.75
	材料费/元			174.44	243.71	125.11	181.43
	机械费/元			59.61	63.87	63.87	68.12
	名称	单位	单价/元	数量			
材料	焊接钢管 φ48×3.5	t·天	—	(44.600)	(67.500)	(61.300)	(103.510)
	直角扣件	百套·天	—	(123.380)	(168.140)	(169.110)	(256.150)
	对接扣件	百套·天	—	(11.650)	(23.670)	(12.820)	(35.500)
	回转扣件	百套·天	—	(9.290)	(6.770)	(10.200)	(10.140)
	底座	百套·天	—	(18.920)	(20.480)	(11.550)	(17.050)
	镀锌铁丝 8#	kg	5.80	8.600	8.900	4.100	4.550
	以下计价材省略						
机械	载货汽车 装载 6t	台班	425.77	0.140	0.150	0.150	0.160

注：表中带"（ ）"的周转材料消耗量为未计价材料的消耗量，已根据不同对象、不同情况按正常施工条件下、合理的一次性使用期取定。其材料费单价应按实际市场租赁价计入。

【解】 1）若通过询价得知当地的脚手架周转材料租赁费如表 9-13 所示，则表 9-12 中 4 个定额子项目的未计价材料费计算见表 9-14。

表 9-13 脚手架用周转材料租赁费

材料名称	焊接钢管	直角扣件	对接扣件	回转扣件	底座
单位	t·天	百套·天	百套·天	百套·天	百套·天
租赁单价/元	3.20	0.80	0.80	0.80	0.50

2）查表 9-3，外脚手架清单工程量及定额工程量均按"图示结构外墙外边线乘以外墙高度以 m² 计算"，则工程量计算为

$$210.96\text{m} \times 7.5\text{m} = 1582.20\text{m}^2$$

3) 根据表9-2的要求，编制工程量清单，见表9-15。

表 9-14 未计价材料费计算　　　　　　　　　　计量单位：100m²

定额编号			01150135	01150136	01150137	01150138
项目名称			钢管外脚手架			
			5m以内		9m以内	
			单排	双排	单排	双排
未计价材料费/(元·天)			267.64	385.10	355.64	581.19
	名称	单位	单价/元	数量		
未计价材料	焊接钢管φ48×3.5	t·天	3.20	44.600	67.500	61.300	103.510
	直角扣件	百套·天	0.80	123.380	168.140	169.110	256.150
	对接扣件	百套·天	0.80	11.650	23.670	12.820	35.500
	回转扣件	百套·天	0.80	9.290	6.770	10.200	10.140
	底座	百套·天	0.50	18.920	20.480	11.550	17.050

表 9-15 外脚手架项目工程量清单

序号	项目编码	项目名称	项目特征	计量单位	工程数量
1	011701002001	外脚手架	1. 搭设方式：单排外脚手架 2. 搭设高度：7.5m 3. 脚手架材质：钢管	m²	1582.20

4) 根据表9-15项目特征的要求，套用表9-12和表9-14中9m以内双排钢管外脚手架定额（01150138）的人工、材料、机械单价，脚手架综合单价和费用计算见表9-16、表9-17。

表 9-16 单价措施项目综合单价分析

序号	项目编码	项目名称	计量单位	工程量	清单综合单价组成明细									综合单价/元
					定额编号	定额名称	定额单位	数量	单价/元			合价/元			
									人工费	材料费	机械费	人工费	材料费	机械费	管理费和利润	
1	011701002001	外脚手架	m²	1582.20	01150138	外脚手架	100m²	0.010	364.75	181.43	68.12	3.65	1.81	0.68	1.96	13.92
					01150138	未计价材	100m²	0.010	—	591.19	—	—	5.91	—	—	
					小计							3.65	7.63	0.68	1.96	

注：管理费费率取33%，利润率取20%。

表 9-17 单价措施项目清单与计价

序号	项目编码	项目名称	项目特征描述	计量单位	工程量	金额/元				
						综合单价	合价	其中		
								人工费	机械费	暂估价
1	011701002001	外脚手架	1. 搭设方式：双排外架 2. 搭设高度：7.5m 3. 脚手架材质：钢管	m²	1582.20	13.92	22024.22	5775.03	1075.90	—

9.3 混凝土模板及支架

9.3.1 项目划分

1. 清单分项

《国家计量规范》将模板工程划分为32个项目，见表9-18。

表 9-18 混凝土模板及支架（撑）（编码：011702）

项目编码	项目名称	项目特征	计量单位	工程量计算规则	工作内容
011702001	基础	基础类型	m²	详见表 9-19	1. 模板制作 2. 模板安装、拆除、整理堆放及场外运输 3. 清理模板粘结物及模内杂物、刷隔离剂等
011702002	矩形柱				
011702003	构造柱				
011702004	异形柱	柱截面形状			
011702005	基础梁	梁截面形状			
011702006	矩形梁	支撑高度			
011702007	异形梁	1. 梁截面形状 2. 支撑高度			
011702008	圈梁				
011702009	过梁				
011702010	弧形、拱形梁	1. 梁截面形状 2. 支撑高度			
011702011	直形墙	支撑高度			
011702012	弧形墙				
011702013	短肢剪力墙、电梯井壁				
011702014	有梁板				
011702015	无梁板				
011702016	平板				
011702017	拱板				
011702018	薄壳板				
011702019	空心板				
011702020	其他板				
011702021	栏板				
011702022	天沟、檐沟	构件类型			
011702023	雨篷、悬挑板、阳台板	1. 构件类型 2. 板厚度			
011702024	楼梯	类型			
011702025	其他现浇构件	构件类型			
011702026	电缆沟、地沟	1. 沟类型 2. 沟截面			
011702027	台阶	台阶踏步宽			
011702028	扶手	扶手断面尺寸			
011702029	散水				
011702030	后浇带	后浇带部位			
011702031	化粪池	1. 化粪池部位 2. 化粪池规格			
011702032	检查井	1. 检查井部位 2. 检查井规格			

注：1. 原槽浇槽的混凝土基础，不计算模板。
2. 混凝土模板及支撑（架）项目，只适用于以 m² 计算，按模板与混凝土构件的接触面积计算。以 m³ 计量的模板及支撑（支架），按混凝土及钢筋混凝土实体项目执行，其综合单价中应包含模板及支撑（支架）。
3. 采用清水模板时，应在特征中注明。
4. 当现浇混凝土梁、板支撑高度超过 3.6m 时，项目特征应描述支撑高度。

2. 定额分项

1）基础垫层。

2）基础。按采用组合钢模板或复合模板细分为毛石混凝土带形基础、素混凝土带形基础、有梁式钢筋混凝土带形基础、无梁式钢筋混凝土带形基础、毛石混凝土独立基础、混凝土及钢筋混凝土独立基础、有梁式满堂基础、无梁式满堂基础、独立桩承台、带形桩承台、杯形基础、设备基础、电梯坑、集水坑。

3）柱。按采用组合钢模板或复合模板细分为矩形柱、圆形柱、异形柱、构造柱、升板柱帽。

4）梁。按采用组合钢模板或复合模板或木模板细分为基础梁、单梁连续梁、异形梁、拱形梁、弧形梁、圈梁、过梁。

5）墙。按采用组合钢模板或复合模板或木模板细分为直形墙、弧形墙、电梯井壁。

6）板。按采用组合钢模板或复合模板或木模板细分为有梁板、无梁板、平板、斜梁坡板、拱形板、双曲薄壳。

7）其他构件。按采用组合钢模板或复合模板或木模板细分为楼梯、板式雨篷、栏板、门窗框、框架梁柱接头、挑檐天沟、压顶、池槽、零星构件、电缆沟、排水沟、混凝土线条、台阶、屋顶水箱。

8）现浇构件支撑超高。按柱、墙、梁、板细分。

9）混凝土后浇带。按梁、板、墙、满堂基础细分。

9.3.2 计算规则

模板工程量计算的清单规则和定额规则见表 9-19。

表 9-19 混凝土模板及支架（撑）工程量计算规则

序号	清单项目	清单规则	定额项目	定额规则
1	基础	按模板与现浇混凝土构件的接触面积计算 1. 现浇混凝土墙、板单孔面积≤0.3m²的孔洞不予扣除，洞侧壁模板也不增加；单孔面积>0.3m²时应予扣除，洞侧壁模板面积并入墙、板工程量内计算 2. 现浇框架分别按梁、板、柱有关规定计算；附墙柱、暗梁、暗柱并入墙工程量内计算 3. 柱、梁、墙、板相互连接的重叠部分，均不计算模板面积 4. 构造柱按图示外露部分计算模板面积	基础	1. 基础模板区别基础类型、混凝土种类，按模板与混凝土的接触面积以 m² 计算 2. 框架式设备基础、箱型基础、地下室分别按基础、柱、墙、梁、板的有关规定计算。楼层上的设备基础执行有梁板定额 3. 杯形模板按包括杯形侧面积、中部杯口棱台体杯内、杯外的模板与混凝土的接触面积以 m² 计算
2	柱		柱	按模板与现浇混凝土构件的接触面积计算 1. 柱高从柱基上表面或楼板上表面算至上一层楼板上表面或柱顶上表面，无梁板柱算至柱帽下表面 2. 构造柱按包括榫接部分的图示外露部分计算模板面积。榫接部分按榫接宽度乘以柱高扣除与墙、梁相互连接的重叠部分计算 3. 梁与混凝土柱和墙连接时，梁长算至柱和墙的侧面；主梁与次梁相交时，次梁算至主梁侧面；圈梁与过梁连接时，过梁长度按门窗洞口宽度每边加 25cm 计算 4. 墙、电梯井壁、板模板不扣除单孔面积小于 0.3m² 的孔洞面积，孔洞侧壁模板亦不增加；扣除单孔面积大于 0.3m² 的孔洞面积，孔洞侧壁模板面积并入墙模板工程量内计算；与混凝土柱、梁、板相互连接的重叠部分，均不计算模板面积
3	各种梁		各种梁	
4	各种墙		各种墙	
5	各种板		各种板	

（续）

序号	清单项目	清单规则	定额项目	定额规则
6	天沟、檐沟	按模板与现浇混凝土构件的接触面积计算	天沟、檐沟	按混凝土实体项目的体积以 m³ 计算。挑檐、天沟与板（包括屋面板、楼板）连接时，以外墙外边线为界计算
7	雨篷、悬挑板、阳台板	按图示外挑部分尺寸的水平投影面积计算，挑出墙外的悬臂梁及板边不另计算	雨篷、阳台	1. 板式雨篷按图示外挑部分尺寸的水平投影面积计算，挑出墙外的悬臂梁及板边不另计算 2. 梁式雨篷、阳台按模板与混凝土的接触面积计算
8	楼梯	按楼梯（包括休息平台、平台梁、斜梁和楼层板的连接梁）的水平投影面积计算，不扣除宽度≤500mm 的楼梯井所占面积，楼梯踏步、踏步板、平台梁等侧面模板不另计算，伸入墙内部分也不增加	楼梯	按包括休息平台、平台梁、斜梁和楼层板的连接梁的楼梯水平投影面积计算，不扣除宽度小于 500mm 的楼梯井所占面积，楼梯踏步、踏步板、平台梁等侧面模板不另计算，伸入墙内部分亦不增加。当整体楼梯与现浇楼板无梯梁连接时，以楼梯的最后一个踏步边缘加 300mm 为界计算
9	台阶	按图示台阶水平投影面积计算，台阶端头两侧不另计算模板面积。架空式混凝土台阶，按现浇楼梯计算	台阶	混凝土台阶按图示水平投影面积以 m² 计算。若图示不明确，以台阶的最后一个踏步边缘加 300mm 为界计算。台阶端头两侧不另计算模板面积。架空式混凝土台阶按楼梯计算
10	其他现浇构件	按模板与现浇混凝土构件的接触面积计算	其他现浇构件	现浇混凝土栏板、栏杆、门窗框、梁柱接头、压顶、池槽、电缆沟、排水沟、线条（突出并依附于柱、墙、梁上的横截面外露展开长度不大于 600mm 的混凝土或钢筋混凝土条带）、屋顶水箱、后浇带、零星构件按混凝土实体项目以延长米或体积计算

9.3.3 相关规定

定额中现浇钢筋混凝土柱、墙、梁、板的模板支撑高度是按 3.60m 以内编制的，当高度超过 3.60m 时，超过部分另按模板支撑超高项目计算。模板支撑超高高度不小于 0.5m，且不大于 1m 时，按每增 1m 定额计算，超高高度小于 0.5m 时舍去不计。现浇板的模板支撑如图 9-3 所示。

现浇混凝土柱、墙、梁、板的模板支撑超高高度规定如下：

1) 底层以设计室外地坪（带地下室者以地下室底板上表面为起点）至板或梁底，楼层以楼板上表面至上一层板或梁底。

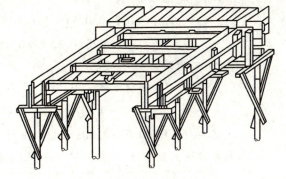

图 9-3 有梁板模板支撑示意图

2) 有梁板的模板支撑高度以板底为准，按梁板的模板面积之和执行板支撑超高定额。

9.3.4 计算方法

各种模板与现浇混凝土构件的接触面如图 9-4 所示。

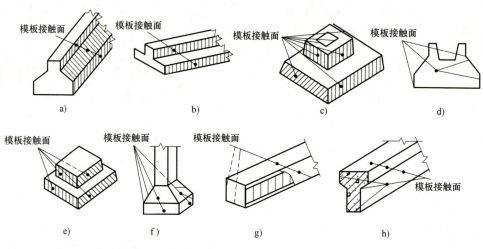

图 9-4 模板与现浇混凝土构件的接触面示意图

【例 9-9】 某杯形基础如图 4-15 所示，试计算杯形基础模板工程量。

【解】 模板工程量计算规则规定：杯形基础模板按包括杯形侧面积、中部杯口棱台体杯内、杯外的模板与混凝土的接触面积以 m^2 计算。

1) 底台四周侧面积 F_1 为

$$F_1 = [(1.95-0.1\times2+1.85-0.1\times2)\times2\times0.3]m^2 = 2.04m^2$$

2) 中台四周斜面积 F_2。

$$h = \sqrt{0.35^2+0.15^2}\,m = 0.381m$$

$$F_2 = [(1.75+1.05)\times0.381/2\times2+(1.65+0.95)\times0.381/2\times2]m^2 = 2.06m^2$$

3) 上台四周侧面积 F_3 为

$$F_3 = [(0.2+0.075+0.5+0.075+0.2+0.2+0.075+0.4+$$
$$0.075+0.2)\times2\times0.35]m^2 = 1.40m^2$$

4) 杯口内四周斜面积 F_4。

$$杯口深度 = (0.3+0.15+0.35)m-0.2m = 0.6m$$

$$h = \sqrt{0.6^2+0.075^2}\,m = 0.605m$$

$$F_4 = [(0.65+0.5)\times0.605/2\times2+(0.55+0.4)\times0.605/2\times2]m^2 = 1.27m^2$$

杯形基础模板工程量为：$F_1+F_2+F_3+F_4 = (2.04+2.06+1.40+1.27)m^2 = 6.77m^2$

【例 9-10】 某带形基础如图 4-16 所示，试计算图示三种情况下的模板工程量。

【解】 从前述模板工程量计算规则规定和图 9-4a 可知，带形基础需要计算多个模板与混凝土的接触面积。

1) 对于图 4-16a 所示的情形，模板与混凝土的接触面为带形基础的两侧面，按一般的计算规则推导：外墙基础可按外墙中心线长计算，内墙基础可按内墙基底净长计算，T 形接头处重叠部分面积应扣除。

外墙中心线长度为
$$(3.6+3.6+4.8)\text{m}\times 2 = 24\text{m}$$

内墙基底净长为
$$(4.8-1.0)\text{m} = 3.8\text{m}$$

侧面高度为 0.3m。

每个 T 形接头处重叠部分面积为
$$(1.0\times 0.3)\text{m}^2 = 0.3\text{m}^2$$

则模板工程量为
$$[(24+3.8)\times 0.3\times 2 - 0.3\times 2]\text{m}^2 = 16.08\text{m}^2$$

2) 如图 4-16b 所示，模板与混凝土的接触面为带形基础的底层和中层的两侧面，按一般的计算规则推导：外墙基础可按外墙中心线长计算，内墙基础可按内墙基底净长计算，T 形接头处重叠部分面积应扣除，还应增加模板由内墙基础伸入外墙基础的搭接部分面积。

要特别注意中层的计算高度为斜面长度（h），本例中斜面图示高度为 0.2m，斜面图示宽度为 $(1.0-0.4)\text{m}/2 = 0.3\text{m}$，则斜面长度（$h$）为
$$h = \sqrt{0.3^2+0.2^2}\,\text{m} = 0.361\text{m}$$

外墙中心线长度为 24m，内墙基底净长为 3.8m，每个 T 形接头处底层重叠部分面积为 0.6m²，中层重叠部分面积如图 4-17 所示。

由图 4-17 可知，每个中层 T 形接头处外墙基础上应扣除的重叠部分为梯形面积，计算得
$$[(1.0+0.4)\times 0.361/2]\text{m}^2 = 0.253\text{m}^2$$

而每个中层 T 形接头处由内墙基础伸入外墙基础的搭接部分为两个三角形面积，计算得
$$[(1.0-0.4)/2\times 0.361/2\times 2]\text{m}^2 = 0.108\text{m}^2$$

则图 4-16b 所示情形的模板工程量为
$$[(24+3.8)\times(0.3+0.361)\times 2 - 0.3\times 2 - 0.253\times 2 + 0.108\times 2]\text{m}^2 = 35.86\text{m}^2$$

3) 对于图 4-16c 所示情形，模板与混凝土的接触面为带形基础的底层、中层和肋的两侧面，按一般的计算规则推导：外墙基础可按外墙中心线长计算，内墙基础可按内墙基底净长计算，T 形接头处重叠部分面积应扣除，还应增加模板由内墙基础伸入外墙基础的搭接部分面积。

由图 4-17 可知，每个中层有肋 T 形接头处外墙基础上应扣除的重叠部分为梯形面积加矩形面积，计算得
$$[(1.0+0.4)\times 0.361/2 + 0.4\times 0.6]\text{m}^2 = 0.493\text{m}^2$$

而每个中层 T 形接头处由内墙基础伸入外墙基础的搭接部分为两个三角形面积加两个矩形面积，计算得
$$[(1.0-0.4)/2\times 0.361/2\times 2 + (1.0-0.4)/2\times 0.6\times 2]\text{m}^2 = 0.468\text{m}^2$$

则图 4-16c 所示情形的模板工程量为
$$[(24+3.8)\times(0.3+0.361+0.6)\times 2 - 0.3\times 2 - 0.493\times 2 + 0.468\times 2]\text{m}^2 = 69.46\text{m}^2$$

【例9-11】 某地新编混凝土模板定额见表9-20。若通过询价得知当地的周转材料租赁费见表9-21，试计算表9-20中4个定额子项目的未计价材料费。

表9-20　某地新编混凝土模板定额节录　　　　　　　计量单位：100m²

定额编号					01150243	01150244	01150245	01150246
项目名称					带形基础			
					钢筋混凝土有梁式		钢筋混凝土无梁式	
					组合钢模板	复合模板	组合钢模板	复合模板
基价/元					3358.82	3942.89	3549.88	3975.79
其中	人工费/元				1546.79	1333.24	1732.55	1519.58
	材料费/元				1569.95	2367.57	1479.53	2118.41
	机械费/元				242.08	242.08	337.80	337.80
	名称		单位	单价/元	数量			
材料	组合钢模板		m²·天	—	(777.158)	—	(761.263)	—
	焊接钢管 φ48×3.5		t·天	—	(36.984)	(36.894)	(14.399)	(14.399)
	直角扣件		百套·天	—	(56.838)	(56.838)	(22.193)	(22.193)
	对接扣件		百套·天	—	(10.560)	(10.560)	(4.121)	(4.121)
	回转扣件		百套·天	—	(3.261)	(3.261)	(1.273)	(1.273)
	底座		百套·天	—	(1.724)	(1.724)	(0.673)	(0.673)
	水泥砂浆 1:2		m³	322.48	0.012	0.012	0.012	0.012
	复合木模板		m²	38.00	—	20.990	—	20.988
	模板板枋材		m³	1230.00	0.014	0.014	0.273	0.144
	支撑方木		m³	1380.00	0.423	0.423	0.239	0.239
	以下计价材省略		—	—				
机械	载货汽车 装载6t		台班	425.77	0.350	0.350	0.510	0.510
	汽车式起重机 8t		台班	601.19	0.153	0.153	0.198	0.198
	木工圆锯机		台班	27.02	0.040	0.040	0.060	0.060

注：表中带"（ ）"的材料消耗量为未计价材料的消耗量，已含正常施工条件下合理的一次占用期，其材料费应按实际计入。

表9-21　周转材料租赁费

材料名称	钢模板	焊接钢管	直角扣件	对接扣件	回转扣件	底座
单位	m²·天	t·天	百套·天	百套·天	百套·天	百套·天
租赁单价/元	0.15	3.20	0.80	0.80	0.80	0.50

【解】 表9-20中4个定额子项的未计价材料费计算见表9-22。

表9-22　未计价材料费计算　　　　　　　计量单位：100m²

定额编号					01150243	01150244	01150245	01150246
项目名称					带形基础			
					钢筋混凝土有梁式		钢筋混凝土无梁式	
					组合钢模板	复合模板	组合钢模板	复合模板
未计价材料费/(元·天)					292.31	175.45	182.67	68.48
	名称		单位	单价/元	数量			
未计价材料	组合钢模板		m²·天	0.15	777.158	—	761.263	—
	焊接钢管 φ48×3.5		t·天	3.20	36.984	36.894	14.399	14.399
	直角扣件		百套·天	0.80	56.838	56.838	22.193	22.193
	对接扣件		百套·天	0.80	10.56	10.56	4.121	4.121
	回转扣件		百套·天	0.80	3.261	3.261	1.273	1.273
	底座		百套·天	0.50	1.724	1.724	0.673	0.673

【例 9-12】 如图 4-16 所示的基础,若断面选择图 4-16c,在【例 9-10】中已经计算得到其模板工程量为 69.46m²,假设施工方案确定基础采用组合钢模板,试计算其模板工程的费用。

【解】 1) 根据表 9-18 的要求,编制工程量清单,见表 9-23。

表 9-23 外脚手架项目工程量清单

序号	项目编码	项目名称	项目特征	计量单位	工程数量
1	011702001	基础	基础类型:带形	m²	69.46

2) 模板工程综合单价计算。

本例若不用表格,也可以列式计算。

套用表 9-20 和 9-22 中定额 01150243(钢筋混凝土有梁式带形基础组合钢模板)的单价计算得:

人工费 =(69.46/100×1546.79)元/m² = 1074.40 元/m²
计价材料费 =(69.46/100×1569.95)元/m² = 1090.49 元/m²
未计价材料费 =(69.46/100×292.31)元/m² = 203.04 元/m²
机械费 =(69.46/100×242.08)元/m² = 168.15 元/100m²
管理费 =(1074.40+168.15×8%)元/m²×33% = 358.99 元/m²
利润 =(1074.40+168.15×8%)元/m²×20% = 217.57 元/m²
综合单价 = [(1074.40+1090.49+203.04+168.15+358.99+217.57)/69.46]元/m²
       =(3112.64/69.46)元/m²
       =44.81 元/m²

3) 模板工程费用计算得

(44.81×69.46)元 = 3112.50 元

9.4 垂直运输

9.4.1 项目划分

1. 清单分项

《国家计量规范》将垂直运输列为 1 个项目,见表 9-24。

表 9-24 垂直运输(011703)

项目编码	项目名称	项目特征	计量单位	工程量计算规则	工作内容
011703001	垂直运输	1. 建筑物建筑类型及结构形式 2. 地下室建筑面积 3. 建筑物檐口高度、层数	1. m² 2. 天	详见表 9-26	1. 垂直运输机械的固定装置、基础制作、安装 2. 行走式垂直运输机械轨道的铺设、拆除、摊销

注:1. 建筑物檐口高度是指设计室外地坪至檐口滴水的高度(平屋顶是指屋面板底高度),突出主体建筑物屋顶的电梯机房、楼梯出入口、水箱间、瞭望塔、排烟机房等不计入檐口高度。
2. 垂直运输是指施工工程在合理工期内所需垂直运输机械。
3. 同一建筑物有不同檐高时,按建筑物的不同檐高做纵向分割,分别计算建筑面积,以不同檐高分别编码列项。

2. 定额分项

1) 建筑物垂直运输设计室外地坪以下项目。按层数不同细分为一层、二层以内、三层以内、四层以内4个子项目。

2) 建筑物垂直运输,设计室外地坪以上、20m(6层)以内项目,民用建筑按选择卷扬机或是塔式起重机的不同细分为砖混结构、现浇框架、其他结构等5个子项目。工业厂房按单层或多层的不同细分为砖混结构、现浇框架、预制排架等6个子项目。

3) 建筑物垂直运输,设计室外地坪以上、20m(6层)以上项目,按建筑功能、结构类型、檐高或层数的不同细分子项目。自30m(10层)以内开始,区分度是每增加10m(或3层)编列1个子项目。民用建筑现浇框架结构最高到210m(64层),滑模施工最高到150m(46层),其他结构最高到60m(19层)。

4) 构筑物垂直运输细分为砖砌烟囱30m以内、砖砌烟囱30m每增加1m、钢筋混凝土烟囱30m以内、钢筋混凝土烟囱每增加1m、20以内筒仓(4个以下)、每增加1m筒仓(4个以下)、砖砌水塔20m以内、砖砌水塔每增加1m、钢筋混凝土水塔20m以内、钢筋混凝土水塔每增加1m等10个子项目。

5) 装饰工程垂直运输,设计室外地坪以下项目,按层数不同细分为一层、二层以内、三层以内、四层以内4个子项目。

6) 装饰工程垂直运输,设计室外地坪以上项目,按建筑物檐高的不同并按垂直运输高度每20m一段划分定额项目,檐高最高到200m。其划分方法见表9-25。

表9-25 装饰工程的垂直运输定额编排分组

建筑物檐口高度(m以内)	20	40	60	80	100
定额编排分组 (每20m一段)/m	20以内	20以内	20以内	20以内	20以内
	—	20~40	20~40	20~40	20~40
	—	—	40~60	40~60	40~60
	—	—	—	60~80	60~80
	—	—	—	—	80~100

9.4.2 计算规则

垂直运输工程量计算的清单规则和定额规则见表9-26。

表9-26 垂直运输工程量计算规则

清单项目	清单规则	定额项目	定额规则
垂直运输	1. 按建筑面积计算 2. 按施工工期日历天数计算	建筑物垂直运输	区别建筑物的不同结构类型、檐高或层数,以设计室外地坪为界按建筑面积计算,执行相应定额
		构筑物垂直运输	按个数以座计算
		装饰装修工程垂直运输	根据装饰装修的楼层区别不同的垂直运输高度,按不同高度的定额人工工日为单位计算

9.4.3 相关规定

1. 建筑物垂直运输

1) 工作内容包括单位工程在合理工期内完成全部工程项目所需的垂直运输机械台班,

但不包括大型机械的场外往返运输、一次安拆及路基铺垫和轨道铺拆的费用。

2）定额将垂直运输按建筑物的功能、结构类型、檐高、层数等划分项目。其中以檐高和层数两个指标同时界定的项目，当檐高达到上限而层数未达时以檐高为准，当层数达到上限而檐高未达时以层数为准。

3）檐高是指设计室外地坪至檐口滴水的高度（平屋顶是指屋面板底高度），突出主体建筑物屋顶的电梯机房、楼梯出入间、水箱间、瞭望塔、排烟机房等不纳入檐口高度计算（此规定与清单规范相同）。层数是指建筑物层高不小于 2.2m 的自然分层数，地下室高（深）度、层数不纳入层数计算。

4）同一建筑物上下层结构类型不同时，按不同结构类型分别计算建筑面积套用相应定额，檐高或层数以该建筑物的总檐高或总层数为准。同一建筑物檐高不同时，按建筑物的不同檐高做纵向分割，分别计算建筑面积，执行不同檐高的相应定额。

5）定额中现浇框架是指柱、梁、板全部为现浇的钢筋混凝土框架结构，当部分现浇时按现浇框架定额乘系数 0.96。

6）单层钢结构、预制钢筋混凝土柱、钢屋架的单层厂房按预制排架定额计算。

7）多层钢结构按其他结构定额乘系数 0.5。

8）砖混结构设计高度超过 20m 时，按 20m 高度的相应子项目乘系数 1.10。

9）型钢混凝土结构按现浇框架结构定额乘系数 1.20。

10）建筑物加层按所加层部分的建筑面积计算，檐高或层数按加层后的总檐高或总层数计算。

11）建筑物带地下室者，以室内设计地坪为界分别执行"设计室外地坪"以上及以下相应定额。

12）建筑物带一层地下室的，地下室结构地坪高至设计室外地坪标高间的平均高度大于 3.6m 者执行一层定额；平均高度不大于 3.6m 者，按一层定额乘系数 0.75 计算。

13）单独地下室按以下规定执行"设计室外地坪以下"相应定额：

①单层地下室，平均深度（地下室结构地坪标高至设计室外地坪标高）超过 3.6m 者。

②单层地下室，平均深度（地下室结构地坪标高至设计室外地坪标高）不大于 3.6m 者，按一层定额乘系数 0.75 计算。

③层数在二层及以上的地下室。

14）同一地下室层数不同时，按地下室的不同层数做纵向分割，分别计算建筑面积，执行不同层数的相应定额。

15）设计室外地坪以上，垂直运输高度 3.6m 以下的单层建筑物不计算垂直运输费用。

16）层高 2.2m 以下的设备管道层、技术层、架空层等按围护结构外围水平投影面积乘 0.5 系数并入相应垂直运输高度的面积内计算。

17）定额中的现浇框架结构适用于现浇框架、框剪、筒体、剪力墙结构、型钢混凝土结构；其他结构适用于除砖混结构、现浇框架、框剪、筒体、剪力墙结构、型钢混凝土结构、滑模施工、钢结构及预制排架以外的结构。

18）定额中混凝土按非泵送编制，主体或全部工程使用泵送混凝土时，垂直运输按相应子项目乘系数 0.9 计算；部分使用泵送混凝土的工程，不计算混凝土泵送费，垂直运输不做调整。

19) 房屋建筑工程不包括装饰装修工程时，垂直运输按相应子项目乘系数 0.9491 计算。

20) 同一建筑物有多个系数时，按连乘计算。

2. 构筑物垂直运输

构筑物的高度是指设计室外地坪至构筑物本体最高点之间的距离。超过规定高度时再按每增高 1m 定额计算，超过高度不足 0.5m 时舍去不计。

3. 装饰装修工程的垂直运输

1) 装饰装修工程垂直运输仅适用于独立承包的装饰装修工程或二次装饰装修工程。

2) 工作内容包括在合理工期内完成装饰装修工程范围所需的垂直运输机械台班，不包括机械场外往返运输、一次安拆等费用。

3) 装饰装修工程中建筑物檐高、层数的判定与建筑物垂直运输相同。

4) 同一建筑物檐高不同时，按不同檐高做纵向分割分别计算，执行不同檐高的相应定额。

5) 独立承包全部室内及室外的装饰装修工程，檐高以该建筑物的总檐高或所施工的最大高度为准，执行不同高度定额；独立分层承包的室内装饰装修工程，檐高以所施工的最高楼层地面标度为准，执行所在楼层（高度）的定额；独立承包的外立面装饰装修工程，檐高以所施工的高度为准，区别不同高度分别计算。

6) 带地下室的建筑物以室内设计地坪为界分别执行"设计室外地坪"以上及以下相应定额。无地下室的建筑物执行"设计室外地坪"以上的相应定额。

7) 单独的地下室，层数为二层及以上或单层地下室高度（地下室结构地坪高至设计室外地坪高）超过 3.6m 时，执行"设计室外地坪"以下相应定额。

8) 设计室外地坪以上，高度 3.6m 以内的单层建筑物，不计算垂直运输费；带一层地下室垂直运输高度小于 3.6m 的建筑按一层以内定额乘以系数 0.75 计算。

9) 层高小于 2.2m 的技术层不计算层数，装饰工程量并入总工程量计算。

9.4.4 计价实例

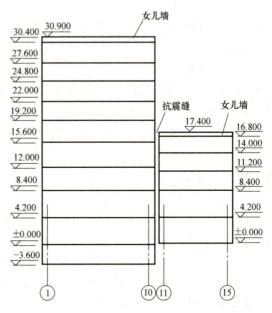

图 9-5 某现浇框架结构综合楼示意图

【例 9-13】 某现浇框架结构综合楼如图 9-5 所示，室外设计地坪标高为 ±0.000，图中①~⑩轴线部分为地上 9 层，地下 1 层，每层建筑面积为 1000m²，其中地下室及 1~4 层为商场，5~9 层为住宅。⑪~⑮轴线部分地上 1~2 层为商场，3~5 层为住宅，每层建筑面积为 500m²。若现场采用塔式起重机进行垂直运输，试套价计算垂直运输费用。

【解】 1) 工程量清单编制。根据《国家计量规范》附录 S，编制该措施项目的工程量清单，见表 9-27。

表 9-27 措施项目工程量清单

项目编码	项目名称	项目特征	计量单位	工程数量
011703001001	垂直运输	1. 建筑类型及结构形式:综合楼、现浇框架结构 2. 地下室建筑面积:1000m² 3. 建筑物檐口高度、层数:30.04m、9层	m²	12500

2) 工程量计算。地下室部分建筑面积为 $1000m^2$。设计室外地坪以上 30m 以内部分建筑面积为

$$(1000 \times 9 + 500 \times 5) m^2 = 11500 m^2$$

总建筑面积为:$(1000 + 11500) = 12500 m^2$

3) 查用单位估价表。某省计价定额中的垂直运输项目单位估价表见表 9-28~表 9-30。

表 9-28 垂直运输项目单位估价表 (一)　　　计量单位:100m²

定额编号			01150458	01150459	01150460	01150461
项目名称			设计室外地坪以下(层数)			
			1层	2层以内	3层以内	4层以内
基价/元			3735.71	2903.46	2612.83	2225.95
其中	人工费/元		—	—	—	—
	材料费/元		—	—	—	—
	机械费/元		3735.71	2903.46	2612.83	2225.95
	名称	单位	单价/元	数量		
机械	自升式塔式起重机 (600kN·m)	台班	471.80	7.918	6.154	5.538	4.718

表 9-29 垂直运输项目单位估价表 (二)　　　计量单位:100m²

定额编号			01150462	01150463	01150464	01150465	01150466
项目名称			设计室外地坪以上,20m(6层)以内				
			砖混结构		现浇框架		其他结构
			卷扬机	塔式起重机	卷扬机	塔式起重机	
基价/元			1657.57	1877.58	2209.55	2503.45	2214.59
其中	人工费/元		—	—	—	—	—
	材料费/元		—	—	—	—	—
	机械费/元		1657.57	1877.58	2209.55	2503.45	2214.59
	名称	单位	单价/元	数量			
机械	自升式塔式起重机(600kN·m)	台班	471.80		1.638		2.184	1.932
	电动单筒快速卷扬机(综合)	台班	202.34	8.192	5.460	10.920	7.280	6.440

表 9-30 垂直运输项目单位估价表 (三)　　　计量单位:100m²

定额编号			01150473	01150474	01150475	01150476
项目名称			设计室外地坪以上,20m(6层)以上			
			檐口高度 m(层数)以内			
			30(10)	40(13)	50(16)	60(19)
基价/元			3858.69	4163.98	4441.66	4714.35
其中	人工费/元		123.22	189.66	238.53	273.73
	材料费/元		—	—	—	—
	机械费/元		3735.47	3974.32	4203.13	4440.62

(续)

	名称	单位	单价/元	数量			
机械	自升式塔式起重机(800kN·m)	台班	527.59	2.891	2.969	3.082	3.211
	电动单筒快速卷扬机(综合)	台班	202.34	9.640	9.910	10.269	10.716
	单笼施工电梯(75m)	台班	259.38	0.960	1.489	1.846	2.138
	无线电调频对讲机 CI5	台班	5.54	1.922	2.979	3.691	4.277

4) 综合单价计算。地下室部分套用表 9-28 中定额（01150458），设计室外地坪以上 30m 以内部分套用表 9-30 中定额（01150473），综合单价计算过程在表 9-31 中完成。

5) 垂直运输费用计算。垂直运输费用为

$$(12500 \times 40.67)元 = 508375元$$

表 9-31 单价措施项目综合单价分析

序号	项目编码	项目名称	计量单位	工程量	清单综合单价组成明细								综合单价/元
					定额编号	定额名称	定额单位	数量	单价/元			合价/元			
									人工费	材料费	机械费	人工费	材料费	机械费	
1	011703001001	垂直运输	m²	12500	01150458	地下一层	100m²	0.0008	—	—	3735.71	—	—	2.99	0.13	
					01150474	地上40m以内	100m²	0.0092	189.66	—	3974.32	1.74	—	36.56	2.47	42.99
					小计							1.74	—	38.65	2.60	

6) 特别说明。注意到套用定额（01150473）时，定额中给出了自升式塔式起重机（800kN·m）和单笼施工电梯（75m）两种施工机械，则按本章 9.6 节的规定，应计取这两种大型机械的"大型机械设备进出场及安拆费"，包括塔式起重机和施工电梯各自的基础、一次安装及拆除、一次场外运输等费用，也就是应计算"大机六项费"。

【例 9-14】 某办公楼 8~13 层室内装饰工程单独承包施工，每层层高为 3m，办公楼檐高为 39.6m。按某地现行工程造价计价依据计算出楼层所有装饰装修工程的人工费为 25.552 万元，人工工日单价为 63.88 元/工日，试求装饰工程垂直运输费。

【解】 1) 装饰工程垂直运输的工程量 =（255520÷63.88）工日 = 4000 工日

2) 查用当地计价定额中装饰装修工程垂直运输的单位估价表见表 9-32。

表 9-32 装饰工程垂直运输的单位估价表（节录）　　计量单位：100 工日

定额编号		01150551	01150552	01150553	01150554	01150555
项目		建筑物檐口高度(m 以内)				
		40		60		
		垂直运输高度/m				
		20 以内	20~40	20 以内	20~40	40~60
基价/元		765.37	849.09	1067.09	1184.07	1261.11
其中	人工费/元	—	—	—	—	—
	材料费/元	—	—	—	—	—
	机械费/元	765.37	849.09	1067.09	1184.07	1261.11

（续）

	名称	数量				
机械	单笼施工电梯	2.067	2.282	4.114	4.565	4.862
	电动单筒卷扬机	2.067	2.282	—	—	—

注：教师尽可能采用当地"计价定额"教学。

3）套用表9-32中定额（01150552）的单价，计算过程在表9-33中完成。

4）装饰装修工程垂直运输费为

$$（4000×8.85）元 = 35400元$$

表9-33 单价措施项目综合单价分析

序号	项目编码	项目名称	计量单位	工程量	清单综合单价组成明细									综合单价/元
					定额编号	定额名称	定额单位	数量	单价/元			合价/元			
									人工费	材料费	机械费	人工费	材料费	机械费	管理费和利润	
1	011703001002	垂直运输	天	4000	01150552	20~40m	100工日	0.0100	—	—	849.09	—	—	8.49	0.36	8.85
					小计									8.49	0.36	

9.5 超高施工增加

现代建筑普遍高度超过20m，所以计算超高施工增加费是必需的。超高施工增加费在《国家计量规范》中列入措施费中，以m^2为单位进行综合计价。

9.5.1 项目划分

1. 清单分项

《国家计量规范》将超高施工增加列为1个项目，见表9-34。

表9-34 超高施工增加（编码：011704）

项目编码	项目名称	项目特征	计量单位	工程量计算规则	工作内容
011704001001	超高施工增加	1. 建筑物建筑类型及结构形式 2. 建筑物檐口高度、层数 3. 单层建筑物檐口高度超过20m，多层建筑物超过6层部分的建筑面积	m^2	详见表9-35	1. 建筑物超高引起的人工工效降低以及由于人工工效降低引起的机械效降 2. 高层施工用水加压水泵的安装、拆除及工作台班 3. 通信联络设备的使用及摊销

注：1. 单层建筑物檐口高度超过20m，多层建筑物超过6层时，可按超高部分的建筑面积计算超高施工增加。计算层数时，地下室不计入层数。
2. 同一建筑物有不同檐高时，可按不同高度的建筑面积分别计算建筑面积，以不同檐高分别编码列项。

2. 定额分项

1) 建筑物超高施工增加按檐高或层数的不同细分子项目，自 30m（10 层）以内开始，区分度是每增 10m（或 3 层）编列 1 个子项目。民用建筑最高到 210m（64 层），滑模施工最高到 150m（46 层），其他结构最高到 60m（19 层）。

2) 装饰工程在设计室外地坪以上的超高施工增加按檐高的不同，从 20~40m 开始，每增 20m 一段，最大高度到 200m，共细分为 9 个子项目。

3) 单层建筑物装饰工程的超高施工增加按檐高的不同，细分为 30m 以内、40m 以内、50m 以内 3 个子项目。

9.5.2 计算规则

建筑物超高施工增加工程量计算的清单规则和定额规则如表 9-35 所示。

表 9-35 超高施工增加工程量计算规则

清单项目	清单规则	定额项目	定额规则
超高施工增加	按建筑物超高部分的建筑面积计算	建筑物超高施工增加	按设计室外地坪 20m（层数 6 层）以上的建筑面积计算
		装饰工程超高施工增加	根据装饰工程所在高度（包括楼层所有装饰装修工程量）以定额人工费与定额机械费之和按降效系数计算

9.5.3 相关规定

1. 建筑物超高施工增加

1) 本定额适用于建筑物檐高超过 20m（层数 6 层以上）的工程，内容包括施工降效、施工用水加压、脚手架加固等费用。

2) 建筑物檐高是指设计室外地坪至檐口滴水的高度（平屋顶是指屋面板底高度），突出主体建筑物屋顶的电梯机房、楼梯出入间、水箱间、瞭望塔、排烟机房等不纳入檐口高度计算。层数是指建筑物层高不小于 2.2m 的自然分层数，地下室高（深）度、层数不纳入层数计算。

3) 高度在 20m 以上，层高 2.2m 以内的管道层、技术层、架空层等按围护结构外围面积乘 0.5 系数并入相应高度的面积内计算。

4) 同一建筑物檐高不同时，按不同檐高的建筑面积分别计算，执行相应定额。

5) 建筑物 20m 以上的层高超过 3.6m 时，每增高 1m（包括 1m 以内），按相应定额乘系数 1.25。

6) 建筑物高度虽超过 20m，但不足一层的，高度每增高 1m，按相应定额乘系数 0.25 计算。超过高度不足 0.5m 舍去不计。

7) 按 GB/T 50353—2013《建设工程建筑面积计算规范》应计算建筑面积的出屋面的电梯机房、楼梯出口间等的面积与相应超高的建筑面积合并计算，执行相应定额。

2. 装饰工程超高施工增加

1) 装饰装修工程超高增加费仅适用于独立承包的装饰装修工程或二次装饰装修

工程。

2) 同一建筑物檐高不同时，按不同檐高计算。

9.5.4 计价实例

【例 9-15】 某 18 层现浇框架结构住宅楼，带一层地下室，室外设计地坪标高为 -0.600m，每层层高均为 3m，檐口高度为 54.6m，每层建筑面积为 1000m²。试求该建筑物超高施工增加费。

【解】 1) 判断建筑物是否超高。

从已知条件可推断，该建筑物在第 7 层超高，高度为 21.6m（即 0.6m+3.0m×7），而第 7 层实际超过 1.6m，可按相应定额乘系数 0.25×2 计算；第 8~18 层，共 11 层应逐层计算超高增加费。

2) 工程量计算。

清单工程量按建筑物超高部分的建筑面积以 m² 计算，计算第 7~18 层，得

$$1000\text{m}^2 \times 12 = 12000\text{m}^2$$

定额工程量按前述超高判断计算，得

$$(1000 \times 0.25 \times 2 + 1000 \times 11)\text{m}^2 = 11500\text{m}^2$$

3) 工程量清单编制。

根据《国家计量规范》，编制措施项目的工程量清单，见表 9-36。

表 9-36 措施项目工程量清单

序号	项目编码	项目名称	项目特征	计量单位	工程数量
1	011704001001	超高施工增加	1. 建筑物建筑类型及结构形式:住宅、框架结构 2. 建筑物檐口高度、层数:54.6m、18 层 3. 单层建筑物檐口高度超过 20m，多层建筑物超过 6 层部分的建筑面积:12000m²	m²	12000

4) 查用单位估价表。

某地计价定额中建筑物超高增加费的单位估价表见表 9-37。

表 9-37 建筑物超高增加费的单位估价表（节录） 计量单位：100m²

定额编号		01150527	01150528	01150529	01150530	01150531
项目		檐高(层数)以内				
		30m(10)	40m(13)	50m(16)	60m(19)	70m(22)
基价/元		1213.59	1751.63	2662.87	3390.40	4165.32
其中	人工费/元	1033.83	1461.70	1932.37	2502.95	3131.84
	材料费/元	—	—	—	—	—
	机械费/元	179.76	289.93	730.50	887.45	1033.48

5) 综合单价计算。

采用列式计算法，套用表 9-37 中定额（01150530），超高施工增加费计算得：

人工费 =（11500/100×2502.95）元 = 287839.25 元

机械费 =（11500/100×887.45）元 = 102056.75 元

管理费 =（287839.25+102056.75×8%）元×33% = 97681.25 元

利润 =（106511.96+16669.63×8%）元×20% = 59200.76 元

综合单价 =（287839.25+102056.75+97681.25+59200.76）元/12000m²

= 546778.01 元/12000m²

= 45.56 元/m²

超高施工增加费 = 12000m²×45.56 元/m² = 546778.01 元

【例 9-16】 某单位办公楼 8~13 层室内装饰工程单独承包施工，每层层高为 3m，办公楼总高 39.6m。按某地现行工程造价计价规则计算出：分部分项工程费中的人工费为 40.34 万元，机械费为 20.19 万元，试求装饰工程的超高施工增加费。

【解】 1）查用某地计价定额中装饰工程超高施工增加费的单位估价表见表 9-38。

表 9-38 装饰工程超高增加费的定额消耗量　　　　计量单位：万元

定额编号		01150607	01150608	01150609	01150610	01150611
项目		建筑物檐口高度/m				
		20~40	40~60	60~80	80~100	100~120
名称	单位	数量				
人工降效系数	%	6.765	9.496	12.742	16.073	19.456
机械降效系数	%	0.630	0.649	0.633	0.702	0.769

2）套用表 9-38 中定额（01150607），采用列式计算法计算超高施工增加费，得

人工费 = 40.34 万元×6.765% = 2.729 万元

机械费 = 20.19 万元×0.630% = 0.127 万元

管理费 =（2.729+0.127×8%）万元×33% = 0.904 万元

利润 =（2.729+0.127×8%）万元×20% = 0.548 万元

超高施工增加费 =（2.729+0.127+0.904+0.548）万元 = 4.308 万元

9.6 大型机械设备进出场及安拆

大型机械设备进出场及安拆费又称为大机三项费，包括塔式起重机基础及轨道铺拆费用、特、大型机械每安装、拆卸一次费用及特、大型机械场外运输费用。但并非所有大型机械都有大机三项费，有些大型机械（如履带式推土机、履带式挖掘机、履带式起重机、强夯机械、压路机等）只计取场外运输费用一项。

9.6.1 项目划分

1. 清单分项

《国家计量规范》将大型机械设备进出场及安拆列为 1 个项目，见表 9-39。

表 9-39　大型机械设备进出场及安拆（011705）

项目编码	项目名称	项目特征	计量单位	工程量计算规则	工作内容
011705001	大型机械设备进出场及安拆	1. 机械设备名称 2. 机械设备规格型号	台次	详见表 9-40	1. 安拆费包括施工机械、设备在现场安装拆卸所需人工、材料、机械和试运转费用以及机械辅助设施的折旧、搭设、拆除等费用 2. 进出场费包括施工机械、设备整体或分体自停放地点运至施工现场或由一施工地点运至另一施工地点所发生的运输、装卸、辅助材料等费用

2. 定额分项

1）塔式起重机基础费用细分为固定式基础、轨道式基础 2 个子项目。

2）安装拆卸费用细分为 1000kN·m 以内自升式塔式起重机、2000kN·m 以内自升式塔式起重机、3000kN·m 以内自升式塔式起重机、75m 以内施工电梯、100m 以内施工电梯、200m 以内施工电梯、柴油打桩机、5000kN 以内静力压桩机、5000kN 以外静力压桩机、混凝土搅拌站、锚杆钻孔机、三轴搅拌桩机、旋挖钻机、长螺旋钻机 14 个子项目。

3）场外运输费细分为长螺旋钻机、$1m^3$ 以内履带式挖机、$1m^3$ 以外履带式挖机、90kW 以内履带式推土机、90kW 以外履带式推土机、30t 以内履带式起重机、30t 以外履带式起重机、90kW 以外强夯机械、5t 以内柴油打桩机、5t 以外柴油打桩机、压路机、锚杆钻孔机、5000kN 以内静力压桩机、5000kN 以外静力压桩机、1000kN·m 以内自升式塔式起重机、2000kN·m 以内自升式塔式起重机、3000kN·m 以内自升式塔式起重机、75m 以内施工电梯、100m 以内施工电梯、200m 以内施工电梯、混凝土搅拌站、三轴搅拌桩机、旋挖钻机、90kW 以内履带式拖拉机、90kW 以外履带式拖拉机 25 个子项目。

9.6.2　计算规则

大型机械设备进出场及安拆工程量计算的清单规则和定额规则见表 9-40。

表 9-40　大型机械设备进出场及安拆工程量计算规则

清单项目	清单规则	定额项目	定额规则
大型机械设备进出场及安拆	按使用机械设备的数量计算	塔式起重机固定式基础	按每座带配重计算
		塔式起重机轨道式基础	按双轨以 m 计算
		安装拆卸费用	按使用机械设备的数量以座或台次计算
		场外运输费	按使用机械设备的数量以台次计算

9.6.3　相关规定

1. 塔式起重机基础费用说明

1）塔式起重机轨道铺设是按直线型双轨确定的，已考虑了合理的铺设长度、轨重、枕木、鱼尾板、道砟等配件，并计算至道床。

2）塔式起重机轨道铺设为弧线形或直线形带转盘时，其基价乘以系数 1.15。

3）轨道长度计算：按建筑物或构筑物正面水平长度加 10m 计算（两个端头各增加 5m 的车挡长度）。

4）施工中采用钢轨枕或钢筋混凝土轨枕时，与表列枕木差价不做调整。

5）固定式塔式起重机基础，是按带配重基础确定的，并综合了各型塔式起重机基础，一般不做调整。

6）固定式塔式起重机基础未考虑地基处理。

7）施工电梯（不分单、双笼）固定式基础，参照固定式塔式起重机基础费用表执行。

2. 特、大型机械每安装拆卸一次费用说明

1）安拆费用中，已包括安装完毕后的试运转费用。

2）自升式塔式起重机安拆费按塔顶高 30m 为准。以后每增加塔身 10m（标准节）的安装和拆除，人工增加 12 个工日，本机增加 0.5 个台班。

3. 特、大型机械场外运输费用说明

1）场外运输费用分两种计算办法：

① 25km 以内，按定额及相关规定计算。

② 25km 以外，从 0km 开始，按货物运输价格计算。

2）25km 以内的场外运输，未考虑下列因素：

① 自行式特、大型机械场外运输，按其台班基价计算。

② 场外运输按白天正常作业条件确定。如在城市施工，按有关部门规定只能在夜间进入施工现场，其场外运输费按台次（班）基价乘以延时系数 1.20。

③ 拖式铲运机的场外运输费按相应规格的履带式推土机的台次基价乘以系数 1.10。

④ 场外运输费用中，未考虑因桥梁（包括立交桥）高度和荷载的限制以及其他客观原因引起的二次或多次解体装卸，发生时按实另计。

3）特、大型机械场外运输费只能计收一次；如需返回原基地，按合同约定执行。

4）建设项目或单项工程的特、大型机械场内运输，另按有关规定执行。

5）场外运输（35km≥L（运距）>25km）可按 25km 以内表列的机械费增加 15%，当 L（运距）>35km 时按当地汽车运价规定计算。

6）20kN·m 以内、60kN·m 以内塔式起重机的安拆费用以包括在其台班单价内。

7）自升式塔式起重机的附着臂（附墙）安拆费，按每道人工增加 10 个工日计算。

8）20kN·m 以内自升式塔式起重机塔高 30m 以上的标准节运输，每 4 个标准节计 1.2 个工日、8t 载货轮式起重机 1.2 台班、16t 轮式起重机 0.6 台班。

9）松土机、除根机、湿地推土机的场外运输费按相应规格的履带式推土机计算。

10）自升式塔式起重机的附着装置的运输费用未包括，发生时按实另计。

11）以下施工机械的试车台班可按下列单价计算：

① 室外施工电梯 75m：188.94 元/台班。

② 室外施工电梯 100m：206.27 元/台班。

③ 室外施工电梯 200m：261.49 元/台班。

④ 自升式塔式起重机 1000kN·m：540.40 元/台班。

⑤ 自升式塔式起重机 2000kN·m：849.59 元/台班。

⑥ 自升式塔式起重机 3000kN·m：1162.47 元/台班。

4. 管理费和利润

大型机械设备进出场及安拆不计取管理费和利润。

9.6.4 计价实例

【例 9-17】 某 15 层现浇框架结构住宅，总高 45.6m，工程采用 1 台塔式起重机（800kN·m）和 1 台单笼施工电梯（75m）进行垂直运输，现场做固定式基础，场外运输在 25km 以内，夜间进入施工现场，试套价计算大机三项费。

【解】 1）查用单位估价表。

某省计价定额中的大机三项费相关项目单位估价表见表 9-41。

2）大机三项费计算。

由于当地规定大机三项费不计取管理费和利润，也可以直接采用定额基价计算。套用表 9-41 中相关定额的定额基价，则大机三项费列式计算结果如下。

套用 01150619 塔式起重机的固定式基础费：（5579.83×1）元 = 5579.83 元

表 9-41 大机三项费单位估价表

定额编号		01150619	01150621	01150649	01150624	01150652
项目名称		塔式起重机			施工电梯	
		固定式基础	安装拆卸费用	场外运输费用	安装拆卸费用	场外运输费用
		带配重	100kN·m 以内		75m 以内	
计量单位		座	座	台次	座	台次
基价/元		5579.83	23419.81	51543.79	7721.91	8158.45
其中	人工费/元	1724.76	7665.60	2555.20	3449.52	638.80
	材料费/元	3700.48	326.80	405.99	61.92	400.29
	机械费/元	154.59	15427.41	48582.60	4210.47	7119.36

注：教师尽可能采用当地"计价定额"教学。

套用 01150621 塔式起重机的安装拆卸费用：（23419.81×1）元 = 23419.81 元
套用 01150649 塔式起重机的场外运输费用：（51543.79×1×1.2）元 = 61852.55 元
借用 01150619 施工电梯的固定式基础费：（5579.83×1）元 = 5579.83 元
套用 01150624 施工电梯的安装拆卸费用：（7721.91×1）元 = 7721.91 元
套用 01150652 施工电梯的场外运输费用：（8158.45×1×1.2）元 = 9790.14 元
合计：（5579.83+23419.81+61852.55+5579.83+7721.91+9790.14）元 = 113944.07 元
综合单价为：113944.07 元/台次

习题与思考题

1. 某 8 层框架结构综合楼，一层层高为 4.8m，其余各层层高均为 3.6m，室外地坪标高为 -0.450m，女儿墙高 0.9m。每层建筑面积均为 2500m²（无阳台），楼梯间面积为 120m²，电梯井（4 座）面积为 80m²。钢筋混凝土带形基础底面积为 800m²（深 1.9m）。全部楼（屋）面板均为现浇，板厚 12cm，天棚抹灰，室内净面积为 1800m²。试列项计算脚手架工程量并套价计算脚手架费用。

2. 某建筑物平、立、剖面图如图 8-10 所示，假设每层层高为 3.6m，试计算该建筑物施工时的外脚手架费用。

3. 某混凝土带形基础如图 6-50 和图 6-51 所示。假设施工方案确定基础采用组合钢模板，试计算模板工程的费用。

4. 混凝土杯形基础如图 4-24 所示，试计算模板工程量。

5. 某 12 层框架结构住宅楼，带 1 层地下室，室外设计地坪标高为 -0.600m，层高均为 3m，每层建筑面积为 980m²。现场采用 1 台塔式起重机（800kN·m）和 1 台单笼施工电梯（75m）进行垂直运输，做固定式基础，场外运输在 25km 以内，夜间进入施工现场。试套价计算垂直运输、大机三项费和超高施工增加费。

6. 某 18 层办公楼，檐口高度为 54.6m，15~18 层室内装饰工程单独分包，按当地现行工程造价计价规则计算出：分部分项工程费中的人工费为 82.56 万元（人工工日单价取定为 63.88 元/工日），机械费为 42.37 万元，试套价计算装饰工程的垂直运输费、超高施工增加费。

第 10 章
工程量清单编制与计价示例

> **教学要求：**
> - 熟悉工程量清单计价的操作步骤。
> - 掌握读图、列项的方法。
> - 熟悉工程量清单文件的组成。
> - 熟悉招标控制价文件的组成。
> - 能举一反三形成工程计价的基本能力。

为了更好地理解前面所学内容，并从总体上掌握工程预算的编制方法，本章以某办公用房工程为例，介绍工程清单编制与计价，特别是工程量计算的详细过程。

10.1 工程设计文件

10.1.1 施工图

××街道办事处办公用房工程平面图和剖面图如图 5-9 所示，其余施工图如图 10-1～图 10-6 所示。

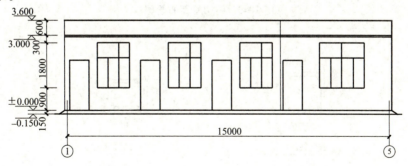

图 10-1 立面图

10.1.2 设计说明

1) 该工程为单层砖混结构，M5.0 混合砂浆砌 1 砖内外墙及女儿墙，在檐口处设 C25 钢筋混凝土圈梁一道（240mm×300mm），在外墙四周设 C25 钢筋混凝土构造柱。

2) 基础采用现浇 C25 钢筋混凝土带形基础、M5.0 水泥砂浆砌砖基础；C25 钢筋混凝土地圈梁。

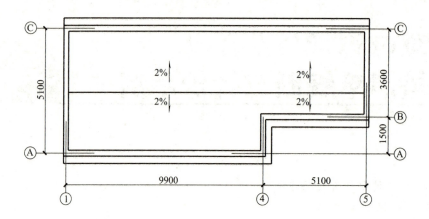

图 10-2 屋顶平面图

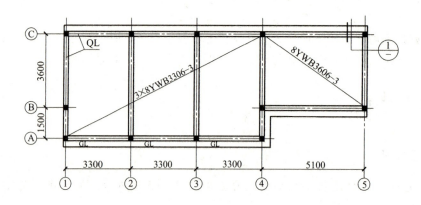

图 10-3 结构平面布置图

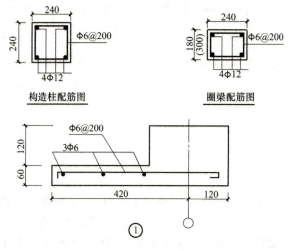

图 10-4 结构配筋图

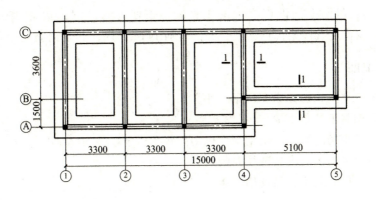

图 10-5 基础平面图

3) 屋面做法。

面层:细砂撒面。

防水层:二毡三油改性沥青卷材防水。

找平层:1:2 水泥砂浆 20mm 厚。

找坡层:1:6 水泥炉渣找坡(最薄处厚 20mm)。

基层:预应力空心板。

落水管:φ110mm UPVC 塑料管。

4) 室内装修做法。

① 地面。

面层:1:2.5 带嵌条水磨石面,15mm 厚。

找平层:1:2 水泥砂浆,25mm 厚。

垫层:C10 混凝土,80mm 厚。

基层:素土夯实。

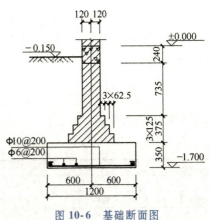

图 10-6 基础断面图

② 踢脚线:高 150mm,做法同地面面层。

③ 内墙面:混合砂浆打底,面层刮双飞粉 2 遍,乳胶漆 1 遍。

④ 天棚面。

基层:预制板底面清刷、补缝。

面层:抹混合砂浆底,面层刮双飞粉 2 遍。

5) 室外装修做法。

① 外墙面:抹水泥砂浆底,普通水泥白石子水刷石面层。

② 室外散水:干铺碎石垫层,100mm 厚。C10 混凝土提浆抹光,60mm 厚,600mm 宽。建筑油膏填缝。

6) 门窗统计表见表 10-1(木门刷聚氨酯漆三遍)。

表 10-1 门窗统计表

门窗名称	代号	洞口尺寸/(mm×mm)	数量/樘	单樘面积/m²	合计面积/m²
单扇无亮无纱镶板门	M1	900×2000	4	1.8	7.2
双扇铝合金推拉窗	C1	1500×1800	6	2.7	16.2
双扇铝合金推拉窗	C2	2100×1800	2	3.78	7.56

7) 门窗过梁：门洞上加设现浇混凝土过梁，长度为洞口宽每边加 250mm，断面为 240mm×120mm。窗洞上凡圈梁代过梁处，底部增加 1Φ14 钢筋，其余钢筋配置同圈梁。

10.1.3 施工说明

1) 场地土为三类土，已完成"三通一平"。
2) 现场搭设钢制里外脚手架。
3) 该工程不发生场内运土，余土均用机动翻斗车运至场外 500m 处。
4) 预制板由承包人采购成品现场安装。
5) 门窗均由承包人采购成品现场安装。

10.2 工程量计算

根据《国家计量规范》和《基础定额》，该工程项目划分及工程量计算见表 10-2 ~ 表 10-13。

10.2.1 基数计算

基数计算见表 10-2。

表 10-2 基数计算

序号	名称	计算式	单位	数量
1	建筑面积	$S_{建}=(3.3\times3+5.1+0.24)\times(1.5+3.6+0.24)-5.1\times1.5$	m²	73.73
2	外墙中心线	$L_{中}=(15+5.1)\times2$	m	40.2
3	外墙外边线	$L_{外}=(15.24+5.34)\times2$	m	41.16
4	内墙中心线	$L_{内}=(3.6+1.5)\times2+3.6$	m	13.8

10.2.2 土石方工程量计算

土石方工程量计算见表 10-3。

表 10-3 土石方工程量计算

序号	项目编码	项目名称	计算式	单位	工程量
1	010101001001	平整场地	清单量：$S_{场}=S_{建}=73.73m^2$ 定额量：$S_{场}=(73.73-41.16\times2+16)m^2=172.05m^2$	m²	73.73
2	010101003001	挖沟槽土方	挖深：$H=(1.7-0.15)m=1.55m$，基底宽：$B=1.2m$ 内墙基底净长：$L_{基}=(13.8-0.6\times6)m=10.2m$ 挖土清单量： $V_Q=(L_{中}+L_{基})BH$ $=[(40.2+10.2)\times1.2\times1.55]m^3$ $=90.72m^3$ 挖土定额量：（三类土，$k=0.33$，$C=0.3m$） $V_d=(L_{中}+L_{基})(B+2C+kH)H$ $=[(40.2+10.2)\times(1.2+2\times0.3+0.33\times1.55)]\times1.55]m^3=180.57m^3$	m³	90.72

（续）

序号	项目编码	项目名称	计算式	单位	工程量
3	010103001001	回填方（室内）	内墙净长：$L_{净}=(13.8-0.12×6)\text{m}=13.08\text{m}$ 室内净面积：$S=[73.73-(40.2+13.08)×0.24]\text{m}^2=60.94\text{m}^2$ 回填土厚：$H=(0.15-0.12)\text{m}=0.03\text{m}$ $V_{填}=SH=(60.94×0.03)\text{m}^3=1.83\text{m}^3$	m³	1.83
4	010103001002	回填方（基础）	从表10-5知混凝土带形基础：$V_{基}=V_{基埋}=21.17\text{m}^3$ 从表10-4知砖基础埋入量：$V_{砖基}=19.18\text{m}^3$ 地圈梁埋入量：$V_{砖梁}=[(40.2+13.08)×0.24×(0.24-0.15)]\text{m}^3=1.15\text{m}^3$ 室外地坪下埋入量：$V_{埋}=(21.17+19.18+1.15)\text{m}^3=41.5\text{m}^3$ 清单量：$V_{填清}=V_{挖}-V_{埋}=(90.72-41.5)\text{m}^3=49.22\text{m}^3$ 定额量：$V_{填定}=V_{挖}-V_{埋}=(180.57-41.5)\text{m}^3=139.07\text{m}^3$ 余土外运量：$[180.57-(1.83+139.07)×1.15]\text{m}^3=18.54\text{m}^3$	m³	49.22

10.2.3 砌筑工程量计算

砌筑工程量计算见表10-4。

表10-4 砌筑工程量计算

序号	项目编码	项目名称	计算式	单位	工程量
5	010401001001	砖基础（直形）	外墙中心线：$L_{中}=40.2\text{m}$ 内墙净长线：$L_{净}=(13.8-0.12×6)\text{m}=13.08\text{m}$ 断面面积：$F=[(0.375+0.735)×0.24+0.0625×4×0.375]\text{m}^2=0.36\text{m}^2$ $V_{砖基}=[(40.2+13.08)×0.36]\text{m}^3=19.18\text{m}^3$	m³	19.18
6	010401003001	实心砖墙	外墙中心线（扣构造柱）：$L_{中}=(40.2-0.3×11)\text{m}=36.9\text{m}$ 内墙净长线（扣构造柱）：$L_{净}=[13.8-(0.12+0.03)×6]\text{m}=12.9\text{m}$ 外墙高（扣圈梁）：$H_{外}=(3.0-0.3+0.6)\text{m}=3.3\text{m}$ 内墙高（扣圈梁）：$H_{内}=(3.0-0.3)\text{m}=2.7\text{m}$ 应扣门窗洞面积：取表10-1数字相加得 $S_{门窗}=(7.2+16.2+7.56)\text{m}^2=30.96\text{m}^2$ 应扣门洞独立过梁体积（在表10-5算得）： $V_{GL2}=0.132\text{m}^3$ 则内外墙体：$V_{墙}=(L_{中}H_{外}+L_{净}H_{内}-S_{门窗})×墙厚-V_{GL2}$ $=[(36.90×3.3+12.90×2.7-30.96)×0.24-0.132]\text{m}^3$ $=30.02\text{m}^3$	m³	30.02

10.2.4 混凝土工程量计算

混凝土工程量计算见表10-5。

表 10-5 混凝土工程量计算

序号	项目编码	项目名称	计 算 式	单位	工程量
7	010501002001	现浇混凝土带形基础	外墙中心线：$L_{中}=40.2\text{m}$ 内墙基底净长线：$L_{基}=(13.8-0.6\times6)\text{m}=10.2\text{m}$ $V_{基}=[(40.2+10.2)\times1.2\times0.35]\text{m}^3=21.17\text{m}^3$	m^3	21.17
8	010502002001	现浇混凝土矩形构造柱	柱高：$H=(3.0+0.6-0.3)\text{m}=3.3\text{m}$ $V=[3.3\times(0.072\times5+0.0792\times6)]\text{m}^3=2.76\text{m}^3$	m^3	2.76
9	010503001001	现浇混凝土地圈梁	不扣构造柱所占体积，则 $V_{DL}=[(40.2+13.08)\times0.24\times0.24]\text{m}^3=3.07\text{m}^3$	m^3	3.07
10	010503004001	现浇混凝土圈梁	应扣窗洞圈过梁所占体积，则 外纵墙圈梁 $V_{QL1}=(15\times2\times0.3\times0.24-1.24)\text{m}^3=0.92\text{m}^3$ 外横墙圈梁 $V_{QL2}=[5.1\times2\times(0.18\times0.24+0.12\times0.12)]\text{m}^3$ $=0.59\text{m}^3$ 内墙圈梁　$V_{QL3}=(13.08\times0.18\times0.24)\text{m}^3=0.57\text{m}^3$ 圈梁工程量为：$V_{QL}=(0.92+0.59+0.57-1.24)\text{m}^3=0.84\text{m}^3$	m^3	0.84
11	010503005001	现浇混凝土过梁	窗洞上圈梁代过梁 $V_{GL1}=[(1.5+0.5)\times6+(2.1+0.5)\times2]\times0.3\times0.24\text{m}^3$ $=1.24\text{m}^3$ 门洞上独立过梁 $V_{GL2}=[(0.9+0.25)\times0.24\times0.12\times4]\text{m}^3=0.132\text{m}^3$ 过梁工程量：$V_{GL}=(1.24+0.132)\text{m}^3=1.37\text{m}^3$	m^3	1.37
12	010505007001	现浇混凝土挑檐	$L=[(15+0.24)\times2+1.5]\text{m}=31.98\text{m}$ $V=[31.98\times(0.42-0.12)\times0.06]\text{m}^3=0.58\text{m}^3$	m^3	0.58
13	010507001001	现浇混凝土散水	外墙外边线：$L_{中}=41.16\text{m}$　散水宽度：600mm 散水面积$=(41.16\times0.6+0.6\times0.6\times4)\text{m}^2=26.14\text{m}^2$ 干铺碎石垫层：$(26.14\times0.1)\text{m}^3=2.614\text{m}^3$ 建筑油膏填缝：41.16m	m^2	26.14
14	010512002001	预制混凝土空心板	查西南 G221 图集知：　YWB3306-3 每块混凝土量为 0.142m^3 则空心板混凝土工程量（考虑制作损耗）为 $V_B=[0.142\times3\times8\times(1+1.5\%)]\text{m}^3=(3.408\times1.015)\text{m}^3=3.46\text{m}^3$ 查西南 G221 图集知：　YWB3606-3 每块混凝土量为 0.155m^3 则空心板混凝土工程量（考虑制作损耗）为 $V_B=[0.155\times8\times(1+1.5\%)]\text{m}^3=(1.24\times1.015)\text{m}^3=1.26\text{m}^3$	m^3 m^3	4.72

10.2.5 钢筋工程量计算

钢筋工程量计算见表 10-6。

表 10-6 钢筋工程量计算

序号	项目编码	项目名称	计算式	单位	工程量
15	010515001001	现浇构件钢筋（圆钢 ϕ10mm 以内）	基础分布筋ϕ6@200 每段支数=(1.2-2×0.07)/0.2+1=7 ①~②轴线间长度=(3.3-2×0.6+2×40×0.006)m 　　　　　　　=2.58m ④~⑤轴线间长度=(5.1-2×0.6+2×40×0.006)m 　　　　　　　=4.38m Ⓑ~Ⓒ轴线间长度=(3.6-2×0.6+2×40×0.006)m 　　　　　　　=2.88m Ⓐ~Ⓑ轴线间长度=(1.5-2×0.6+2×40×0.006)m 　　　　　　　=0.78m 总长度=(2.58×7×6+4.38×7×5+2.88×7×2+0.78×7)m 　　　=307.44m 总质量=(307.44×0.222)kg=68.25kg 圈梁箍筋ϕ6@200 外纵墙圈梁： 单支长度=[(0.3+0.24)×2-(0.025-0.006)×8+2× 　　　　　11.9×0.006]m=1.071m 支数=[(3.3-0.24)/0.2+1]×6+[(5.1-0.24)/0.2+1]× 　　　2=154 其他墙圈梁： 单支长度=[(0.18+0.24)×2-(0.025-0.006)×8+2× 　　　　　11.9×0.006]m=0.83m 支数=[(5.1-0.24)/0.2+1]×3+[(3.6-0.24)/0.2+ 　　　1]×2+(1.5-0.24)/0.2+1=122 总长度=(1.071×154+0.83×122)m=266.19m 总质量=(266.19×0.222)kg=59.10kg 构造柱箍筋ϕ6@200 单支长度=[(0.24+0.24)×2-(0.025-0.006)×8+2× 　　　　　11.9×0.006]m=0.95m 支数=[(1.7-0.07+3.6-0.025)/0.2+1]×11 　　=297 总长度=(0.95×297)m=282.15m 总质量=(285.12×0.222)kg=62.64kg 挑檐受力筋ϕ6@200 单支长度=[0.42+0.12-2×0.025+2×(0.06-2× 　　　　　0.015)]m=0.55m 支数={(15+0.24-2×0.015)/0.2+1}×2+(1.5-2× 　　　0.015)/0.2+1=165 总长度=(0.55×165)m=90.75m 总质量=(90.75×0.222)kg=20.15kg 挑檐分布筋ϕ6@200 每段支数=3 A轴①~④段长度=(3.3×3+0.12+0.42-2×0.015)m 　　　　　　　=10.47m ④轴Ⓐ~Ⓑ段长度=(1.5+0.12+0.42-2×0.015)m=2.07m B轴④~⑤段长度=(5.1+0.12+0.42-2×0.015)m=5.67m C轴①~⑤段长度=(15+0.12+0.42-2×0.015)m=15.47m 总长度=[(10.47+2.07+5.67+15.47)× 　　　3]m=101.34m	kg	451.25

(续)

序号	项目编码	项目名称	计算式	单位	工程量
15	010515001001	现浇构件钢筋（圆钢φ10mm以内）	总质量＝[101.34×0.222]kg＝22.50kg 基础受力筋Φ10@200 单支长度：L＝(1.2-2×0.07+12.5×0.01)m ＝1.185m 支数：C轴＝(15+0.6-2×0.07)/0.2+1＝79 　　　A轴＝(9.9+0.6-2×0.07)/0.2+1＝53 　　　B轴＝(5.1+0.6-2×0.07)/0.2+1＝29 ①～④轴＝{(5.1+0.6-2×0.07)/0.2+1}×4 ＝116 ⑤轴(3.6+0.6-2×0.07)/0.2+1＝22 总支数＝79+53+29+116+22＝299 总长度＝(1.185×299)m＝354.32m 总质量＝(354.32×0.617)kg＝218.61kg	kg	451.25
16	010515001001	现浇构件钢筋（圆钢φ10mm以外）	圈梁受力筋4Φ12 L＝[(40.2+13.8)×4]m＝216m 总质量＝(216×0.888)kg＝191.81kg	kg	423.30
			构造柱受力筋4Φ12 L＝[(1.7-0.07+3.6-0.025+12.5×0.012)×4×11]m ＝235.62m 总质量＝(235.62×0.888)kg＝209.23kg	kg	
			圈过梁受力筋1Φ14 L＝[(1.5+0.5+12.5×0.012)×6+(2.1+0.5+12.5×0.012)×2]m＝18.4m 总质量＝(18.4×1.21)kg＝22.26kg	kg	
17	010515001002	预制构件钢筋（φ6mm以内）	查西南G221：YWB3306每块4.81kg，YWB3606每块6.65kg，则 G＝(4.81×24+6.65×8)kg＝168.64kg	kg	168.64

10.2.6 门窗工程量计算

门窗工程量计算见表10-7。

表10-7 门窗工程量计算

序号	项目编码	项目名称	计算式	单位	工程量
18	010801002001	木质门带套	见表10-1：木门数量4(樘),7.2m²	樘	4
19	010807001001	金属窗(1500mm×1800mm)	见表10-1：C1数量6(樘),16.2m²	樘	6
20	010807001002	金属窗(2100mm×1800mm)	见表10-1：C2数量2(樘),7.56m²	樘	2

10.2.7 屋面及防水工程量计算

屋面及防水工程量计算见表10-8。

10.2.8 楼地面工程量计算

楼地面工程量计算见表10-9。

表 10-8 屋面及防水工程量计算

序号	项目编码	项目名称	计算式	单位	工程量
21	010902001001	屋面卷材防水	按屋面净面积加女儿墙内壁上卷面积计算 屋面净面积:$(73.73-40.2\times0.24)m^2=64.08m^2$ 女儿墙上上卷高度:$H=0.25m$ 女儿墙内壁长度:$L=[(15-0.24+5.1-0.24)\times2]m=39.24m$ 则防水层工程量为:$S=(64.08+39.24\times0.25)m^2=73.89m^2$ 水泥砂浆找平层:$64.08m^2$ 1:6水泥炉渣找坡(最薄处厚10mm) 平均厚度:$[(5.1-0.24)/2\times0.02+0.01]m=0.0586m$ 找坡层:$V=(64.08\times0.0586)m^3=3.76m^3$	m^2	73.89
22	010902004001	屋面排水管	按外墙檐高以延长米计算得: $L=[(0.15+3.0)\times6(根)]m=18.9m$ 弯头6个,水斗6个,水口6个	m	18.9

表 10-9 楼地面工程量计算

序号	项目编码	项目名称	计算式	单位	工程量
23	011101002001	现浇水磨石楼地面	找平层及整体面层按室内地面净面积计算为: $S=[(3.3-0.24)\times(3.6+1.5-0.24)\times3+(5.1-0.24)\times(3.6-0.24)]m^2=60.94m^2$ 地坪垫层按室内地面净面积乘以厚度计算为: $(60.94\times0.08)m^3=4.88m^3$	m^2	60.94
24	011105001001	现浇水磨石踢脚线	按室内主墙间净长度的延长米计算为: $L_{净}=[(5.1-0.24+3.3-0.24)\times2\times3+(5.1-0.24+3.6-0.24)\times2]m=63.96m$ $S=(63.92\times0.15)m^2=9.59m^2$	m^2	9.59

10.2.9 墙面装饰工程量计算

墙面装饰工程量计算见表 10-10。

表 10-10 墙面装饰工程量计算

序号	项目编码	项目名称	计算式	单位	工程量
25	011201001001	砖墙面一般抹灰(混合砂浆)	内墙净长度:$L_{净}=63.92m$ 内墙面高:$H=(3.0-0.12)m=2.88m$ 应扣门窗洞面积(按门窗表统计):$S=30.96m^2$ 扣洞不增侧壁,则有 $S_{内}=(63.92\times2.88-30.96)m^2=153.13m^2$	m^2	153.13
26	011201001001	砖墙面一般抹灰(水泥砂浆)	外墙长度:$L_{外}=41.16m$ 外墙面高:$H=(0.15+3.6)m=3.75m$ $S_{外}=(41.16\times3.75-30.96)m^2=123.39m^2$	m^2	123.39
27	011201002001	墙面装饰抹灰	外墙长度:$L_{外}=41.16m$ 外墙面高:$H=(0.15+3.6)m=3.75m$ $S_{外}=(41.16\times3.75-30.96)m^2=123.39m^2$	m^2	123.39

(续)

序号	项目编码	项目名称	计算式	单位	工程量
28	011407001001	墙面喷刷涂料	内墙长度：$L_净=63.92m$ 内墙面高：$H=(3.0-0.12)m=2.88m$ 应扣门窗洞面积（按门窗表统计数）：$S=30.96m^2$ 扣洞不增侧壁，则有 $S_内=(63.92\times2.88-30.96)m^2=153.13m^2$	m^2	153.13

10.2.10 天棚装饰工程量计算

天棚装饰工程量计算见表10-11。

表10-11 天棚装饰工程量计算

序号	项目编码	项目名称	计算式	单位	工程量
29	011301001001	天棚抹灰	室内天棚按净面积为 $S=[(3.3-0.24)\times(3.6+1.5-0.24)\times3+(5.1-0.24)\times(3.6-0.24)]m^2=60.94m^2$ 挑檐板底面积为：$S=(31.98\times0.3)m^2=9.59m^2$	m^2	70.53
30	011407002001	天棚喷刷涂料	室内天棚按净面积为 $S=60.94m^2$ 挑檐板底面积为 $S=9.59m^2$	m^2	70.53

10.2.11 脚手架工程量计算

脚手架工程量计算见表10-12。

表10-12 脚手架工程量计算

序号	项目编码	项目名称	计算式	单位	工程量
1	011701002001	外脚手架	$[41.16\times(3.6+0.15)]m^2=154.35m^2$	m^2	154.35
2	011701003001	里脚手架	$[13.08\times(0.15+0.9+1.8)]m^2=37.28m^2$	m^2	37.28

10.2.12 混凝土模板工程量计算

混凝土模板工程量计算见表10-13。

表10-13 模板工程量计算

序号	项目编码	项目名称	计算式	单位	工程量
1	011702001001	基础	$(40.2\times0.35\times2-1.2\times0.35\times6+10.2\times0.35\times6)m^2=47.04m^2$	m^2	47.04
2	011702003001	构造柱	$[3.3\times(0.24+0.03\times2)\times6+3.3\times(0.24+0.03)\times5]m^2=10.40m^2$	m^2	10.40
3	011702005001	基础梁	$(40.2\times0.24\times2-0.24\times0.24\times6+13.08\times0.24\times6)m^2=37.79m^2$	m^2	37.79
4	011702008001	圈梁	$(40.2\times0.3\times2-0.3\times0.24\times6+13.08\times0.3\times6)m^2=47.23m^2$	m^2	47.23
5	011702009001	过梁	$[(0.9\times3+1.5\times6+2.1\times2)\times0.24]m^2=3.82m^2$	m^2	3.82
6	011702023001	悬挑板	$[15.24\times(0.42-0.12+0.06)\times2+(0.42-0.12)\times0.06\times4]m^2=11.04m^2$	m^2	11.04

10.3 工程量清单文件编制

10.3.1 分部分项工程量清单

根据《国家计量规范》有关规定及常规的做法要求,编制本例工程的分部分项工程量清单,见表 10-14。

表 10-14 分部分项工程量清单

工程名称:××街道办事处办公用房工程

序号	项目编码	项目名称	项目特征描述	计量单位	工程量	综合单价	合价	其中 人工费	其中 机械费	暂估价
							金额/元			
1	010101001001	平整场地	土壤类别:三类土	m²	73.73					
2	010101003001	挖沟槽土方	1. 土壤类别:三类土 2. 挖土深度:1.55m 3. 弃土运距:500m	m³	90.72					
3	010103001001	回填方(室内)	1. 密实度要求:大于95% 2. 填方材料品种:原土	m³	1.83					
4	010103001002	回填方(基础)	1. 密实度要求:大于95% 2. 填方材料品种:原土 3. 填方来源、运距:沟槽边	m³	49.22					
5	010401001001	砖基础	1. 砖品种、规格、强度等级:标准砖,240mm×115mm×53mm 2. 基础类型:带形 3. 砂浆强度等级:M5 水泥砂浆	m³	19.18					
6	010401003001	实心砖墙	1. 砖品种、规格、强度等级:标准砖,240mm×115mm×53mm 2. 墙体类型:直形实心墙 3. 砂浆强度等级、配合比:M5 混合砂浆	m³	30.02					
7	010501002001	带形基础	1. 混凝土种类:现场拌制 2. 混凝土强度等级:C25	m³	21.17					
8	010502002001	构造柱	1. 混凝土种类:现场拌制 2. 混凝土强度等级:C25	m³	2.76					
9	010503001001	基础梁(地圈梁)	1. 混凝土种类:现场拌制 2. 混凝土强度等级:C25	m³	3.07					
10	010503004001	圈梁	1. 混凝土种类:现场拌制 2. 混凝土强度等级:C25	m³	0.84					
11	010503005001	过梁	1. 混凝土种类:现场拌制 2. 混凝土强度等级:C25	m³	1.37					
12	010505007001	挑檐板	1. 混凝土种类:现场拌制 2. 混凝土强度等级:C25	m³	0.58					
13	010507001001	散水	1. 垫层材料种类、厚度:干铺碎石 100mm 2. 面层厚度:现浇混凝土 60mm	m²	26.14					

(续)

序号	项目编码	项目名称	项目特征描述	计量单位	工程量	综合单价	合价	人工费	机械费	暂估价
								其中		

序号	项目编码	项目名称	项目特征描述	计量单位	工程量	综合单价	合价	人工费	机械费	暂估价
13	010507001001	散水	3. 混凝土种类:现场拌制 4. 混凝土强度等级:C10 5. 变形缝填塞材料种类:建筑油膏	m²	26.14					
14	010512002001	空心板	1. 图代号:G221 2. 单件体积:0.142/0.155 3. 安装高度:3m 4. 混凝土强度等级:C30	m³	4.72					
15	010515001001	现浇构件钢筋	钢筋种类、规格:φ10mm以内	t	0.45					
16	010515001002	现浇构件钢筋	钢筋种类、规格:φ10mm以外	t	0.42					
17	010515002001	预制构件钢筋	钢筋种类、规格:冷拔钢丝φ10mm以内	t	0.17					
18	010801002001	木质门带套	1. 门代号及洞口尺寸:M1,900mm×2100mm; 2. 镶嵌玻璃品种、厚度:无	樘	4.00					
19	010807001001	金属(塑钢、断桥)窗	1. 窗代号及洞口尺寸:C1,1500mm×1800mm 2. 框、扇材质:铝合金 3. 玻璃品种、厚度:平板玻璃5mm	樘	6.00					
20	010807001002	金属(塑钢、断桥)窗	1. 窗代号及洞口尺寸:C2,2100mm×1800mm 2. 框、扇材质:铝合金 3. 玻璃品种、厚度:平板玻璃5mm	樘	2.00					
21	010902001001	屋面卷材防水	1. 卷材品种、规格、厚度:石油沥青玛蹄脂 2. 防水层数:一层 3. 防水层做法:二毡三油一砂	m²	73.89					
22	010902004001	屋面排水管	1. 排水管品种、规格:PVC塑料 2. 雨水斗、山墙出水口品种、规格:PVC塑料/铸铁水口 3. 接缝、嵌缝材料种类:密封胶	m	18.90					
23	011101002001	现浇水磨石楼地面	1. 找平层厚度、砂浆配合比:25mm厚,1∶2水泥砂浆 2. 面层厚度、水泥石子浆配合比:15mm厚,1∶2水泥白石子浆 3. 嵌条材料种类、规格:玻璃,3mm厚 4. 石子种类、规格、颜色:马牙石	m²	60.94					

（续）

序号	项目编码	项目名称	项目特征描述	计量单位	工程量	金额/元		其中		
						综合单价	合价	人工费	机械费	暂估价
23	011101002001	现浇水磨石楼地面	5. 颜料种类、颜色：白色 6. 图案要求：无 7. 磨光、酸洗、打蜡要求：要做	m²	60.94					
24	011105001001	水泥砂浆踢脚线	1. 踢脚线高度：150mm 2. 底层厚度、砂浆配合比：15mm厚,1:3水泥砂浆 3. 面层厚度、砂浆配合比：15mm厚,1:2水泥砂浆	m²	19.59					
25	011201001001	墙面一般抹灰	1. 墙体类型：砖墙、内墙面 2. 底层厚度、砂浆配合比：15mm厚,1:1:6水泥石灰砂浆 3. 面层厚度、砂浆配合比：5mm厚,1:1.4水泥石灰砂浆	m²	153.13					
26	011201001002	墙面一般抹灰	1. 墙体类型：砖墙、外墙面 2. 底层厚度、砂浆配合比：14mm厚,1:3水泥砂浆 3. 面层厚度、砂浆配合比：6mm厚,1:2水泥砂浆	m²	123.39					
27	011201002001	墙面装饰抹灰	1. 墙体类型：砖墙、外墙面 2. 装饰面材料种类：水刷白石子	m²	123.39					
28	011301001001	天棚抹灰	1. 基层类型：预制混凝土板 2. 抹灰厚度、材料种类：混合砂浆 3. 砂浆配合比：1:1:4	m²	70.53					
29	011401001001	木门油漆	1. 门类型：木门 2. 门代号及洞口尺寸：M1,900mm×2000mm 3. 腻子种类：润油粉 4. 刮腻子遍数：2遍 5. 油漆品种、刷漆遍数：聚氨酯漆3遍	樘	4.00					
30	011407001001	墙面喷刷涂料	1. 基层类型：砖墙抹灰面 2. 喷刷涂料部位：内墙面 3. 腻子种类：双飞粉 4. 刮腻子要求：2遍 5. 涂料品种、喷刷遍数：乳胶漆2遍	m²	153.13					
31	011407002001	天棚喷刷涂料	1. 基层类型：天棚抹灰面 2. 喷刷涂料部位：天棚 3. 腻子种类：双飞粉 4. 刮腻子要求：2遍	m²	70.53					

10.3.2 单价措施项目清单

根据《国家计量规范》的有关规定及本工程的做法要求,编制本工程单价措施项目清单,见表 10-15。

表 10-15 单价措施项目清单

工程名称:××街道办事处办公用房工程

序号	项目编码	项目名称	项目特征描述	计量单位	工程量	金额/元				
						综合单价	合价	其中		
								人工费	机械费	暂估价
1	011701003001	里脚手架	1. 搭设方式:井格架 2. 搭设高度:2.9m 内 3. 脚手架材质:钢管架	m²	37.28					
2	011701002001	外脚手架	1. 搭设方式:双排外架 2. 搭设高度:3.75m 3. 脚手架材质:钢管架	m²	154.35					
3	011702001001	基础模板	基础类型:带形	m²	47.04					
4	011702003001	构造柱模板		m²	10.40					
5	011702005001	基础梁模板	梁截面形状:240mm×240mm	m²	37.79					
6	011702008001	圈梁模板		m²	47.23					
7	011702009001	过梁模板		m²	3.82					
8	011702023001	悬挑板模板	1. 构件类型:挑檐板 2. 板厚度:60mm	m²	11.04					

10.4 投标报价文件编制

参照第 2 章施工图预算工程量清单计价方法,该工程应编制的计价文件见表 10-16~表 10-27(表格按成果文件装订顺序排列)。

表 10-16 封面

××街道办事处办公用房 工程
工程量清单报价表

投 标 人:＿＿××建筑工程有限公司＿＿(单位盖章)

法定代表人:＿＿＿＿×××＿＿＿＿

造价工程师:＿＿＿＿×××＿＿＿＿

编制时间: ×××× 年 6 月 30 日

表 10-17 投标总价

投标总价

招 标 人：_____××街道办事处_____

工程名称：_____办公用房工程_____

投标总价(小写)：_____231293.33 元_____

（大写）：_____贰拾叁万壹仟贰佰玖拾叁元叁角叁分_____

投 标 人：_____××建筑工程有限公司_____（单位盖章）

法定代表人：_____×××_____（签字或盖章）

编 制 人：_____×××_____（造价人员签字盖专用章）

时间：_____××××__年__6__月__30__日

表 10-18 总说明

工程名称：××街道办事处办公用房工程

一、建设项目设计资料依据及文号：
　1. ××省建筑设计院设计的××市××街道办事处办公用房工程施工图,图号:20140704
　2. ××市规划局批准的建设用地图,××规划字[2014]215 号
　3. ××市建委批准建设文件:×建建字[2014]315 号

二、采用的定额、费用标准,人工、材料、机械台班单价的依据
　1. 国家标准《建设工程工程量清单计价规范》(GB 50500—2013)
　2. 国家标准《房屋建筑与装饰工程工程量计算规范》(GB 50500—2013)
　3.《××省建设工程造价计价规则及机械仪器仪表台班费用定额》(DBJ53/T—58—2013)
　4.《××省房屋建筑与装饰工程消耗量定额》(×建标[2013]918 号)
　5.《××省××年第×期建筑材料及设备价格信息》

三、与预算有关的委托书、协议书、会议纪要的主要内容：
　1. ××市××街道办事处办公用房工程招标文件
　2. ××市××街道办事处办公用房工程招标工程量清单
　3. ××市××街道办事处办公用房工程图样交底会议纪要

四、总预算金额,钢材等主材的总用量：
　1. 总预算金额为 231293.33 元
　2. 钢材总用量为 1.065t
　3. 标准砖 25960 块

五、其他与预算有关但不能在表格中反映的事项：
　1. 因工程规模不大,未计取暂列金额
　2. 室外排水沟缺设计图,若需要做另行计算

表 10-19 单位工程投标报价汇总表

工程名称：××街道办事处办公用房工程

序号	汇 总 内 容	金额/元	其中:暂估价/元
1	分部分项工程费	196489.83	
1.1	人工费	32572.13	
1.2	材料费	144277.10	
1.3	设备费		

(续)

序号	汇总内容	金额/元	其中:暂估价/元
1.4	机械费	2277.76	
1.5	管理费	10808.90	
1.6	利润	6550.89	
2	措施项目费	17150.36	
2.1	单价措施项目费	10075.42	
2.1.1	人工费	4001.28	
2.1.2	材料费	3481.45	
2.1.3	机械费	452.50	
2.1.4	管理费	1332.36	
2.1.5	利润	807.50	
2.2	总价措施项目费	7074.94	
2.2.1	安全文明施工费	5126.06	
2.2.2	其他总价措施项目费	1948.88	
3	其他项目费		
3.1	暂列金额		
3.2	专业工程暂估价		
3.3	计日工		
3.4	总承包服务费		
3.5	其他		
4	规费	9874.82	
5	税金	7778.32	
招标控制价/投标报价合计 = 1+2+3+4+5		231293.33	

表 10-20 分部分项工程量清单计价表

工程名称：××街道办事处办公用房工程

序号	项目编码	项目名称	项目特征描述	计量单位	工程量	金额/元		其中		
						综合单价	合价	人工费	机械费	暂估价
1	010101001001	平整场地	土壤类别:三类土	m²	73.73	8.42	620.81	405.56		
2	010101003001	挖沟槽土方	1. 土壤类别:三类土 2. 挖土深度:1.55m 3. 弃土运距:500m	m³	90.72	97.48	8843.39	5681.26	143.52	
3	010103001001	回填方（室内）	1. 密实度要求:大于95% 2. 填方材料品种:原土	m³	1.83	24.21	44.30	26.12	4.17	
4	010103001002	回填方（基础）	1. 密实度要求:大于95% 2. 填方材料品种:原土 3. 填方来源、运距:沟槽边	m³	49.22	87.96	4329.39	2611.83	319.72	
5	010401001001	砖基础	1. 砖品种、规格、强度等级:标准砖 2. 基础类型:带形 3. 砂浆强度等级:M5水泥砂浆	m³	19.18	436.38	8369.77	1492.32	69.16	

（续）

序号	项目编码	项目名称	项目特征描述	计量单位	工程量	金额/元				
						综合单价	合价	其中		
								人工费	机械费	暂估价
6	010401003001	实心砖墙	1. 砖品种、规格、强度等级:标准砖 2. 墙体类型:直形实心墙 3. 砂浆强度等级、配合比:M5混合砂浆	m³	30.02	450.56	13525.81	2738.45	104.08	
7	010501002001	带形基础	1. 混凝土种类:现场拌制 2. 混凝土强度等级:C25	m³	21.17	407.95	8636.30	1468.65	363.51	
8	010502002001	构造柱	1. 混凝土种类:现场拌制 2. 混凝土强度等级:C25	m³	2.76	569.68	1572.32	455.94	87.01	
9	010503001001	基础梁（地圈梁）	1. 混凝土种类:现场拌制 2. 混凝土强度等级:C25	m³	3.07	448.09	1375.64	259.45	96.79	
10	010503004001	圈梁	1. 混凝土种类:现场拌制 2. 混凝土强度等级:C25	m³	0.84	573.22	481.50	136.73	26.49	
11	010503005001	过梁	1. 混凝土种类:现场拌制 2. 混凝土强度等级:C25	m³	1.37	590.41	808.86	238.13	43.19	
12	010505007001	挑檐板	1. 混凝土种类:现场拌制 2. 混凝土强度等级:C25	m³	0.58	42.97	24.92	6.74	1.66	
13	010507001001	散水	1. 垫层材料种类、厚度:干铺碎石100mm 2. 面层厚度:现浇混凝土60mm 3. 混凝土种类:现场拌制 4. 混凝土强度等级:C10 5. 变形缝填塞材料种类:建筑油膏	m²	26.14	68.96	1802.61	490.17	37.77	
14	010512002001	空心板	1. 图代号:G221 2. 单件体积:0.142/0.155 3. 安装高度:3m 4. 混凝土强度等级:C30	m³	4.72	906.55	4278.92	981.49	470.52	
15	010515001001	现浇构件钢筋	钢筋种类、规格:φ10mm以内	t	0.45	5755.09	2589.79	424.00	21.56	
16	010515001002	现浇构件钢筋	钢筋种类、规格:φ10mm以外	t	0.42	4456.19	1871.60	192.37	49.06	
17	010515002001	预制构件钢筋	钢筋种类、规格:冷拔钢丝φ10mm以内	t	0.17	12590.29	2140.35	429.61	20.48	

(续)

序号	项目编码	项目名称	项目特征描述	计量单位	工程量	金额/元				
						综合单价	合价	其中		
								人工费	机械费	暂估价
18	010801002001	木质门带套	1. 门代号及洞口尺寸:M1 900mm×2100mm 2. 镶嵌玻璃品种、厚度:无	樘	4.00	2912.53	11650.12	276.40	3.44	
19	010807001001	金属(塑钢、断桥)窗	1. 窗代号及洞口尺寸:C1 1500mm×1800mm 2. 框、扇材质:铝合金 3. 玻璃品种、厚度:平板玻璃,5mm	樘	6.00	879.81	5278.86	373.17	8.52	
20	010807001002	金属(塑钢、断桥)窗	1. 窗代号及洞口尺寸:C2 2100mm×1800mm 2. 框、扇材质:铝合金 3. 玻璃品种、厚度:平板玻璃,5mm	樘	2.00	1231.73	2463.46	174.15	3.98	
21	010902001001	屋面卷材防水	1. 卷材品种、规格、厚度:改性沥青卷材 2. 防水层数:一层 3. 防水层做法:二毡三油一砂	m²	73.89	56.97	4209.51	728.21	18.77	
22	010902004001	屋面排水管	1. 排水管品种、规格:PVC塑料 2. 雨水斗、山墙出水口品种、规格:PVC塑料/铸铁水口 3. 接缝、嵌缝材料种类:密封胶	m	18.90	203.81	3852.01	638.29		
23	011101002001	现浇水磨石楼地面	1. 找平层厚度、砂浆配合比:25mm厚,1:2水泥砂浆 2. 面层厚度、水泥石子浆配合比:15mm厚,1:2水泥白石子浆 3. 嵌条材料种类、规格:玻璃,3mm厚 4. 石子种类、规格、颜色:马牙石 5. 颜料种类、颜色:白色 6. 图案要求:无 7. 磨光、酸洗、打蜡要求:要做	m²	60.94	212.33	12939.39	3149.69	216.28	
24	011105001001	水磨石踢脚线	1. 踢脚线高度:150mm 2. 底层厚度、砂浆配合比:15mm厚,1:3水泥砂浆 3. 面层厚度、砂浆配合比:15mm厚,1:2水泥石子砂	m²	19.59	5.98	117.15	62.57	0.85	

(续)

序号	项目编码	项目名称	项目特征描述	计量单位	工程量	金额/元				
						综合单价	合价	其中		
								人工费	机械费	暂估价
25	011201001001	墙面一般抹灰	1. 墙体类型:砖墙 2. 底层厚度、砂浆配合比:15mm厚,1:6水泥石灰砂浆 3. 面层厚度、砂浆配合比:5mm厚,1:1.4水泥石灰砂浆	m²	153.13	23.64	3619.99	1820.42	51.76	
26	011201001002	墙面一般抹灰	1. 墙体类型:砖墙 2. 底层厚度、砂浆配合比:14mm厚,1:3水泥砂浆 3. 面层厚度、砂浆配合比:6mm厚,1:2水泥砂浆	m²	123.39	31.92	3938.61	1931.36	41.29	
27	011201002001	墙面装饰抹灰	1. 墙体类型:砖墙 2. 装饰面材料种类:水刷白石子	m²	123.39	32.91	4060.76	2259.81	20.37	
28	011301001001	天棚抹灰	1. 基层类型:预制混凝土板 2. 抹灰厚度、材料种类:混合砂浆 3. 砂浆配合比:1:1:4	m²	70.53	19.99	1409.89	753.04	14.71	
29	011401001001	木门油漆	1. 门类型:木门 2. 门代号及洞口尺寸:M1,900mm×2000mm 3. 腻子种类:润油粉 4. 刮腻子遍数:2遍 5. 油漆品种、刷漆遍数:聚氨酯漆3遍	樘	4.00	137.56	550.24	197.77		
30	011407001001	墙面喷刷涂料	1. 基层类型:砖墙 2. 喷刷涂料部位:墙面 3. 腻子种类:双飞粉 4. 刮腻子要求:2遍 5. 涂料品种、喷刷遍数:乳胶漆2遍	m²	153.13	307.02	47013.97	1411.54		
31	011407002001	天棚喷刷涂料	1. 基层类型:天棚抹灰面 2. 喷刷涂料部位:天棚 3. 腻子种类:双飞粉 4. 刮腻子要求:2遍	m²	70.53	329.99	23274.19	555.07		
		合 计					196489.83	32572.13	2277.76	

表 10-21　分部分项工程量清单综合单价分析

序号	项目编码	项目名称	计量单位	工程量	定额编号	定额名称	定额单位	数量	清单综合单价组成明细							
									单价/元			合价/元				综合单价/元
									人工费	材料费	机械费	人工费	材料费	机械费	管理费和利润	
1	010101001001	平整场地	m²	73.73	01010121	人工场地平整	100m²	0.0233	235.72	—	—	5.50	—	—	2.92	8.42
2	010101003001	挖沟槽土方	m³	90.72	01010004	人工挖沟槽、基坑三类土深度2m以内	100m³	0.0199	3076.40	—	—	61.23	—	—	32.45	97.48
					01010100	人工装车机动翻斗车运土方运距100m以内	1000m³	0.0002	6807.05	67.20	6856.76	1.39	0.01	1.40	0.80	
					01010101	人工装车机动翻斗车运土方运距每增加100m	1000m³	0.0002	—	—	884.50	—	—	0.18	0.01	
3	010103001001	回填方	m³	1.83	01010124	人工夯填地坪	100m³	0.0100	1427.08	—	227.60	14.27	—	2.28	7.66	24.21
4	010103001002	回填方	m³	49.22	01010125	人工夯填基础	100m³	0.0283	1878.07	—	229.90	53.06	—	6.50	28.40	87.96
5	010401001001	砖基础	m³	19.18	01040001	砖基础	10m³	0.1000	778.06	3135.78	36.06	77.81	313.58	3.61	41.39	436.38
6	010401003001	实心砖墙	m³	30.02	01040009	混水砖墙 1砖	10m³	0.1000	612.21	3073.80	34.67	61.22	307.38	3.47	32.59	450.66
7	010501002001	带形基础	m³	21.17	01050003	现场搅拌混凝土带形基础混凝土及钢筋混凝土	10m³	0.1000	693.74	2839.05	171.71	69.37	283.91	17.17	37.50	407.95
8	010502002001	构造柱	m³	2.76	01050021	现场搅拌混凝土构造柱	10m³	0.1000	1651.94	2840.72	315.27	165.19	284.07	31.53	88.89	569.68
9	010503001001	基础梁	m³	3.07	01050026	现场搅拌混凝土基础梁	10m³	0.1000	845.13	2859.21	315.27	84.51	285.92	31.53	46.13	448.09

序号	项目编码	项目名称	单位	工程量	定额编号	定额名称	定额单位	换算系数							
10	010503004001	圈梁	m³	0.84	01050029	现场搅拌混凝土圈梁	10m³	0.1000	1627.66	2913.26	315.27	162.77	291.33	31.53	87.60	573.22
11	010503005001	过梁	m³	1.37	01050030	现场搅拌混凝土过梁	10m³	0.1000	1738.17	2916.03	315.27	173.82	291.60	31.53	93.46	590.41
12	010505007001	挑檐板	m³	0.58	01050054	现场搅拌混凝土雨篷(板式)	10m²	0.1000	116.26	221.82	28.69	11.63	22.18	2.87	6.28	42.96
13	010507001001	散水	m²	26.14	01090040	散水面层(现场搅拌混凝土)混凝土厚60mm	100m²	0.0100	985.03	2209.76	144.49	9.85	22.10	1.44	5.28	68.96
					01080213	填缝建筑油膏	100m	0.0157	355.17	337.91	—	5.59	5.32	—	2.96	
					01090005	地面垫层碎石干铺	10m³	0.0010	330.90	1134.10	—	0.33	1.13	—	0.18	
14	010512002001	空心板	m³	4.72	01050160	预制混凝土空心板	10m³	0.1000	379.28	4200.80	287.90	37.93	420.08	28.79	21.32	906.55
					01050312	板安装空心板焊接每个构件体积0.2m³以内	10m³	0.1000	693.86	245.88	688.39	69.39	24.59	68.84	39.69	
					01050344	预制混凝土构件接头灌缝空心板	10m³	0.1000	406.28	398.17	20.58	40.63	39.82	2.06	21.62	
15	010515001001	现浇构件钢筋	t	0.45	01050352	现浇构件圆钢φ10mm以内	t	1.0000	942.23	4263.55	47.90	942.23	4263.55	47.90	501.41	5755.09
16	010515001002	现浇构件钢筋	t	0.42	01050353	现浇构件圆钢φ10mm以外	t	1.0000	458.02	3633.67	116.80	458.02	3633.67	116.80	247.70	4456.19
17	010515002001	预制构件钢筋	t	0.17	01050357	预制构件冷拔丝φ5mm内	t	1.0000	2527.09	8598.28	120.47	2527.09	8598.28	120.47	1344.47	12590.29
18	010801002001	木质门带套	樘	4.00	01070012	木门安装成品木门(带门套)	100m²	0.0180	2242.19	151253.61	47.84	40.36	2722.56	0.86	21.43	2912.53
					01070160	特殊五金安装L形执手锁	把	1.0000	25.55	78.00	—	25.55	78.00	—	13.54	

(续)

序号	项目编码	项目名称	计量单位	工程量	定额编号	定额名称	定额单位	数量	清单综合单价组成明细								综合单价/元
									单价/元				合价/元				
									人工费	材料费	机械费		人工费	材料费	机械费	管理费和利润	
18	010801002001	木质门带套	樘	4.00	01070163	特殊五金安装 门机头（门碰珠）	付	1.0000	3.19	6.50	—		3.19	6.50	—	1.69	11.38
19	010807001001	金属（塑钢、断桥）窗	樘	6.00	01070074	铝合金窗（成品）安装 推拉窗	100m²	0.0270	2303.51	29006.17	52.62		62.19	783.17	1.42	33.02	879.80
20	010807001002	金属（塑钢、断桥）窗	樘	2.00	01070074	铝合金窗（成品）安装 推拉窗	100m²	0.0378	2303.51	29006.17	52.62		87.07	1096.43	1.99	46.23	1231.73
21	010902001001	屋面卷材防水	m²	73.89	01080043	改性沥青卷材 屋面二毡三油 一砂	100m²	0.0100	550.65	3550.24	—		5.51	35.50	—	2.92	56.97
					01080019	找平层水泥砂浆硬基层上 20mm	100m²	0.01	501.46	705.73	29.29		4.35	6.12	0.25	2.32	
22	010902004001	屋面排水管	m	18.90	01080094	塑料排水管 屋面排水系统直径φ110mm	10m	0.1000	184.61	1132.94	—		18.46	113.29	—	9.78	203.81
					01080098	塑料水斗 直径φ110mm	10个	0.0317	192.28	224.70	—		6.10	7.13	—	3.24	
					01080100	塑料弯头	10个	0.0317	83.68	253.90	—		2.66	8.06	—	1.41	
					01080089	铸铁雨水口 直径100mm	10个	0.0317	206.33	744.96	—		6.55	23.65	—	3.47	
					01090019	找平层水泥砂浆硬基层上 20mm	100m²	0.0100	501.46	705.73	29.29		5.01	7.06	0.29	2.67	
23	011101002001	现浇水磨石	m²	60.94	01090020	找平层水泥砂浆每增减5mm	100m²	0.0100	95.82	168.30	7.39		0.96	1.68	0.07	0.51	212.33

第10章　工程量清单编制与计价示例

序号	项目编码	项目名称	单位	工程量	定额编号	定额项目名称	定额单位	消耗量	人工费	材料费	机械费	管理费	利润	小计	合计
24	011105001001	石楼地面	m²	19.59	01090045	水磨石楼地面（面厚15mm）带嵌条	100m²	0.0100	3944.59	9995.84	238.21	39.45	99.96	2.38	21.01
					01090012	地面垫层混凝土地坪现浇混凝土	10m³	0.0080	782.53	2603.50	99.93	6.27	20.85	0.80	3.36	5.98
25	011105003001	水磨石踢脚线	m²	153.13	01090029	水磨石踢脚线	100m	0.0100	319.40	105.19	4.35	3.19	1.05	0.04	1.69	23.64
26	011201001002	墙面一般抹灰	m²	123.39	01100015	一般抹灰混合砂浆抹砖、混凝土基层（9+7+5）mm	100m²	0.0100	1188.81	509.77	33.80	11.89	5.10	0.34	6.32	31.92
27	011201002001	墙面一般抹灰	m²	123.39	01100001	一般抹灰水泥砂浆外墙面（7+7+6）mm砖基层	100m²	0.0100	1565.25	762.11	33.46	15.65	7.62	0.33	8.31	32.91
28	011201002001	墙面装饰抹灰	m²	123.39	01100037	装饰抹灰水刷白石子砖、混凝土墙面	100m²	0.0100	1831.44	471.25	16.51	18.31	4.71	0.17	9.71	19.99
29	011301001001	天棚抹灰	m²	70.53	01110005	天棚抹灰混合砂浆土面混凝土现浇	100m²	0.0100	1067.69	343.32	20.86	10.68	3.43	0.21	5.67	137.56
30	011401001001	木门油漆	樘	4.00	01120029	木材面油漆氨酯漆3遍木门	100m²	0.0180	2746.85	3439.24	—	49.44	61.91	—	26.20	307.02
31	011407001001	墙面喷刷涂料	m²	123.39	01120266	双飞粉2遍墙柱抹灰面	100m²	0.0100	715.46	28904.00	—	7.15	289.04	—	3.79	329.99
					01120270	双飞粉2遍墙乳胶漆抹灰面	100m²	0.0100	206.33	387.20	—	2.06	3.87	—	1.09	
31	011407002001	天棚喷刷涂料	m²	70.53	01120267	双飞粉2遍天棚抹灰面	100m²	0.0100	787.00	31795.00	—	7.87	317.95	—	4.17	

注：管理费费率取33%，利润率取20%。

表 10-22 措施项目清单与计价表

工程名称：××街道办事处办公用房工程

序号	项目编码	项目名称	项目特征描述	计量单位	工程量	综合单价	合价	金额/元 人工费	其中 机械费	暂估价
1	011701003001	里脚手架	1.搭设方式:井格架 2.搭设高度:2.9m以内 3.脚手架材质:钢管架	m²	37.28	3.39	126.38	71.68	3.18	—
2	011701002001	外脚手架	1.搭设方式:双排外架 2.搭设高度:3.75m 3.脚手架材质:钢管架	m²	154.35	11.08	1710.20	416.08	98.58	—
3	011702001001	基础	基础类型:带形	m²	47.04	44.81	2107.86	727.61	113.87	—
4	011702003001	构造柱	—	m²	10.40	41.71	433.78	206.02	15.86	—
5	011702005001	基础梁	梁截面形状: 240mm×240mm	m²	37.79	40.97	1548.26	700.24	59.91	—
6	011702008001	圈梁	—	m²	47.23	50.38	2379.45	930.85	117.98	—
7	011702009001	过梁	—	m²	3.82	73.32	280.08	122.27	6.82	—
8	011702023001	悬挑板	1.构件类型:挑檐板 2.板厚度:60mm	m²	11.04	134.91	1489.41	826.53	36.30	—
		合 计					10075.42	4001.28	452.50	—

表 10-23 单价措施项目清单综合单价分析

序号	项目编码	项目名称	计量单位	工程量	定额编号	定额名称	定额单位	数量	清单综合单价组成明细					合价/元				综合单价/元
									单价/元					人工费	材料费	机械费	管理费和利润	
									人工费	材料费	机械费	管理费和利润						
1	011701003001	里脚手架	m²	37.28	01150159	里脚手架钢管架	100m²	0.3728	192.28	35.67	8.52		71.68	13.30	3.18	38.13	3.39
2	011701002001	外脚手架	m²	154.35	01150136	外脚手架钢管架 5m 以内双排	100m²	1.5435	269.57	628.82	63.87		416.08	970.58	98.58	224.70	11.08
3	011702001001	基础	m²	47.04	01150242	现浇混凝土模板带形基础钢筋混凝土无梁式组合钢模板	100m²	0.4704	1546.79	1861.97	242.08		727.61	875.87	113.87	390.46	44.81
4	011702003001	构造柱	m²	10.4	01150275	现浇混凝土模板构造柱组合钢模板	100m²	0.104	1980.92	981.49	152.51		206.02	102.07	15.86	109.86	41.71
5	011702005001	基础梁	m²	37.79	01150277	现浇混凝土模板基础梁组合钢模板	100m²	0.3779	1852.97	1096.86	158.53		700.24	414.50	59.91	373.66	40.97
6	011702008001	圈梁	m²	47.23	01150284	现浇混凝土模板圈梁直形组合钢模板	100m²	0.4723	1970.89	1761.99	249.80		930.85	832.19	117.98	498.35	50.38
7	011702009001	过梁	m²	3.82	01150287	现浇混凝土模板过梁组合钢模板	100m²	0.0382	3200.77	2248.63	178.47		122.27	85.90	6.82	65.09	73.32
8	011702023001	悬挑板	m²	11.04	01150309	现浇混凝土模板悬挑板组合钢模板	10m²	1.1040	748.67	169.41	32.88		826.53	187.03	36.30	439.60	134.91

表 10-24 总价措施项目清单与计价表

工程名称：××街道办事处办公用房工程

序号	项目名称	计算基础	费率(%)	金额/元	调整费率(%)	调整后金额/元	备注
1	安全文明施工费	建筑装饰定额人工费+建筑装饰定额机械费×8%	15.65	5126.06	—	—	—
1.1	环境保护费、安全施工费、文明施工费	建筑装饰定额人工费+建筑装饰定额机械费×8%	10.17	3331.12	—	—	—
1.2	临时设施费	建筑装饰定额人工费+建筑装饰定额机械费×8%	5.48	1794.94	—	—	—
2	冬、雨季施工增加费，生产工具用具使用费，工程定位复测，工程点交、场地清理费	建筑装饰定额人工费+建筑装饰定额机械费×8%	5.95	1948.88	—	—	—
	合 计			7074.94	—	—	—

表 10-25 规费、税金项目清单与计价表

工程名称：××街道办事处办公用房工程

序号	项目名称	计算基础	计算基数	计算费率(%)	金额/元
1	规费	社会保险费、住房公积金、残疾人保障金+危险作业意外伤害险+工程排污费	—	—	9874.82
1.1	社会保险费、住房公积金、残疾人保证金	(分部分项定额人工费+单价措施定额人工费+其他项目定额人工费)×费率	36573.41	26.00	9509.09
1.2	危险作业意外伤害险	(分部分项定额人工费+单价措施定额人工费+其他项目定额人工费)×费率	36573.41	1.00	365.73
1.3	工程排污费	按有关规定计算	—	—	—
2	税金	(分部分项工程费+措施项目费+其他项目费+规费-不计税工程设备费)×税率	223515.01	3.48	7778.32
	合 计				17653.14

表 10-26 主要材料价格表

工程名称：××街道办事处办公用房工程

序号	材料编码	材料名称	规格、型号	单位	数量	单价/元	合价/元	单价来源
1	01010007	Ⅰ级钢筋	HPB300φ10mm 以内	t	0.46	4100.00	1881.90	价格信息
2	01010007	Ⅰ级钢筋	HPB300φ10mm 以内	t	0.0037	4070.00	15.04	价格信息
3	01010009	Ⅰ级钢筋	HPB300φ10mm 以外	t	0.43	3480.00	1490.83	价格信息
4	01030036	冷拔低碳钢丝（综合）	—	t	0.19	7800.00	1445.34	价格信息
5	03030002	L形执手插锁	—	把	4.00	78.00	312.00	价格信息
6	03030064	门轧头	—	付	4.00	6.50	26.00	价格信息
7	03070119	塑料雨水斗	100 带罩	个	6.06	21.00	127.26	价格信息
8	03130054	金刚石三角形	—	块	18.28	12.50	228.53	价格信息
9	03210010	U形卡	—	百套·天	62.66	0.15	9.40	价格信息
10	04030001	矿渣硅酸盐水泥	P.S32.5	kg	16.15	330.00	5329.20	价格信息
11	04050028	细砂	—	m³	0.87	110.00	95.18	价格信息
12	04090034	双飞粉	—	kg	401.95	0.50	200.97	价格信息
13	04110077	碎石	40mm	m³	2.88	70.00	201.28	价格信息

(续)

序号	材料编码	材料名称	规格、型号	单位	数量	单价/元	合价/元	单价来源
14	04150040	标准砖	240×115×53(mm)	千块	25.96	450.00	11682.414	价格信息
15	05030060	一等板枋材	—	m^3	0.00	1500.00	6.59	价格信息
16	06010013	平板玻璃	$\delta=3$	m^2	3.15	19.00	59.86	价格信息
17	11010019	成品木门(带门套)	—	m^2	7.20	2900.00	20880.00	价格信息
18	11090015	铝合金推拉窗	—	m^2	23.76	275.00	6534.00	价格信息
19	13030056	聚氨酯漆	—	kg	4.57	49.50	226.31	价格信息
20	13030074	乳胶漆	—	kg	22.21	21.40	475.30	价格信息
21	13310006	建筑油膏(沥青防水油膏)	—	kg	36.13	3.65	131.86	价格信息
22	13310028	石油沥青玛碲脂	耐热度45	m^3	0.51	2200.00	1121.65	价格信息
23	14410004	117胶	—	kg	160.78	360.00	57880.22	价格信息
24	17010145	焊接钢管	$\phi 48mm \times 3.5mm$	t·天	182.60	3.20	584.34	价格信息
25	17250172	塑料排水管	—	m	19.92	98.00	1952.22	价格信息
26	18010157	铸铁雨水口(带罩)	—	套	6.28	65.00	408.33	价格信息
27	18090110	塑料弯头	$\phi 110mm$	个	6.06	25.00	151.50	价格信息
28	18150197	排水管伸缩接头	—	个	1.91	12.00	22.91	价格信息
29	18310120	排水管检查口	—	个	2.10	23.00	48.25	价格信息
30	35010007	组合钢模板综合	—	m^2·天	304.99	0.15	45.75	价格信息
31	35010007	组合钢模板综合	—	m^2·天	1742.54	0.15	261.38	价格信息
32	35010011	模板板枋材	—	m^3	0.01	1500.00	15.68	价格信息
33	35030001	对接扣件	—	百套·天	58.97	0.80	47.18	价格信息
34	35030012	回转扣件	—	百套·天	17.34	0.80	13.87	价格信息
35	35030038	直角扣件	—	百套·天	382.73	0.80	306.18	价格信息
36	37330008	底座	—	百套·天	35.25	0.50	17.63	价格信息
37	80010006	抹灰水泥砂浆	1:2	m^3	0.15	340.00	51.35	价格信息
38	80010017	砌筑水泥砂浆	M5.0	m^3	4.78	310.00	1480.50	价格信息
39	80010031	水泥砂浆	1:2.5	m^3	2.84	330.00	935.95	价格信息
40	80010032	水泥砂浆	1:3	m^3	2.00	320.00	639.65	价格信息
41	80010034	水泥砂浆	1:2	m^3	0.99	340.00	335.82	价格信息
42	80050004	抹灰混合砂浆	1:0.3:3	m^3	0.29	210.00	60.73	价格信息
43	80050013	抹灰混合砂浆	1:1:4	m^3	1.60	215.00	343.85	价格信息
44	80050014	抹灰混合砂浆	1:1:6	m^3	2.66	220.00	586.18	价格信息
45	80050023	砌筑混合砂浆	M5.0	m^3	7.19	285.00	2049.95	价格信息
46	80130008	水泥白石子浆	1:2	m^3	2.49	360.00	894.81	价格信息
47	80210004	现浇混凝土	C10	m^3	4.93	255.00	1256.84	价格信息
48	80210132	现浇混凝土	C20	m^3	31.25	275.00	8595.02	价格信息
49	80210520	预制混凝土	C30	m^3	4.79	400.00	1916.32	价格信息
50	80210880	现浇混凝土	C15	m^3	1.86	270.00	501.81	价格信息

表 10-27 主要技术经济指标分析

序号	项目名称	计算方法	计算式	技术经济指标
1	单方造价	总造价/建筑面积	231293.33元/73.73m^2	3137.03元/m^2
2	钢筋平方米消耗量	钢筋总量/建筑面积	1065kg/73.73m^2	14.44kg/m^2
3	黏土砖平方米消耗量	黏土砖总量/建筑面积	25960块/73.73m^2	352.1块/m^2

参 考 文 献

[1] 建设部. 全国统一建筑工程基础定额（土建）：GJD—101—95 [S]. 北京：中国计划出版社，1995.
[2] 建设部. 全国统一建筑工程预算工程量计算规则（土建工程）：GJD$_{GZ}$—101—95 [S]. 北京：中国计划出版社，1995.
[3] 建设部标准定额司. 全国统一建筑工程基础定额编制说明（土建）[M]. 哈尔滨：黑龙江科学技术出版社，1997.
[4] 建设部标准定额司. 全国统一建筑工程预算工程量计算规则、全国统一建筑工程基础定额（土建工程）有关应用问题解释 [M]. 哈尔滨：黑龙江科学技术出版社，1999.
[5] 高竞，高韶明，高韶萍，等. 平法制图的钢筋加工下料计算 [M]. 北京：中国建筑工业出版社，2005.
[6] 中国建设工程造价管理协会. 建设工程造价管理基础知识 [M]. 北京：中国计划出版社，2010.
[7] 住房和城乡建设部，国家质量监督检验检疫总局. 建设工程工程量清单计价规范：GB 50500—2013 [S]. 北京：中国计划出版社，2013.
[8] 住房和城乡建设部，国家质量监督检验检疫总局. 房屋建筑与装饰工程工程量计算规范：GB 50854—2013 [S] 北京：中国计划出版社，2013.
[9] 住房和城乡建设部，财政部. 关于印发《建筑安装工程费用项目组成》的通知（建标 [2013] 44 号文）[Z]. 北京：住房和城乡建设部，2013.
[10] 全国造价工程师执业资格考试培训教材编审委员会. 建设工程计价 [M]. 北京：中国计划出版社，2013.
[11] 云南省住房和城乡建设厅. 云南省建设工程造价计价规则：DBJ 53/T—58—2013 [S]. 昆明：云南科技出版社，2013.
[12] 云南省住房和城乡建设厅. 云南省房屋建筑与装饰工程消耗量定额：DBJ 53/T—61—2013 [S]. 昆明：云南科技出版社，2013.
[13] 张建平，严伟. 建筑工程计价习题精解 [M]. 重庆：重庆大学出版社，2013.
[14] 住房和城乡建设部. 建筑工程建筑面积计算规范：GB/T 50353—2013 [S]. 北京：中国计划出版社，2014.
[15] 张建平. 建筑工程计量与计价实务 [M]. 重庆：重庆大学出版社，2016.
[16] 中国建筑标准设计研究院. 混凝土结构施工图平面整体表示方法制图规则和构造详图：16G101 [S]. 北京：中国计划出版社，2016.

信息反馈表

尊敬的老师：您好！

  感谢您多年来对机械工业出版社的支持和厚爱！为了进一步提高我社教材的出版质量，更好地为我国高等教育发展服务，欢迎您对我社的教材多提宝贵意见和建议。另外，如果您在教学中选用了《建筑工程计量与计价》第 2 版（张建平　张宇帆　主编），欢迎您提出修改建议和意见。索取课件的授课教师，请填写下面的信息，发送邮件即可。

一、基本信息

姓名：＿＿＿＿＿＿　　性别：＿＿＿＿＿＿　　职称：＿＿＿＿＿＿　　职务：＿＿＿＿＿＿

邮编：＿＿＿＿＿＿　　地址：＿＿＿＿＿＿＿＿＿＿＿＿＿＿＿＿＿＿＿＿＿＿＿＿＿

学校：＿＿＿＿＿＿　　院系：＿＿＿＿＿＿　　　任课专业：＿＿＿＿＿＿

任教课程：＿＿＿＿＿＿＿＿＿＿＿＿＿＿　　手机：＿＿＿＿＿＿＿

电话：＿＿＿＿＿＿＿＿＿＿＿＿＿

电子邮件：＿＿＿＿＿＿＿＿＿＿　　QQ：＿＿＿＿＿＿

二、您对本书的意见和建议

（欢迎您指出本书的疏误之处）

三、您对我们的其他意见和建议

请与我们联系：

100037　机械工业出版社·高等教育分社

Tel：010-8837 9542（O）　　刘涛

E-mail：Ltao929@163.com

http：//www.cmpedu.com（机械工业出版社·教育服务网）

http：//www.cmpbook.com（机械工业出版社·门户网）